Brian Clegg

Chaos im Alltag

Haupt
NATUR

1. Auflage: 2021

ISBN 978-3-258-08246-2

Aus dem Englischen übersetzt von Monika Niehaus und Bernd Schuh
Satz deutschsprachige Ausgabe: Die Werkstatt Medien-Produktion GmbH, D-Göttingen
Umschlag deutschsprachige Ausgabe: Tanja Frey, Haupt Verlag
Fachlektorat: Monika Niehaus und Bernd Schuh
Bildnachweis Umschlag: siehe S. 256

Die englischsprachige Originalausgabe erschien 2020 unter dem Titel *Everyday Chaos – The Mathematics of Unpredictability, from the Weather to the Stock Market* bei UniPress Books, London, UK, in Zusammenarbeit mit MIT Press, Cambridge, USA

Printed in China

Um lange Transportwege zu vermeiden, hätten wir dieses Buch gerne in Europa gedruckt. Bei Lizenzausgaben wie diesem Buch entscheidet jedoch der Originalverlag über den Druckort. Der Haupt Verlag kompensiert mit einem freiwilligen Beitrag zum Klimaschutz die durch den Transport verursachten CO2-Emissionen.

Diese Publikation ist in der Deutschen Nationalbibliografie verzeichnet: http://dnb.dnb.de.

Der Haupt Verlag wird vom Bundesamt für Kultur für die Jahre 2021–2024 unterstützt.

Wir verlegen mit Freude und großem Engagement unsere Bücher. Daher freuen wir uns immer über Anregungen zum Programm und schätzen Hinweise auf Fehler im Buch, sollten uns welche unterlaufen sein. Falls Sie regelmäßig Informationen über die aktuellen Titel erhalten möchten, folgen Sie uns über Social Media oder bleiben Sie via Newsletter auf dem neuesten Stand.

www.haupt.ch

Brian Clegg

Chaos im Alltag

Vom Wetter bis zur Börse: die Mathematik des Unvorhersehbaren

Aus dem Englischen übersetzt
von Monika Niehaus und Bernd Schuh

Haupt Verlag

Inhalt

Börsencrashs und Superhits

Das Chaos zähmen

Komplexität und Emergenz

Einleitung

Naturwissenschaftler und Mathematiker haben die Neigung, sich Begriffe, die in der Umgangssprache recht locker gebraucht werden, zu eigen zu machen und ihnen eine ganz spezielle Bedeutung zu geben. So neigen wir zum Beispiel im Alltag dazu, „Leistung" und „Energie" nahezu synonym zu verwenden. In der Physik ist Leistung jedoch ganz spezifisch die Änderung von Energie innerhalb einer bestimmten Zeit. Ähnlich sind die Begriffe „Chaos" und „Komplexität", die im Zentrum dieses Buches stehen, im allgemeinen Sprachgebrauch breite beschreibende Termini, haben in der Mathematik jedoch eine spezifische Bedeutung, die ganz bestimmte Merkmale beinhalten.

Wenn wir im normalen Sprachgebrauch von „Chaos" reden, denken wir an Durcheinander. An Unordnung. An Zufälligkeit. Dieser Begriff kam über das Lateinische in die englische bzw. deutsche Sprache und bezieht sich auf den Namen des allerersten griechischen Gottes, der die erste, formlose Materie verkörperte. Der ursprüngliche Begriff konnte im Griechischen auch „Abgrund" meinen – in jedem Fall beschrieb das Wort einen Mangel an Struktur. Chaos verbreitete Verwirrung und war eine zerstörerische Kraft. Es stand nicht auf der Seite der Guten, was den Begriff zu einer interessanten Wahl macht, wenn man damit die Mathematik einer erstaunlich großen Zahl von alltäglichen Dingen rund um uns herum beschreiben will. Erstmals im Zusammenhang mit dem tierischen Populationswachstum und dem Wetter verwendet, wird Chaos im mathematischen Sinn durch ein System verkörpert – eine Ansammlung von Objekten, die miteinander wechselwirken –, in dem kleine Veränderungen der Anfangsbedingungen außerordentlich große Konsequenzen für die Art und Weise haben können, in der sich die Dinge schließlich entwickeln.

→ **Das Chaos entwirren**
Illustration von Ovids epischem Gedicht *Metamorphosen* aus dem 1. Jh., geschaffen von dem im 16. Jh. lebenden Graveur Hendrick Goltzius.

Wenn Chaos auf Unvorhersehbarkeit hinausläuft – Unordnung, die trotz klarer Regeln aus unterschiedlichen Startbedingungen erwächst –, dann ist das mathematische Konzept der Komplexität eine Art *alter ego* (auch wenn chaotische Systeme durchaus komplex sein können). In einem komplexen System führt die

OVIDII METAM. LIB. I.
E tenebris deforme Chaos scissit oborta
Luce, suoq; loco sunt queq; Elementa locata
Astra polo radiant, quibus imminet igneus Æther,
Aera subsequitur Pontus, subit vltima Tellus.
F. E. Stius

Wechselwirkung scheinbar einfacher Komponenten zu Ergebnissen, die auf andere Weise nicht möglich wären. Komplexität kennzeichnet das ultimative Extrem der Aussage „Das Ganze ist größer als die Summe seiner Teile".

In der Umgangssprache verweist „Komplexität" einfach darauf, dass etwas aus vielen Teilen besteht oder eine komplizierte Form hat. Mathematische Komplexität kann jedoch aus einem relativ kleinen System entstehen, genauso aber auch aus einem komplizierten Mechanismus. Um mathematisch komplex zu sein, muss ein System also nicht, nun ja, komplex sein.

Ein Kennzeichen eines komplexen Systems ist Emergenz. An dieser Stelle kommen die „größer als die Summe seiner Teile"-Stücke zusammen. Emergenz deutet an, dass aus dem komplexen System neue Fähigkeiten spontan erwachsen *(emergieren)*, ohne dass es eine steuernde Kraft gäbe, die für die Ausformung dieser Fähigkeiten völlig verantwortlich wäre. Sie, liebe Leserin, lieber Leser, sind beispielsweise ein komplexes System. Wenn wir uns die einzelnen Atome anschauen, aus denen Ihr Körper in seiner Gänze besteht, so sind sie nicht lebendig. Aber Sie sind lebendig. Wenn wir eine Stufe höher gehen, könnten wir die Zellen in Ihrem Körper als lebendig bezeichnen – doch sie sind nicht in der Lage, zu denken, zu fühlen oder die Handlungen auszuführen, die Ihr Körper ausführt. Diese Fähigkeiten erwachsen (emergieren) aus der Komplexität, die Sie sind.

Das vielleicht Erstaunlichste an Chaos und Komplexität ist, dass sie überall in der Natur rund um uns herum auftreten. Sie sind bei jedem Lebewesen, beim Wetter und bei den meisten realen Objekten zu finden, mit denen wir in Wechselwirkung treten. Und sie tauchen auch in vielen menschlichen Schöpfungen und Systemen auf, von der Börse bis zum Buchladen. In der Schule erfahren wir jedoch nichts über Chaos und Komplexität. Auch für einen Großteil aller naturwissenschaftlichen Arbeiten spielen sie keine Rolle, denn Wissenschaftler konzentrieren sich oft allein auf die kleinen Details, und das führt zu Ergebnissen, die sich nicht ganzheitlich anwenden lassen.

Ein beträchtlicher Teil der Wissenschaft lässt sich als Reduktionismus beschreiben – etwas Komplexes wird in seine Bestandteile zerlegt und man schaut sich an, wie die einzelnen Komponenten funktionieren, und versucht dann, Rückschlüsse auf das Ganze zu ziehen. So kann beispielsweise eine real ablaufende chemische Reaktion chaotisch sein. Jeder, der schon einmal konzentrierte Schwefelsäure ins Wasser gegeben hat, wird wissen, dass das Resultat stark von den Anfangsbedingungen abhängt. Aber wenn man Chemie studiert, bricht man Reaktionen auf ihre beteiligten Atome herunter und betrachtet lediglich, wie diese miteinander wechselwirken.

Die Zwillingstheorien von Chaos und Komplexität erlauben uns, die wirkliche Welt besser zu verstehen – und nicht nur das Spielzeuguniversum, in dem der größte Teil der Wissenschaft meistens abläuft. Die wirkliche Welt ist weitaus komplexer, chaotischer und, ehrlich gesagt, interessanter, als ein Großteil der Wissenschaft, den man uns in der Schule beigebracht hat, vermuten lässt. Lassen Sie uns also unter die Oberfläche tauchen und die Wirklichkeit entdecken.

Que será, será

In den letzten 2500 Jahren haben wir eine zunehmend wissenschaftliche Sichtweise entwickelt, oft gestützt auf Mathematik. In manchen Fällen hat sich dieser Ansatz als bemerkenswert effizient erwiesen. Jedoch hat die wirkliche Welt die Versuche der Wissenschaft, vorherzusagen, was in Zukunft geschehen wird, leider allzu oft vereitelt.

Erst in der zweiten Hälfte des 20. Jahrhunderts wurde uns klar, was da vor sich ging. Das Zusammenspiel der Komponenten von Systemen, vom scheinbar einfachen Doppelpendel bis zu außerordentlich detailreichen Wettersystemen, führen zu unerwarteten Ergebnissen. Ebenso können viele einfache Organismen in Zusammenarbeit bemerkenswerte Leistungen erbringen – denken Sie zum Beispiel an die Fähigkeiten einiger Ameisenarten, die als Individuum nicht in der Lage sind, sinnvolle Handlungen durchzuführen, aber, wenn sie zusammenarbeiten, ihre Körper einsetzen können, um Brücken zu bauen, Blätter zusammenzunähen und große Lasten zu tragen.

Um zu sehen, wie wir Chaos und Komplexität besser verstehen lernten, müssen wir zunächst in der Zeit bis zu dem Punkt zurückgehen, an dem es so schien, als läge die Zukunft direkt in Reichweite unseres mathematischen Verstandes. Dank Isaac Newtons Erkenntnissen waren seine Nachfolger überzeugt, sie könnten bald das Universum in Angriff nehmen und gewinnen.

Stare im Formationsflug
Aus dem Zusammenspiel fliegender Vögel entstehen komplexe, sich ständig verändernde Formen.

1
Uhrwerk und Chaos

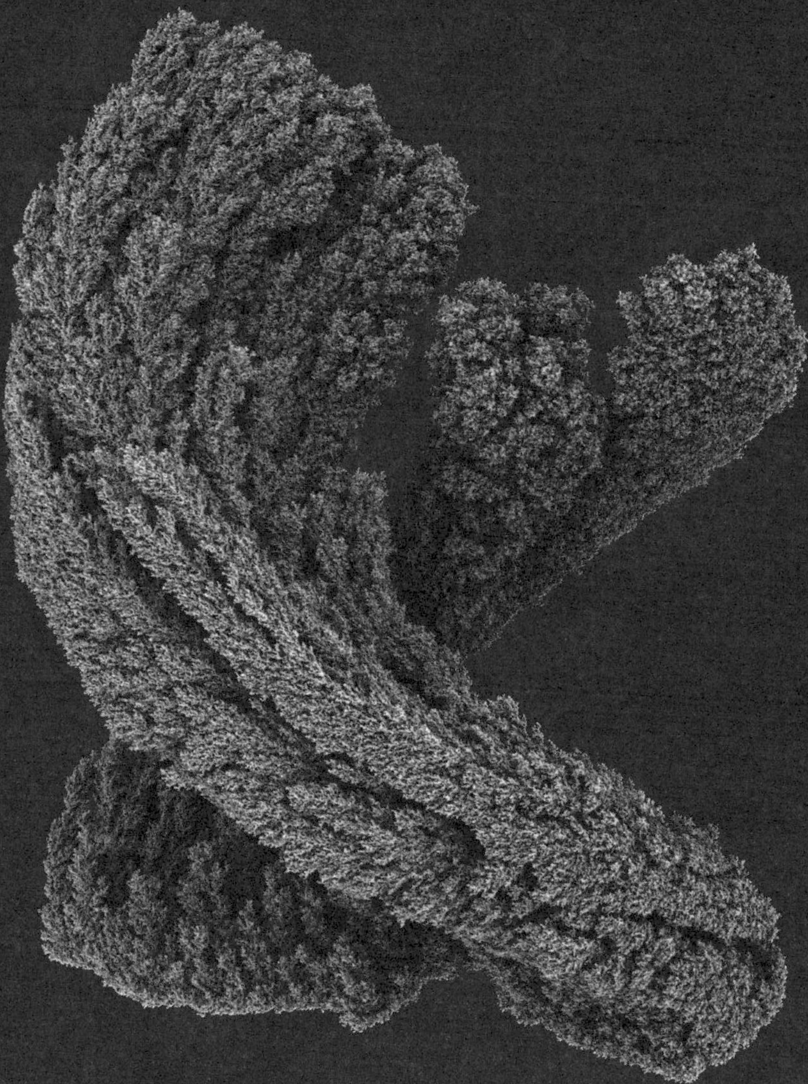

Newton, Laplace und das erstaunliche Uhrwerk-Universum

„Eine Intelligenz, die in einem gegebenen Augenblick alle Kräfte kennt, mit denen die Welt begabt ist, und die gegenwärtige Lage der Gebilde, die sie zusammensetzen, und die überdies umfassend genug wäre, diese Kenntnisse der Analyse zu unterwerfen, würde in der gleichen Formel die Bewegungen der größten Himmelskörper und die des leichtesten Atoms einbegreifen. Nichts wäre für sie ungewiss, Zukunft und Vergangenheit lägen klar vor ihren Augen."
Pierre-Simon, Marquis de Laplace, 1749–1827

Die Fluidität der Zeit
In unserer Zeit, in der Technik ein so normaler und alltäglicher Teil unseres Lebens ist, kann man leicht vergessen, was für ein eindrucksvolles technisches Meisterwerk die mechanische Uhr war. Bevor Uhren allgemein verfügbar wurden, war Zeit eine Sache von Näherungen, für die es nur recht vage Bezugspunkte gab. Wonach sich jedermann richten konnte, war der Lauf der Sonne am Himmel oder die Bewegung der Sterne in der Nacht (wenn es nicht wolkig war). Die Wohlhabenderen besaßen vielleicht eine Sonnenuhr, eine Wasseruhr, die die Zeit mithilfe einer Flüssigkeit maß, die durch eine kleine Öffnung tropfte, oder konnten sich am Niederbrennen einer Kerze orientieren. So etwas wie Genauigkeit im Hinblick auf die Zeit gab es jedoch nicht. Das spiegelt sich bis heute in manchen überlieferten Ausdrücken wider, wie das „Verrinnen der Zeit", was sich auf die Sanduhr bezieht, oder die Praxis, die Zeit mithilfe des Sonnenstands anzugeben, indem wir von „Sonnenaufgang", „Mittag" und „Sonnenuntergang" reden.

Heutzutage ist unser Leben so sehr mit Technologie verknüpft, dass wir die Präzision der Zeit manchmal als Bürde – eine Sache von Fristen und Terminen – ansehen, doch als mechanische Uhren erfunden wurden, waren sie vielmehr ein wunderbares Aha-Erlebnis. Es war nicht nur so, dass man nun wusste, wie spät es war – um jemanden zu einer bestimmten Zeit zu treffen, statt eine oder zwei Stunden zu warten –, sondern es war für die alltäglichen religiösen Abläufe, die in der Regel an bestimmte Zeiten gebunden waren, von entscheidender Bedeutung, und ebenso für die wissenschaftliche Forschung. Das Fortschreiten der Zeit präzise messen zu können, war unverzichtbar, um zu verstehen, wie verschiedene Aspekte des Universums funktionierten. Es ist kein Zufall, dass die großen Durchbrüche in der Physik der Bewegung in Europa etwa zur gleichen Zeit stattfanden, als relativ zuverlässige mechanische Uhren eine weitere Verbreitung fanden.

Die frühesten mechanischen Uhren wurden in Europa offenbar im 14. Jahrhundert entwickelt. Es ist schwer zu sagen, wann genau die erste Uhr gebaut wurde, aber sicherlich gehört die Turmuhr von St. Alban's Abbey in England, die von Richard of Wallingford in den 1320er-Jahren konstruiert wurde, zu den ältesten Beispielen. Diese Turmuhr überlebte die Reformationszeit nicht, doch eine andere frühe englische Uhr in der Kathedrale von Salisbury, die ins Jahr 1386 zurückdatiert, ist noch immer in Betrieb. Wie viele Uhren dieses Alters hat sie kein Ziffernblatt – Zweck der Uhr war es, eine Glocke anzuschlagen, die die Stunde vermeldete, um sicherzustellen, dass religiöse Riten, deren Ausübung an eine bestimmte Tageszeit gebunden war, zur richtigen Zeit durchgeführt werden konnten.

Die Hemmung – der Mechanismus, der die Zeiteinheiten misst – war in diesen ersten Uhren im Vergleich zu modernen Standards nicht besonders genau. Relativ präzise Zeitmessungen wurden erst 1656 möglich, als der niederländische Wissenschaftler Christiaan Huygens eine regelmäßig schlagende Uhr erfand, die mit einem Pendel betrieben wurde. Huygens, ein Zeitgenosse Isaac Newtons, gehörte zu denjenigen Gelehrten, die die Physik in eine stärker mathematische Richtung lenkten.

Als Galileo Galilei ein paar Jahrzehnte zuvor Zeitmessungen an bewegten Objekten vornehmen wollte, musste er auf ungenaue Taktgeber wie seinen eigenen Puls zurückgreifen. Mit Newton erhielt die Mathematik jedoch eine zentrale Stellung bei der Erklärung des Universums – und dies erforderte die Präzision, die Huygens' Uhr und ihre Nachfolger liefern konnten. Uhrwerke gaben nicht nur den Takt vor, in dem Bewegung gemessen werden konnte, sondern boten auch ein mentales Modell, auf dem sich ein Verständnis des Universums selbst aufbauen ließ.

Newtons Vermächtnis

Seitdem die alten Griechen erstmals den Nachthimmel studierten, sah man das Universum als ein System mit einem mechanischen Aufbau an, doch mit Kristallsphären, die die Planeten und Sterne trugen, statt mit dem Getriebe einer Maschine. Wir wissen, dass die Griechen ein bemerkenswertes Modell mit Zahnrädern konstruierten, den Mechanismus von Antikythera. Dieser astronomische Rechner aus der Zeit um 100 v. Chr., der 1901 in einem Schiffswrack vor der griechischen Küste gefunden wurde, spiegelte einige Himmelsbewegungen wider.

Spektakulärere astronomische Uhren, für die die Prager Rathausuhr oder Aposteluhr aus dem Jahr 1401 ein wunderbares Beispiel ist, zeigten eine Uhrwerkanalogie des Universums, während die kleineren Anzeigen heliozentrische Modelle des Universums (das, was wir heute als Sonnensystem bezeichnen) wie auch die Positionen und die Umlaufbahnen der Planeten und Monde wiedergaben, die gewöhnlich von einem Uhrwerkmechanismus angetrieben wurden.

Dabei handelte es sich um „physikalische" Modelle in der allgemeinen Bedeutung des Adjektivs. Isaac Newtons Werk eröffnete den Naturphilosophen (eine Bezeichnung für frühe Naturwissen-

→

Prager Rathausuhr, Detail
Anzeige, die die Bahnen von Sonne und Mond, die Mondphasen und mehr zeigt.

→ →

Prager Rathausuhr
Laplace' mathematische Sicht des Universums wurde wahrscheinlich von der mechanischen Präzision astronomischer Uhren, wie diesem großartigen Beispiel aus dem Jahr 1401 am Prager Rathaus, beeinflusst.

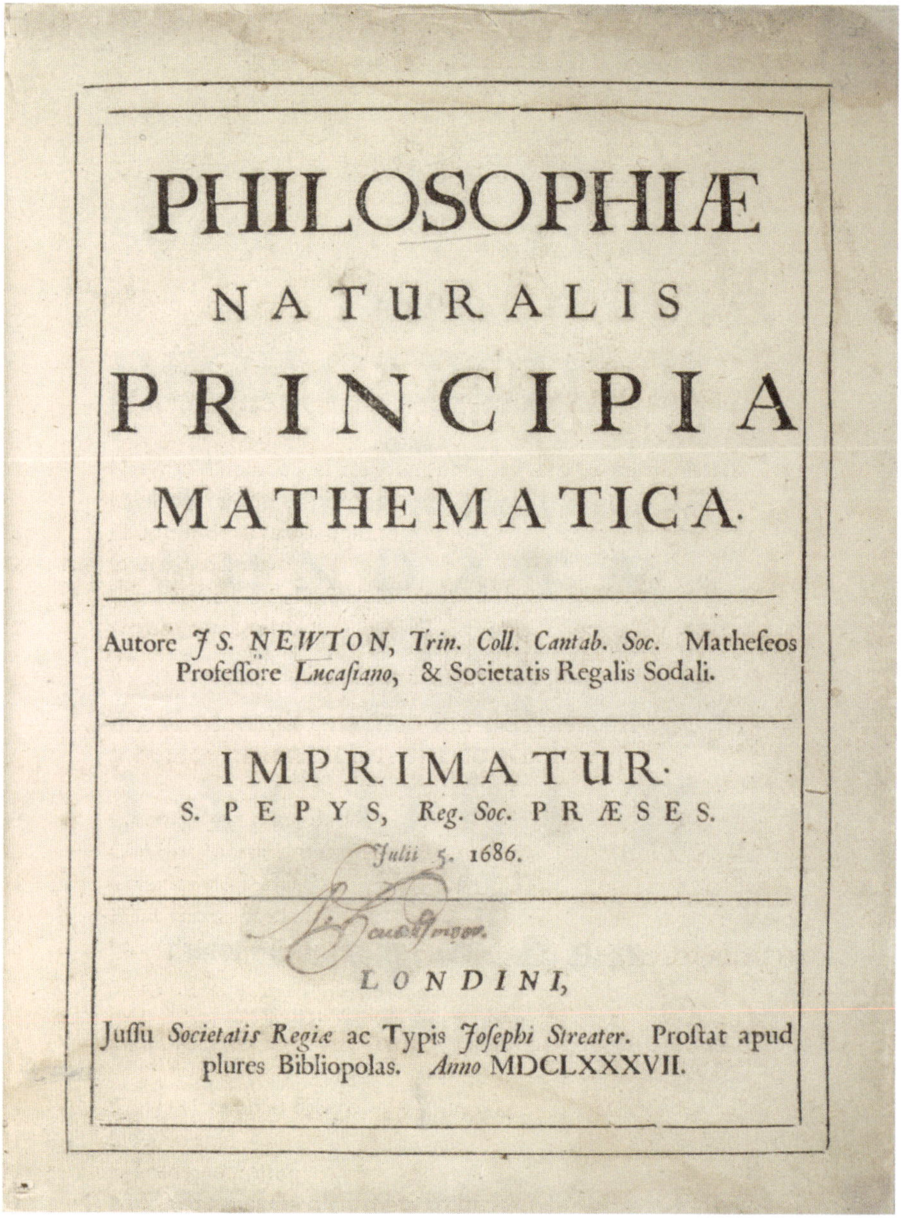

PHILOSOPHIÆ
NATURALIS
PRINCIPIA
MATHEMATICA.

Autore *J S. NEWTON*, *Trin. Coll. Cantab. Soc.* Matheſeos Profeſſore *Lucaſiano*, & Societatis Regalis Sodali.

IMPRIMATUR.
S. PEPYS, *Reg. Soc.* PRÆSES.
Julii 5. 1686.

LONDINI,

Juſſu *Societatis Regiæ* ac Typis *Joſephi Streater*. Proſtat apud plures Bibliopolas. *Anno* MDCLXXXVII.

←
Newtons *Principia*
Titelseite der Erstausgabe von Isaac Newtons Meisterwerk *Philosophiae Naturalis Principia Mathematica*, das 1687 veröffentlicht wurde (das Buch hätte schon 1686 erscheinen sollen, doch das Budget reichte nicht).

schaftler) jedoch den Zugang zu einem neuartigen Modell des Universums – einem *mathematischen* Modell. Newton war nicht der erste, der die Physik der Bewegung beschrieb – Galilei, beispielsweise, hatte bereits damit begonnen, indem er untersuchte, wie Kugeln sich beschleunigten, wenn sie unter dem Einfluss der Schwerkraft eine Schräge hinunterrollten. Newton war jedoch derjenige, der eine vorwiegend beschreibende Wissenschaft in eine Wissenschaft verwandelte, in der sich mithilfe der Mathematik die Zukunft vorhersagen ließ.

In seinem Meisterwerk *Philosophiae Naturalis Principia Mathematica*, gewöhnlich nur *Principia* genannt, verwendete Newton mathematische Werkzeuge, um zu beschreiben, wie die gravitative Anziehungskraft zwischen zwei Körpern – zum Beispiel zwischen Erde und Mond – dazu führte, dass sie sich auf einer bestimmten Umlaufbahn bewegten, und ebenso dazu führte, dass Objekte wie der berühmte Apfel auf den Boden fielen. Zudem formulierte er seine drei Bewegungsgesetze und erklärte darin, wie sich Körper bewegen und wie Kräfte bewirken, dass sie sich beschleunigen und in Wechselwirkung treten.

Zu diesem Zweck entwickelte Newton eine neue Art von Mathematik, die er als „Fluxionsmethode" bezeichnete und die uns heute besser als Infinitesimalrechnung bekannt ist, wobei der englische Begriff *calculus* auf den Begriff Kalkül seines Konkurrenten, des deutschen Universalgelehrten Gottfried Wilhelm Leibniz zurückgeht. Ausgerüstet mit Newtons neuen mathematischen Instrumenten waren seine Nachfolger bereit, es mit dem ganzen Universum aufzunehmen – und niemand mehr als Newtons enthusiastischster Unterstützer, der französische Naturphilosoph Pierre-Simon de Laplace.

Keine Notwendigkeit für diese Hypothese

Bei seinen Überlegungen zur Schwerkraft hatte sich Newton auf die Bewegungen von Körpern im Sonnensystem konzentriert. Laplace hatte jedoch eine größere Vision. Im Jahr 1794 geboren, zeigte er bereits früh Talent für Mathematik und wandte sich später erfolgreich Problemen zu, bei denen es darum ging, Mathematik auf das Universum anzuwenden und sie in der Physik wie auch in den Ingenieurswissenschaften praktisch zu nutzen. Aus unserer heutigen Sicht bestand Laplace' größter Beitrag darin, das Konzept des Determinismus einzuführen.

Beim Determinismus wird die mathematische Beschreibung der Wirklichkeit ins Extrem getrieben. Laplace hat das Bild eines Universums vor Augen, das wie ein Uhrwerk funktioniert und in dem alles, was jemals geschehen wird, exakt durch das vorherbestimmt (determiniert) ist, was einen Moment früher geschah und mechanisch weiterläuft, gesteuert von Newtons Gesetzen.

Wenn jemand den Zustand des Universums zu einem gegebenen Zeitpunkt im Detail kennt, dann wäre er dank der mathematischen Gewissheiten der Newtonschen Gesetze und der Laplaceschen Mathematik in der Lage, so das Credo des Marquis, genau vorherzusagen, was von einem Moment zum anderen als nächstes geschehen wird. Alles wäre bis in alle Ewigkeit vorherbestimmt.

Wir Menschen haben schon immer in die Zukunft blicken wollen. Antike Zivilisationen hatten ihre Orakel und Prophezeiungen – mystische und magische Mittel, um scheinbar einen flüchtigen Blick auf das zu werfen, was kommt. Bis ins späte Mittelalter galt Astrologie als anerkannter Teil des wissenschaftlichen Rüstzeugs, denn man nahm an, die Bewegung der Planeten habe einen Einfluss auf das irdische Geschehen; Astrologen wurden von Königen wie von gemeinen Bürgern gleichermaßen zu Rate gezogen. Dadurch, dass Newton auf Galileis Beobachtungen aufbaute, gelang es ihm, den Mystizismus beiseitezuschieben und mathematische Vorhersagen zu machen, die von ganz anderem Gewicht waren als diejenigen von Wahrsagern und Astrologen. Sie funktionierten. Wieder und immer wieder sagten sie korrekt voraus, was passieren würde.

Newtons Mathematik verband die vertrauten Bewegungen von Dingen auf der Erde mit den scheinbar erhabeneren und völlig von allem Irdischen losgelösten Bewegungen der Himmelskörper. So zeigte er, dass sich die Umlaufbahn des Mondes um die Erde allein mithilfe der Masse beider Körper und ihres Abstands vorhersagen ließ. Andere führten dies sogar noch weiter. Newtons Freund und Unterstützer Edmund Halley gelang mithilfe von Newtons Mathematik, die Wiederkehr eines Kometen, der heute seinen Namen trägt, präzise vorherzusagen. Zwar erlebte Halley die triumphale Rückkehr seines Kometen nicht mehr, doch seine Vorhersage war tadellos. Der Komet kehrte zurück – und zwar pünktlich.

Laplace ging einen Schritt weiter. Wenn man den Zustand des Universums zu irgendeinem Zeitpunkt genau kannte, dann sollte es seiner Meinung nach möglich sein, ein mathematisches Modell des Universums vorzuspulen und zu sehen, was in der Zukunft geschieht. Es war die Vorstellung von einem Universum, welches wie ein Uhrwerk funktioniert. Das erschien vielen Menschen jedoch nicht plausibel. Wie konnte die Wirklichkeit so weit vom mathematischen Ideal entfernt sein?

→
Astrologischer Tierkreis
Illustration der Tierkreiszeichen aus dem 14. Jh., auf der sich ablesen lässt, wann die Sonne in jedes Zeichen eintritt.

Dos frares
Taur.
Leon
Scorpion

Der Zufall ist vorhersagbar

„Wenn es dahin kommt, dann wäre ich lieber ein Schuster oder gar Angestellter in einem Spielkasino als ein Physiker."
Albert Einstein, 1879–1955

Zufall in der Wirklichkeit
Damit Laplace' Vision funktionierte, musste alles aus dem folgen, was davor lag, mit einer klaren Ursache-Wirkungs-Beziehung von einem Augenblick zum anderen. Es war ein Universum, das man heute als deterministisch bezeichnen würde, was bedeutet, dass alles, was gerade geschieht, klar und eindeutig durch das festgelegt ist, was einen Augenblick zuvor geschah. Es gab jedoch ein großes Problem, das Laplace' Sicht des Universums im Weg stand – Zufall.

Die Idee, dass Dinge zufällig, ohne vorausgehende Ursache, geschehen können, ist etwas, das menschliche Wesen nicht instinktiv begreifen. Wir verstehen die Welt um uns herum mithilfe von Mustern und finden es schwierig zu akzeptieren, dass Dinge ohne ein Leitprinzip – ohne Ursache – geschehen können. Diese Konzentration auf Muster ist ein hervorragendes Überlebensinstrument, wenn es darum geht, einen Fressfeind oder eine gefährliche Situation zu erkennen. Aber es bringt auch mit sich, dass wir dort Gespenster sehen, wo nichts ist, oder beispielsweise annehmen, ein Unglück lasse sich auf das direkte Handeln einer Gottheit oder des Schicksals oder das bösartige Eingreifen einer magischen Macht zurückführen.

→
Albert Einstein
Obgleich Einstein zu den Begründern der Quantenphysik zählt (das Bild zeigt ihn im Jahr 1921), zögerte er, den Zufall im Herzen der Theorie zu akzeptieren.

Tatsächlich erkannte man bereits in der Antike, dass einige Ereignisse – wie das Werfen einer Münze oder eines Würfels – in jeder Hinsicht zufällig waren, weswegen sie ja auch bei Glücksspielen eingesetzt werden. Unsere Abneigung, in der wirklichen Welt Zufall zu akzeptieren, erklärt jedoch auch, warum wir häufig auf

Prozesse hereinfallen, die auf solchen Zufällen basieren, sei es im Spielkasino oder im Alltag, wenn wir erwarten, dass sich das Schicksal nach einer besonderen „Glückssträhne" wendet.

Als die Mathematik an Einfluss gewann, wurde offensichtlich, dass der Zufall zwar definitionsgemäß unvorhersagbar war, was das Ergebnis des Einzelereignisses betraf, aber auf lange Sicht durchaus vorhersagbar war. So können wir beispielsweise nicht sagen, welche Zahl sich zeigt, wenn wir einen Würfel werfen. Es könnte jede Zahl zwischen 1 und 6 sein. Wir wissen jedoch, dass jede Zahl in rund einem Sechstel aller Fälle auftreten sollte. Nach einer großen Anzahl von Würfen erwarten wir daher, dass alle Seiten des Würfels annähernd gleich oft oben lagen. Wir können kein spezielles Ergebnis vorhersagen, wohl aber das Langzeitverhalten, und je häufiger ein Ereignis wiederholt wird, desto präziser wird diese Vorhersage.

Quantenkonfusion

Die Bedeutung des Zufalls für die Wissenschaft wurde Anfang des 20. Jahrhunderts durch die Entwicklung der Quantentheorie deutlich. Was die Physik *sehr* kleiner Dinge, wie Atomen, Elektronen und Photonen, angeht, so zeigt die Quantentheorie, dass ein Großteil des Verhaltens dieser Teilchen allein von Wahrscheinlichkeiten abhängt. Das Ergebnis eines jeden Ereignisses ist völlig und inhärent unvorhersagbar – aber über einen längeren Zeitraum betrachtet, ist das Muster der Ergebnisse absolut vorhersagbar.

Photonen
Zwar wurde lange angenommen, Licht sei eine Welle, doch die Quantentheorie hat deutlich gemacht, dass sich Licht auch wie ein Strom von Teilchen verhalten kann, die als Photonen bezeichnet werden.

Diese Zufälligkeit veranlasste Albert Einstein, einen der Begründer der Quantentheorie, stark an ihr zu zweifeln; er verbrachte Jahre damit, Fehler in der Theorie zu finden, doch ohne Erfolg. Nehmen wir ein scheinbar simples Beispiel – die Spiegelung auf einer Fensterscheibe. Wenn Licht auf Glas trifft, geht der größte Teil des Strahls einfach hindurch, doch ein kleiner Teil wird reflektiert. Das geschieht die ganze Zeit, ist aber besonders auffällig, wenn man sich nachts in einem beleuchteten Raum befindet. Versucht man, aus dem Fenster zu schauen, sieht man stattdessen eine klare Spiegelung des Raumes, in dem man sich befindet, nicht die Außenwelt.

Auch wenn das Rauminnere reflektiert wird, dann nicht, weil das Licht aus dem Raum nicht mehr durch das Glas dringt – der größte Teil passiert die Scheibe. Was man sieht, ist der kleine Teil, der zurückgeworfen wird. (Das geschieht nicht nur nachts, sondern fortwährend, doch tagsüber wird dieser Effekt von der Stärke des von außen einfallenden Lichts überdeckt). Die

Wahrscheinlichkeit kommt ins Spiel, wenn wir die individuellen Photonen betrachten, die Teilchen, die das Licht ausmachen, das aus dem Raum austritt. Wenn ein bestimmtes Photon auf die Glasscheibe trifft, besteht eine 95-prozentige Wahrscheinlichkeit, dass es die Scheibe passiert, und eine 5-prozentige Wahrscheinlichkeit, dass es reflektiert wird. Wir können jedoch niemals vorhersagen, wie sich ein bestimmtes Photon verhalten wird.

Einstein war fest überzeugt, es müsse „verborgene Variablen" geben – Information, die für das Photon verfügbar war, aber nicht für uns, und ihm erlaubten zu „wissen", was es zu tun hatte, wenn es auf die Glasscheibe traf. Darum zog er die Vollständigkeit der Quantentheorie mehrfach in Zweifel, und in diesem Zusammenhang fiel auch der Kommentar, lieber ein Schuster zu sein, der auf S. 22 zitiert ist und aus einem Brief an seinen Freund und Kollegen Max Born stammt. Inzwischen gibt es jedoch unwiderlegbare Beweise, dass dies nicht der Fall ist. Das Photon hat eine gewisse Wahrscheinlichkeit, von der Glasscheibe reflektiert zu werden, und eine gewisse Wahrscheinlichkeit, durch sie hindurchzutreten – aber bis das eine oder das andere tatsächlich geschieht, gibt es nichts, was über das Ergebnis entscheidet. Es ist wirklich zufällig.

Die Macht der Wahrscheinlichkeit

„Der Zufall begünstigt nur den vorbereiteten Geist."
Louis Pasteur, 1822–1895

Wie stehen die Chancen?
Spiele, deren Ergebnis auf Wahrscheinlichkeit basiert, gibt es bereits seit der Antike. Wir wissen nicht, wann jemand erstmals bemerkte, dass man eine zweiseitige Münze durch die Luft trudeln lassen und damit in recht guter Näherung ein Zufallsergebnis erhalten kann: Kopf oder Zahl. Sicher ist jedoch, dass Münzwürfe schon seit Jahrtausenden zur Zufallsauswahl, bei Wahrsagerei und Glücksspielen verwendet wurden.

Ebenso reichen Würfel – oder ihre frühen Äquivalente – weit in die Geschichte zurück. Archäologen haben sogenannte Astragaloi gefunden, Knöchelchen aus den Sprungbeinen von Schafen oder Ziegen, die als Würfel dienten und mindestens 5000 Jahre zurückdatieren, während Backgammon-artige „Tafeln" zu den ältesten bekannten Brettspielen gehören. Solange es solche Glücksspiele gibt, hatten gute Spieler vielleicht ein instinktives Gefühl dafür, wie Wahrscheinlichkeiten funktionierten, doch quantifiziert wurden die Regeln der Wahrscheinlichkeit erstmals im 16. Jahrhundert, als ein italienischer Arzt, Gerolamo Cardano, selbst ein begeisterter Spieler, ein Buch über dieses Thema verfasste.

→
Die Backgammonspieler
Dieses Gemälde des flämischen Künstlers Theodoor Rombouts zeigt ein lebhaftes Backgammonspiel.

Als Cardano sein *Liber de Ludo Aleae (Das Buch der Glücksspiele)* schrieb, war er in seinen Zwanzigern, und er verbesserte es sein ganzes Leben lang, doch veröffentlicht wurde es erst 1663, fast ein Jahrhundert später, denn das Thema galt als gesellschaftlich anrüchig.

Wahrscheinlichkeit ist ein Konzept, mit dem wir offenbar von Natur aus Schwierigkeiten haben, und Cardanos großer Beitrag, uns beim Verstehen zu helfen, bestand darin, Wahrscheinlichkeiten in besser handhabbare Brüche umzuwandeln. Stellen wir uns vor, Sie haben eine Münze und werfen sie 100-mal. Kopf oder Zahl? Man würde erwarten, rund 50-mal Kopf und rund 50-mal Zahl zu erhalten. Cardano erkannte, dass man die Wahrscheinlichkeit, Kopf zu erhalten, als ½ angeben konnte und die Wahrscheinlichkeit für Zahl ebenso. Je höher der Wert, desto wahrscheinlicher das Ergebnis, wobei ein Wert von 1 absolute Sicherheit für das Eintreten eines Ereignisses bedeutet, 0 hingegen für sein Nichteintreten. Da ein Münzwurf (wir ignorieren die Möglichkeit, dass die Münze auf dem Rand landet) entweder zu Kopf oder Zahl führen muss, ist die Wahrscheinlichkeit, entweder Kopf oder Zahl zu erhalten ½ + ½ = 1.

In gleicher Weise beträgt die Wahrscheinlichkeit, bei einem sechsseitigen Würfel eine bestimmte Zahl zu erhalten, ⅙. Wenn man nun wissen will, wie groß die Wahrscheinlichkeit ist, entweder eine Fünf oder eine Sechs zu würfeln, kann man die Wahrscheinlichkeiten einfach addieren: ⅙ + ⅙ = ⅓.

Cardano beschäftigte sich auch mit dem deutlich schwierigeren Problem, multiple Wahrscheinlichkeiten zu kombinieren. Um ein häufiges Beispiel zu nehmen: Wir wissen, dass die Wahrscheinlichkeit, mit einem einzelnen Würfel eine Sechs zu würfeln, ⅙ beträgt. Wie hoch ist die Wahrscheinlichkeit, mit zwei Würfeln einen Sechserpasch zu würfeln? Cardano zeigte, dass es sich dabei um ein einfaches Multiplikationsproblem handelte: ⅙ x ⅙ = 1⁄36. Aber wie stand es um die Wahrscheinlichkeit, mit zwei Würfeln mindestens eine Sechs zu würfeln? Sie ist zweifellos höher als bei nur einem einzigen Würfel. Aber wir können die ⅙-Wahrscheinlichkeit nicht einfach verdoppeln – sonst betrüge die Wahrscheinlichkeit, mit sechs Würfeln eine Sechs zu würfeln, 100 Prozent, und wir wissen, dass das nicht stimmt. Cardano versuchte es mit Querdenken. Die Wahrscheinlichkeit, mit dem ersten Würfel *keine* Sechs zu würfeln, ist ⅚. Die Wahrscheinlichkeit, mit dem zweiten Würfel ebenfalls keine Sechs zu würfeln, ist wieder ⅚. Daher beträgt die Wahrscheinlichkeit, mit beiden Würfeln keine Sechs zu erhalten, ⅚ x ⅚ = 25⁄36. Da das Gesamtergebnis alle möglichen Resultate 1 sein muss, folgt, dass die Wahrscheinlichkeit für das Würfeln einer Sechs mit zwei Würfeln 11⁄36 beträgt.

Die Macht der Verteilung

Wenn wir uns Zufall und Wahrscheinlichkeit zuwenden, ist das Ergebnis oft weniger direkt einsichtig als bei Glücksspielen, wo die Wahrscheinlichkeiten verschiedener Ergebnisse im Voraus bekannt sind (unter der Voraussetzung, dass es sich um faire Münzen handelt und die Würfel nicht gezinkt sind).

Dank Cardanos mathematischem Ansatz verfügen wir nun über die Fähigkeit, Wahrscheinlichkeiten zu handhaben, doch um Zufall und Wahrscheinlichkeit in der wirklichen Welt in den Griff zu bekommen, benötigen wir noch etwas anderes: ein Verständnis für Verteilungen, das heißt, eine Vorstellung, wie mögliche Ergebnisse verteilt sind – ob beispielsweise einige Ergebnisse wahrscheinlicher sind als andere.

Wenn wir uns die Verteilung der Möglichkeiten für einen Münzwurf anschauen, erhalten wir tatsächlich ein Balkendiagramm mit zwei möglichen Ergebnissen. Wir können das Balkendiagramm näherungsweise bestimmen, indem wir wiederholt eine Münze werfen und notieren, wie oft wir Kopf und Zahl werfen. Anfangs erhalten wir vielleicht deutlich mehr von der einen oder anderen Sorte, doch im Laufe der Zeit, wenn die Zahl der Würfe ständig steigt, nähern sich die Zahlen immer stärker der erwarteten Verteilung an.

In gleicher Weise können wir eine ähnlich langweilige Verteilung für die möglichen Resultate eines sechsseitigen Würfels erstellen – und wieder können wir die Verteilung ermitteln, ohne die tatsächlichen Werte zu kennen, indem wir wiederholt würfeln. Etwas interessanter werden die Dinge, wenn wir uns die Verteilung von Werten ansehen, die wir erhalten, wenn wir zwei Würfel gleichzeitig werfen und die Resultate addieren. Das Ergebnis reicht von 2 bis 12 – aber nicht alle Ergebnisse treten mit derselben Wahrscheinlichkeit auf. Hier ist die Verteilung nicht nur interessanter, sondern kann uns auch etwas sagen – zum Beispiel, dass bei zwei Würfeln die Wahrscheinlichkeit für eine Sieben am höchsten ist.

Normalverteilung
Auch als Gauß-Verteilung bekannt, ist die Normalverteilung symmetrisch um den wahrscheinlichsten Wert, wobei in den langen „Schwänzen" auf beiden Seiten die Ergebnisse liegen, die weniger wahrscheinlich sind.

In der Welt um uns herum, wo eine Größe zufällig variiert, stellen wir oft fest, dass die Verteilung in Form einer „Normalverteilung" auftritt, die wegen ihrer Gestalt beim Auftragen der Daten auch gern als Glockenkurve bezeichnet wird. Wenn man beispielsweise die Körpergröße einer großen Zahl von Menschen misst, stellt man fest, dass die Körpergrößen von Männern wie von Frauen annähernd normalverteilt sind.

Verteilung der Ergebnisse von Münzwürfen in einem Experiment nach 100 Würfen
Wenn die Anzahl der Münzwürfe wächst, nähert sich die Verteilung immer stärker einem 50:50-Verhältnis von Kopf und Zahl.

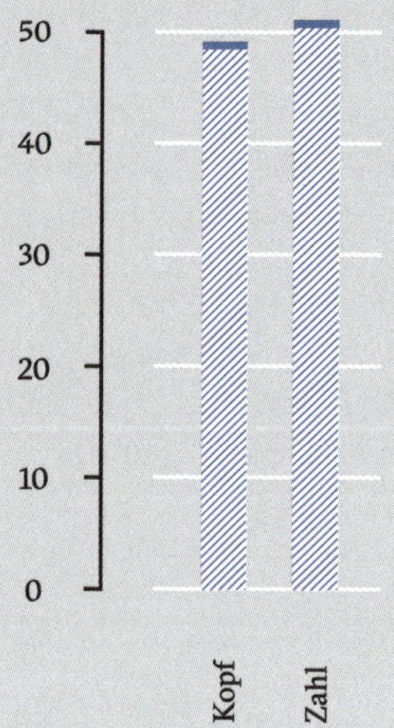

Verteilung der Anzahl der möglichen Ergebnisse, die mit zwei Würfeln erzielt werden können
Nicht alle Ergebnisse beim Werfen von zwei Würfeln sind gleich wahrscheinlich; die Verteilung zeigt die relativen Wahrscheinlichkeiten.

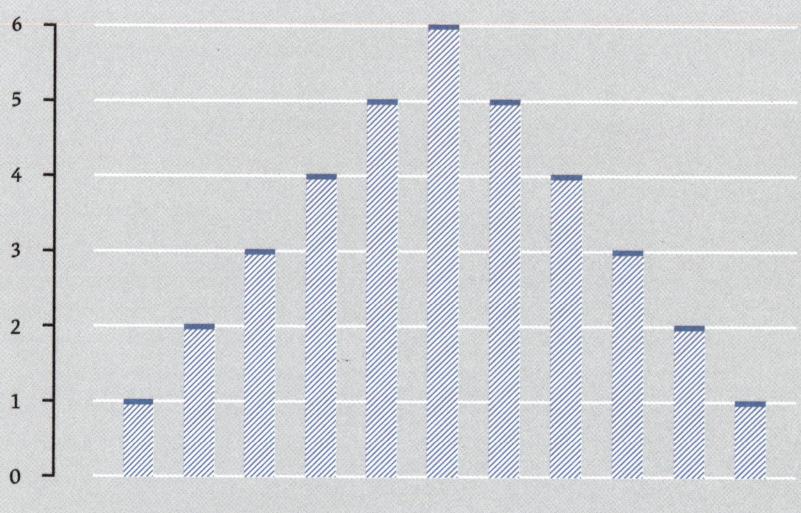

Jedes Individuum hat natürlich nur eine einzige Körpergröße – aber die Verteilung erlaubt uns, die wahrscheinlichste Körpergröße vorherzusagen und darüber hinaus, wie wahrscheinlich es ist, dass die Größe eines Mannes oder einer Frau innerhalb einer gewissen Spannbreite rechts oder links der wahrscheinlichsten Größe liegt. Bei der Normalverteilung gibt es ein Maß, das als „Standardabweichung" bezeichnet wird und die Form der Verteilung beschreibt; mit seiner Hilfe können wir vorhersagen, wie hoch der Prozentsatz der Individuen in unserer Stichprobe ist, der in einen bestimmten Bereich fällt.

Wenn wir die beteiligten Wahrscheinlichkeiten und Verteilungen verstehen, können wir ein mathematisches Modell der Fragestellung entwickeln, die wir untersuchen. Das Modell kann uns nicht sagen, was in Zukunft passieren wird, genauso wenig, wie das Wissen, dass die Chance für Kopf bei einem Münzwurf 50 Prozent beträgt, uns vorab verrät, auf welche Seite die Münze fallen wird. Das Modell erlaubt uns jedoch, die Wirklichkeit zu simulieren und ein Gefühl dafür zu bekommen, was wahrscheinlich geschehen wird. Und das ist wirklich eine ausgezeichnete Sache, wenn wir uns einen einfachen und kontrollierten Teilbereich der Wirklichkeit anschauen. Diese Art der Vorhersage funktioniert nicht nur bei Glücksspielen, sondern bei allem, von der Vorhersage der Verteilung menschlicher Körpergrößen bis zur Wahrscheinlichkeit für den Zerfall eines radioaktiven Teilchens.

Daher könnte es so aussehen, als ob wir die Zukunft, was den Zufall angeht, recht gut im Griff haben – bis Chaos sein Haupt erhebt.

Das Tagebuch des Truthahns

„Wir alle sind überzeugt, dass die Sonne morgen aufgeht. Warum eigentlich? Ist diese Überzeugung lediglich das blinde Ergebnis vergangener Erfahrungen oder lässt sie sich als vernünftige Überzeugung rechtfertigen?“
Bertrand Russell, 1872–1970

Der Zufall ist vorhersagbar
Wir verstehen allmählich, dass unser Verständnis der Welt um uns herum auf Mustern basiert. Auf diese Weise bewältigen wir die verschiedenen Probleme, denen wir uns jeden Tag gegenübersehen – und auf dieser Grundlage betreiben wir auch Wissenschaft. Nehmen wir ein alltägliches Beispiel. Ich kaufe eine Flasche Orangensaft. Es ist ein neues Objekt in meinem Leben. Ich habe diese spezielle Flasche noch nie in der Hand gehalten. Dennoch weiß ich, wie man sie öffnet, denn sie passt zu dem Muster „Flaschen mit Schraubverschluss“ in meinem Kopf. Daher drehe ich den Verschluss gegen den Uhrzeigersinn, öffne die Flasche und trinke.

Stellen wir uns vor, ich hätte eine Flasche Saft gekauft, die keinen Schraubverschluss hat, sondern fest mit einem Korken verschlossen ist. Ich könnte den Korken bis zum Sankt Nimmerleinstag gegen den Uhrzeigersinn drehen, ohne dass die Flasche aufginge. Zum Glück habe ich ein anderes Muster im Kopf und weiß, wie man mit verkorkten Flaschen umgeht (und habe einen Korkenzieher an meinem Taschenmesser) und kann die Flasche dennoch öffnen.

Unsere naturwissenschaftliche Sicht basiert primär auf der Methode der Induktion – wir beobachten, was zuvor geschehen ist, und ziehen den oft richtigen Schluss, dass unter denselben Bedingungen dasselbe ablaufen wird. Das gilt, ob wir nun daran denken, dass die Sonne jeden Morgen aufgeht oder daran, dass eine Münze bei einer Reihe von Münzwürfen in der Hälfte aller Fälle Kopf und in der anderen Hälfte Zahl zeigen wird. Selbst der Zufall ist in einem gewissen Maße vorhersagbar.

Man beachte, dass Induktion etwas anderes ist als Deduktion – letzteres ist etwas, das in der wirklichen Welt (oder in der Wissenschaft) selten erfolgreich ist. Deduktion erlaubt uns, Logik einzusetzen, um Schlussfolgerungen zu ziehen. Wenn ich beispielsweise weiß, dass alle Hunde vier Beine haben, und vor mir ein Tier mit drei Beinen läuft, kann ich den deduktiven Schluss ziehen, dass dieses Tier kein Hund ist. Das Problem beim deduktiven Schließen in der wirklichen Welt ist, dass ich die Zahl der Beine des Tieres zwar eindeutig feststellen kann, der deduktive Prozess aber von der Fähigkeit abhängt, die vorausgehende Feststellung – „Alle Hunde haben vier Beine" – zu treffen.

Logik
Das systematische Studium des Schlussfolgerns, bei dem aus der Kombination einer Reihe von Fakten oder Feststellungen eine Folgerung abgeleitet wird.

Um dies definitiv sagen zu können, muss ich zuvor sämtliche Hunde, die es gibt, überprüft haben – was in der wirklichen Welt unmöglich ist. Daher muss ich meine Deduktion mit ein wenig Induktion unterstützen. Vielleicht hat jeder Hund, dem ich jemals begegnet bin, vier Beine, daher nehme ich an, dass diese Feststellung prinzipiell für alle Hunde gilt. Doch natürlich laufen da draußen gelegentlich auch dreibeinige Hunde herum. Deduktion ist nur so gut wie die zugrundeliegende Annahme, und solange diese von Induktion abhängig ist, können wir nicht mehr sagen, als dass es sich um die beste Theorie handelt, die wir gegenwärtig haben. So funktioniert Wissenschaft in der Regel.

Natürlich gibt es Ausnahmen. Wenn ich Gelegenheit habe, meine anfängliche Aussage zu verifizieren, ist Deduktion zuverlässig. Wenn ich eine Schachtel mit Knöpfen habe, kann ich jeden Knopf überprüfen und dann beispielsweise sagen: „Alle Knöpfe in dieser Schachtel sind blau." Wenn ich dann einen roten Knopf erhalte, kann ich mit Sicherheit den Schluss ziehen, dass dieser Knopf nicht aus meiner Schachtel stammt. Das wirkliche Leben ist jedoch nur selten so wie meine Knopfschachtel.

Muster können uns in die Irre führen

Der britische Philosoph Bertrand Russell, der den berühmten Kommentar zum allmorgendlichen Sonnenaufgang machte, äußerte sich auch über die Erfahrungen von Geflügel auf einer Geflügelfarm, was im Englischen manchmal auch als „turkey's diary" – Tagebuch des Truthahns – bezeichnet wird. Stellen Sie sich vor, ein Truthahn führt Tagebuch und notiert regelmäßig, wie gut sein Tag war. Wenn wir diese Bewertungen Tag für Tag in eine Grafik eintragen, würden sie uns eine hübsche Verteilung

liefern, und da wir mathematisch interessiert sind, könnten wir versucht sein, anhand dieser Verteilung Vorhersagen zu machen. Und dann, ein paar Tage vor Thanksgiving, nimmt der Tag aus der Sicht des Truthahns eine abrupte Wendung ins Negative, denn er wird geschlachtet und tischfertig zubereitet.

Ohne Kenntnis der Umstände könnte es so aussehen, als sei der „schlechte Tag" des Truthahns ein völlig zufälliges Ereignis gewesen – und ohne Hintergrundinformationen war das, was kam, auch tatsächlich völlig unvorhersehbar. Uns Menschen fällt es jedoch sehr schwer zu akzeptieren, dass es Abweichungen von unserem Verständnis der Welt geben kann. Aus der Weltsicht des Truthahns, die auf seinen vorangegangenen Erfahrungen basiert, war geröstet zu werden, keine mögliche Option. Aber es geschah dennoch. Wenn etwas Unerwartetes passiert, versuchen wir oft in ganz ähnlicher Weise, eine Erklärung innerhalb

←
Das Tagebuch des Truthahns
Truthähne könnten zu dem logischen Schluss kommen, dass jeder Tag dem vorangegangenen recht ähnlich sein wird. Bis Thanksgiving.

unseres momentanen Verständnisses zu finden – es könnte aber durchaus sein, dass die Ursache eines plötzlichen, unerwarteten Ereignisses außerhalb der uns verfügbaren Informationen liegt und sich ohne eine Veränderung unserer Weltsicht nicht erklären lässt.

Was dem Truthahn – und nur allzu oft auch uns – passiert, ist tatsächlich die Verwendung eines falschen Musters zur Erklärung der Welt. Eine Weise, in der sich so etwas manifestiert, ist via Aberglauben. Wenn wir glauben, ein Muster erkannt zu haben, das ein Ereignis mit einem anderen verknüpft, nehmen wir an, dass es sich um eine Kausalbeziehung handelt. Der Aberglaube, den wir mit Spiegeln, Leitern und schwarzen Katzen verbinden, ist ein fast zwangsläufiges Ergebnis induktiven Schließens, denn es kann schwierig sein, reale Ursachen und Ereignisse voneinander zu trennen, die zufällig räumlich und zeitlich zusammentreffen.

Wie der Truthahn besitzen wir häufig ein nur begrenztes Verständnis dessen, was gerade abläuft. Dann ist es einfach, Muster, die in der Vergangenheit bei anderen Gelegenheiten erfolgreich waren, auf Situationen anzuwenden, auf die sie einfach nicht passen. Es kann sein, dass etwas wirklich zufällig ist, doch wir erwarten, dass ein anderes Muster anwendbar ist. Wenn ich eine Münze werfe und neunmal hintereinander Kopf erhalte, fällt es schwer, nicht zu erwarten, dass die Münze beim nächsten Wurf Zahl zeigt, denn in meinem Kopf habe ich ein Muster, das mir sagt, dass die Hälfte der Würfe Kopf und die anderen Hälfte Zahl zeigen sollte. Doch in Wirklichkeit hat die Münze kein Gedächtnis, sie weiß nicht, was sie zuvor angezeigt hat, daher gibt es noch immer eine 50:50-Chance für Kopf oder Zahl.

Dasselbe Phänomen findet man bei sportlichen Rekorden. Wenn ein Team eine Glückssträhne oder ein Spieler ein „goldenes Händchen" hat, wenden wir ein Muster an, das eine zugrunde liegende Ursache für etwas annimmt, was allein zufälligen Umständen geschuldet ist und sicherlich keine Auswirkungen auf die Zukunft haben wird.

Vorherzusagen, was passieren wird, erfordert ein ausreichend gutes Verständnis dessen, was gerade abläuft. Wir müssen ein Gespür dafür entwickeln, was ein System ausmacht (mehr dazu gleich) und wie die Natur dieses Systems uns erlaubt – oder uns daran hindert – vorherzusagen, was wahrscheinlich passieren wird. Und ein guter Ausgangspunkt dafür ist ein Blick auf das schlichte Pendel.

Mit Pendeln spielen

„Wenn man wünscht, dass ein Pendel doppelt so langsam schwingt wie ein anderes, so muss das Pendel viermal so lang sein."
Galileo Galilei, 1564–1642

Systematisch vorgehen
Wann immer wir versuchen, die Welt um uns herum und die Auswirkungen des Chaos auf sie zu verstehen, ist die Grundeinheit das System. Im Alltag wird der Begriff System oft im Sinne einer sozialen Gruppierung verwendet, häufig in negativer Weise („Sie verbringt ihre Zeit damit, das System zu bekämpfen"), als Ansatz, um etwas zu tun („Er hat ein Gewinnsystem") oder im Hinblick auf Technik („Dieses Lautsprechersystem ist erstaunlich"). In unserem Zusammenhang hat ein System jedoch eine viel breitere Bedeutung.

Ein System ist einfach eine Ansammlung miteinander wechselwirkender Komponenten. Es kann sich um etwas so Einfaches wie einen Ball und eine Schräge handeln, die er hinunterrollt, oder um etwas so Komplexes wie das Universum. Ein Stift ist ein System, ebenso wie ein Smartphone, Ihr Körper, die Gemeindeverwaltung oder das Wetter. Um Systeme zu klassifizieren, ist es nützlich, sie in zwei Gruppen zu unterteilen: Ein offenes System kann mit anderen Elementen und mit Systemen, die außerhalb des fraglichen Systems liegen, in Wechselbeziehung treten, während ein geschlossenes System das nicht kann. Die meisten Systeme, mit denen wir es im Alltag zu tun haben, sind offene Systeme, doch aus Gründen der Vereinfachung behandeln wir ein System, das nur begrenzt mit seiner Umgebung interagiert, als geschlossen.

Eines der einfachsten Systeme ist das Pendel, das der große italienische Naturphilosoph Galileo Galilei im 16. und 17. Jahrhundert ausführlich studierte. Ein einfaches Pendel besteht aus einem Aufhängepunkt – zum Beispiel einem Haken an der Decke –, einem Aufhängemechanismus – zum Beispiel einer Schnur – und einem Gewicht am Ende des Aufhängemechanismus.

Ein Pendel demonstriert die Umwandlung von Energie von einer Form in eine andere. Wenn wir das Pendel von einer Seite zur anderen schwingen lassen, besitzt das Gewicht an den Umkehrpunkten eine gewisse potenzielle Energie, eine Energie (Lageenergie), die dadurch entsteht, dass das Gewicht gegen die Schwerkraft angehoben wird, aber keine kinetische Energie (Bewegungsenergie). Wenn das Gewicht wieder nach unten schwingt, geht ein Teil der potenziellen Energie verloren, weil das Gewicht an Höhe verliert, und die kinetische Energie nimmt zu, weil sich das Gewicht schneller bewegt. Wenn das Pendel von einer Seite zur anderen schwingt, verwandelt es ständig kinetische Energie in potenzielle Energie und wieder zurück.

Dabei handelt es sich nicht um ein geschlossenes System. Ein kleiner Betrag der Energie, die anfangs durch Anheben des Gewichtes ins System eingespeist wurde, fließt in die Verformung des Aufhängemechanismus und erzeugt Wärme, während ein etwas größerer Betrag aufgrund des Luftwiderstandes verloren geht, es sei denn, das Pendel schwingt in einer Vakuumkammer. Entscheidend ist, dass man das System nicht als geschlossen ansehen kann, denn ohne die Anziehungskraft der Erde gäbe es keine potenzielle Energie, die sich in kinetische Energie umwandeln könnte.

Energie
Der Aspekt der Natur, der dafür sorgt, dass Dinge geschehen. Wie der amerikanische Physiker Richard Feynman meinte: „Es ist wichtig, einzusehen, dass wir in der heutigen Physik nicht wissen, was Energie ist."

Schon bald nach Galileis Untersuchungen wurden Pendel erstmals zur Zeitmessung eingesetzt – Christiaan Huygens erste Pendeluhr, die 1656 gebaut wurde, machte sich Galileis Erkenntnis zunutze, dass die Zeit, die das Pendel für eine komplette Schwingung brauchte, nur von der Länge des Aufhängemechanismus abhing. Es spielte keine Rolle, wie schwer das Gewicht war, und kleine wie größere Schwingungen benötigten dieselbe Zeit.

In Wirklichkeit gilt diese letzte Beobachtung nur für relativ kleine Auslenkungen, doch das Pendel war ein folgsames System mit einer leicht vorherzusagenden Bewegung. Es war das absolute Gegenteil von Chaos. Doch um das zu revidieren, bedarf es nur einer kleinen Veränderung.

Das Pendel spielt verrückt

Stellen Sie sich ein Pendel vor, bei dem der Aufhängemechanismus nicht aus einem Stück Schnur, sondern vielmehr aus einer Metallstange besteht. Wir können auf das Gewicht verzichten. Das Gewicht der Stange reicht aus. Für die Arbeitsweise des Pendels macht das keinen Unterschied. Es gehorcht noch immer der erwarteten Beziehung zwischen der Länge der Stange und der Pendelschwingung. Nun schneiden wir die Pendelstange in der Mitte durch und bringen zwischen den beiden Teilen eine Verbindung an, die dem unteren Teil erlaubt, sich gegen den oberen Teil zu drehen, und setzen das Pendel dann wieder in Bewegung.

Das ist nur eine einfache Veränderung. Wir sind von einem einzelnen, kontinuierlichen Aufhängemechanismus zu einem Mechanismus übergegangen, der in zwei frei bewegliche Teile unterteilt ist. Tatsächlich ist unser Pendel zu einem sogenannten Doppelpendel geworden, bei dem jeder Teil der Stange als sein eigenes Gewicht agiert. Es wäre nicht überraschend, wenn dies die Bewegung des Pendels etwas weniger glatt und vorhersehbar machen würde. Doch in der Praxis ist es so, dass das Pendel nun verrücktspielt.

Wenn man das Doppelpendel in Bewegung setzt, beginnt der untere Teil schon bald, wild herumzuschwingen, bevor er plötzlich ruckartig anfängt, in die andere Richtung zu schwingen. Das ganze System „springt" herum, als würden verschiedene, unabhängige Kräfte auf es einwirken. Sein Verhalten ist völlig unvorhersehbar. Dennoch handelt es sich nicht um ein komplexes System – es ist eines der einfachsten Systeme, das man sich vorstellen kann. Die kleine Veränderung, das Einfügen eines Gelenks, hat die vorhersehbare Bewegung des Systems völlig zerstört. Es ist chaotisch geworden.

→

Zusammengesetzte Pendel
Präzise gehende Pendeluhren besitzen oft Pendel mit einem Mix aus Materialien, um der Tendenz von Metall entgegenzuwirken, sich je nach Temperatur auszudehnen bzw. zusammenzuziehen (Stich von J. Pass, 1809).

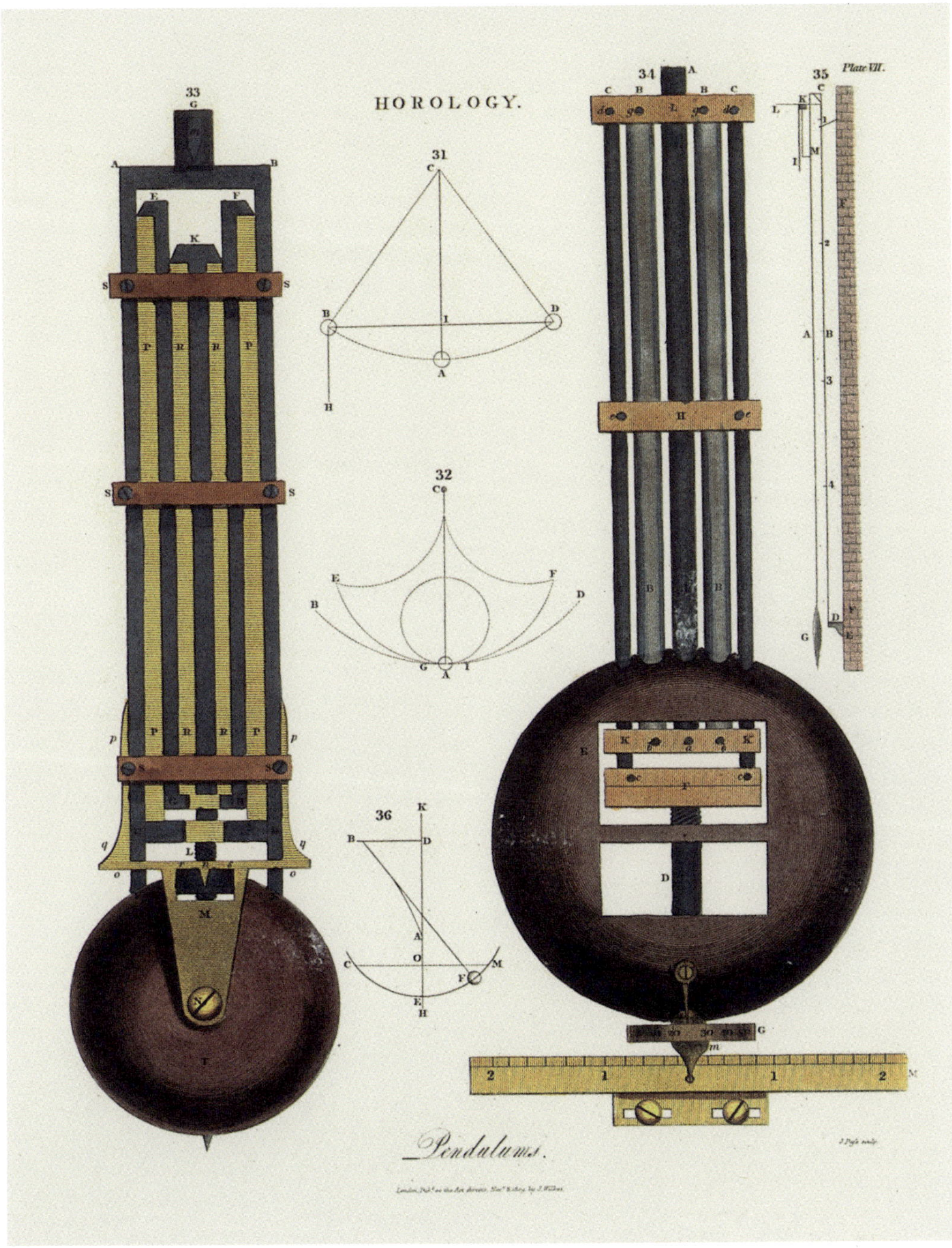
HOROLOGY.
Plate VII.
31
32
33
34
35
36
Pendulums.

Bahnkurve eines Doppelpendels
Ein Beispiel für die Bewegung eines Pendels mit einem einzigen Gelenk in Abhängigkeit von der Zeit. Wenn man das Pendel erneut startete, ergäbe sich eine völlig andere Bahnkurve.

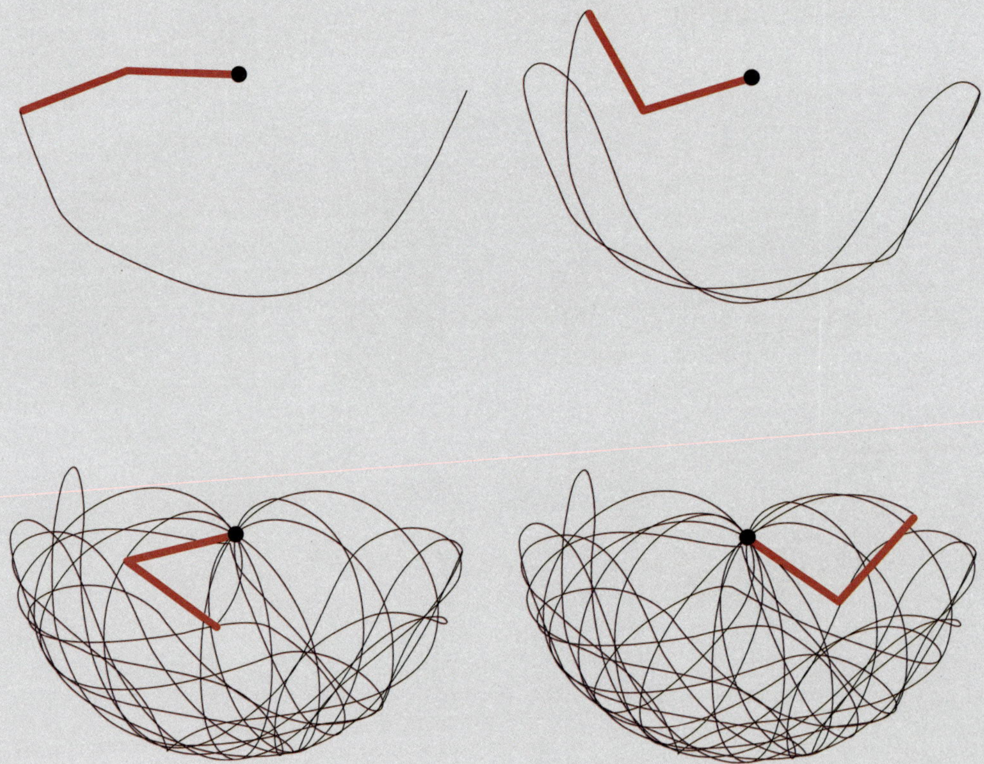

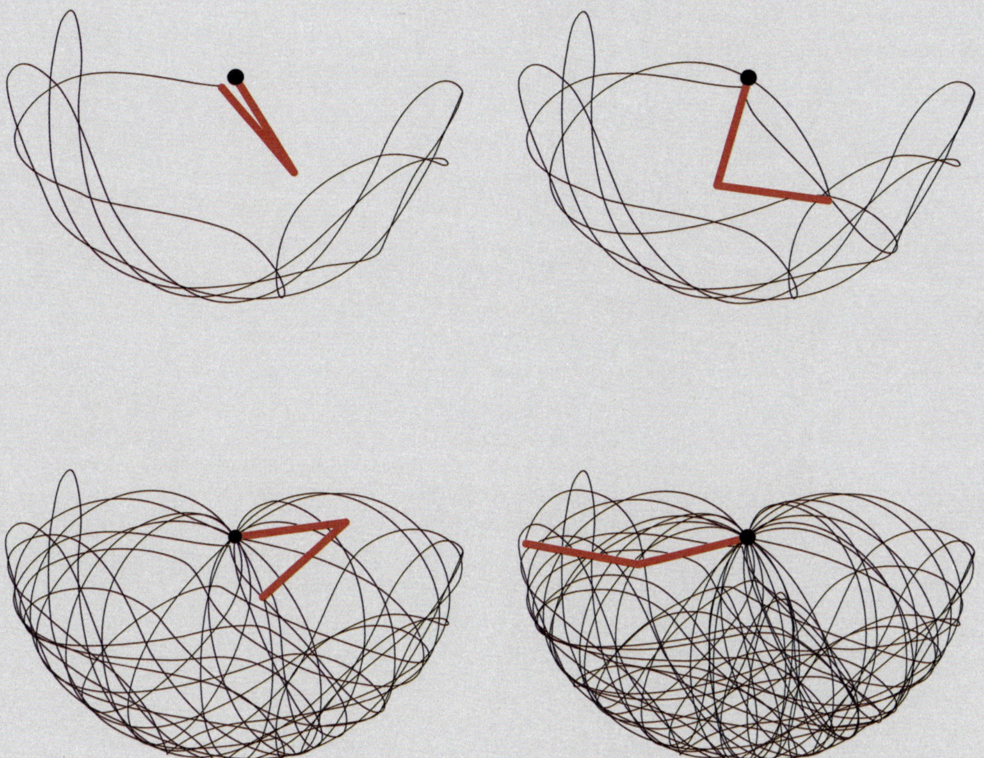

Das ergibt keinen Sinn

„Alle Phänomene lassen sich gleichermaßen berechnen, und alles, was nötig ist, um die ganze Natur auf Gesetze gleich denen zurückzuführen, die von Newton mithilfe der Infinitesimalrechnung entdeckt wurden, ist eine genügend große Zahl an Beobachtungen und eine genügend komplexe Mathematik."
Marie Jean Antoine Nicolas Caritat, Marquis de Condorcet, 1743–1794

Glücklose Computer und deterministische Unvorhersagbarkeit
Die Darstellung bösartiger Supercomputer in alten Filmen hat manchmal etwas Rührendes. Diese frühen Vorstellungen von dem, was wir heute als Künstliche Intelligenz bezeichnen würden, sahen die Maschine auf einem scheinbar unaufhaltsamen Weg, die Weltherrschaft zu übernehmen oder die Menschheit zu zerstören, bis sich ihr ein Held entgegenstellte und sie ins Trudeln brachte, indem er ihnen eine unlösbare Aufgabe stellte, sie zum Beispiel fragte: „Was ist 1 geteilt durch 0?" In einem raffinierteren Film attackierte der Held die Maschine gewöhnlich mit einem hübschen Beispiel für einen logischen Zirkelschluss, wie: „Diese Aussage ist falsch. Ist die vorige Aussage richtig?" Der böse Computer, der sich nicht zu helfen weiß, versucht dann, etwas zu berechnen, was sich mathematisch nicht berechnen lässt, oder verwickelt sich in einer logischen Schleife. „Wenn die erste Aussage falsch ist, muss die erste Aussage richtig sein. Aber wenn sie richtig ist, muss sie falsch sein. Und wenn sie falsch ist, muss sie richtig sein." Die Argumentation des Computers läuft immer weiter im Kreis, wobei seine Stimme immer höher wird,

oft gefolgt von einem gequälten „Das ergibt keinen Sinn!“, bevor Rauch aus der Maschine aufsteigt, das ganze Ding explodiert und die Menschheit gerettet ist.

Abgesehen davon, dass es großes Kino war, wurde in diesen Filmen die streng logische Weltsicht des Computers herausgefordert. Die Aussage, die er verarbeiten sollte, war nicht berechenbar. Anders als die komfortable Position des Marquis de Condorcet, die sich in dem obigen Zitat ausdrückt, ließen sich für unseren unglücklichen Computer nicht alle Probleme berechnen. Und ein Problem sehr ähnlichen Typs taucht auf, wenn es um das Verhalten des Doppelpendels geht. Hier handelt es sich um bewegte Objekte, die den Newtonschen Bewegungsgesetzen folgen – das Ergebnis lässt sich jedoch nicht berechnen.

Genau gesagt, ist die Bewegung des Doppelpendels deterministisch – sie sollte sich im Prinzip berechnen lassen und es handelt sich um ein sehr einfaches System –, doch in der Praxis übersteigt die Berechnung seiner Bewegung über einen längeren Zeitraum unsere Fähigkeiten. Was wir hier vor uns haben, ist eine Art umgekehrte Zufälligkeit. Ein echtes Zufallssystem, beispielsweise der Zerfall eines radioaktiven Teilchens oder der Wurf unserer imaginären, völlig fairen Münze, hat ein gewisses Maß an Vorhersagbarkeit.

Bei einem chaotischen System wie einem Doppelpendel gibt es keine echte Zufälligkeit. Das gesamte Ergebnis ist vollkommen deterministisch. Wenn es möglich wäre, das Pendel von genau derselben Position mit genau derselben Bewegung in genau derselben Umgebung ins Schwingen zu versetzen, dann würde auch genau dasselbe Ergebnis resultieren. In der Praxis ist es jedoch unmöglich, das System mit einer derartigen Genauigkeit erneut zu starten, und bereits sehr kleine Abweichungen in den Anfangsbedingungen des Pendels führen zu einer völlig anderen Folge von Bewegungen. Wie wir später noch sehen werden, gibt es im Alltag viele solche Systeme, von der Wall Street bis zum Wetter.

Unwetter: ein definitiv chaotisches System
Die Empfindlichkeit des Wetters für kleine Unterschiede in den Anfangsbedingungen beflügelte die Entwicklung der Chaostheorie.

Vorgetäuscht
Fast alle scheinbaren Zufallszahlen, die wir im Alltag nutzen, hängen in Wirklichkeit von einem mathematischen Äquivalent des chaotischen Systems ab, einem Pseudozufallszahlen-Generator. Wenn wir beispielsweise die Zufallszahlenfunktion einer Kalkulationstabelle wie Microsoft Excel benutzen, wartet die Funktion nicht etwa mit einer echten Zufallszahl auf, sondern benutzt eine deterministische Zahlenfolge, die in einer beinahe zufälligen Art und Weise herumspringt.

Auch wenn es beim Gebrauch nicht immer offensichtlich ist, geht ein pseudozufälliger Zahlengenerator von einer sogenannten Saat (englisch *seed*) aus – einem Startwert, der vom Computer geliefert wird, zum Beispiel die Anzahl von Sekunden oder Millisekunden seit irgendeinem festen Datum in der Vergangenheit. Der Startpunkt ist ein Wert, der sich ständig verändert und dann mithilfe einer simplen mathematischen Formel weiterverarbeitet wird, um die nächste Zahl in einer Folge von Pseudozufallszahlen zu erzeugen.

←
Eine Lottomaschine
Die Lottomaschine, ein vertrauter Pseudozufallszahlen-Generator, ist ein komplexes chaotisches System.

Ein üblicher Mechanismus, der als Lehmer-Zufallszahlengenerator bezeichnet und oft in Kalkulationstabellen benutzt wird, generiert einen Wert, indem er den vorangegangenen Wert mit einer speziell ausgewählten hohen Zahl multipliziert, dann durch eine große Primzahl dividiert und den Modulus (den Rest) des Ergebnisses verwendet. Zuerst wird die Saat eingegeben, und das Ergebnis der ersten Berechnung wird als Startpunkt für dieselbe Formel (Algorithmus) in der nächsten Iteration verwendet, und so weiter.

Es gibt Techniken zum Generieren echter Zufallswerte, die Quantenprozesse nutzen, sei es indirekt (beispielsweise im thermischen Rauschen elektronischer Geräte) oder direkt durch Verwendung eines Quanteninstruments wie eines Strahlteilers, der nach dem Zufallsprinzip ein Photon in die eine oder die andere Richtung lenkt, um echte Zufallszahlen zu erzeugen. Diese Technik, Licht zur Erzeugung von Zufallszahlen zu verwenden, benutzt auch die liebevoll als ERNIE *(Electronic Random Number Indicator Equipment)* bezeichnete Maschine, die von der britischen Regierung im Rahmen ihres Sparplans, den sogenannten Premium-Anleihen, eingesetzt wird. Bei diesem System handelt es sich eigentlich um eine Lotterie: Sobald eine Premium-Anleihe gekauft wird, bleibt sie im Spiel, bis sie zu dem ursprünglichen Preis wieder verkauft wird, wobei der Anreiz zum Kauf in einem potenziellen Gewinn bei einer monatlichen Ziehung besteht, die als „Verzinsung" der ursprünglichen Investition fungiert. Die Gewinnzahlen werden von ERNIE generiert, der dazu einen echten Zufallsprozess benutzt.

Im Gegensatz dazu verwenden die meisten konventionellen Lotterien ein chaotisches Pseudozufallssystem, beispielsweise das Zusammenspiel einer Anzahl von Bällen in einer sich drehenden Kammer. Die Bälle prallen viele Male voneinander und von den rotierenden Schaufeln ab, bevor einige Bälle herausfallen dürfen und damit „gezogen" werden. Auch wenn dies ein deutlich komplexeres System als ein Doppelpendel oder ein Pseudozufallszahlen-Generator ist, ist es beiden insofern ähnlich, als es deterministisch, aber dennoch unvorhersagbar ist.

Das Doppelpendel ist eines der einfachsten Systeme, das chaotisches Verhalten zeigt, aber es war nicht das erste, das entdeckt wurde. Dazu müssen wir zu Newton und seinem Gravitationsgesetz zurückkehren.

2
Newtons störrische Bewegungen und eine sich aufschaukelnde Rückkopplung

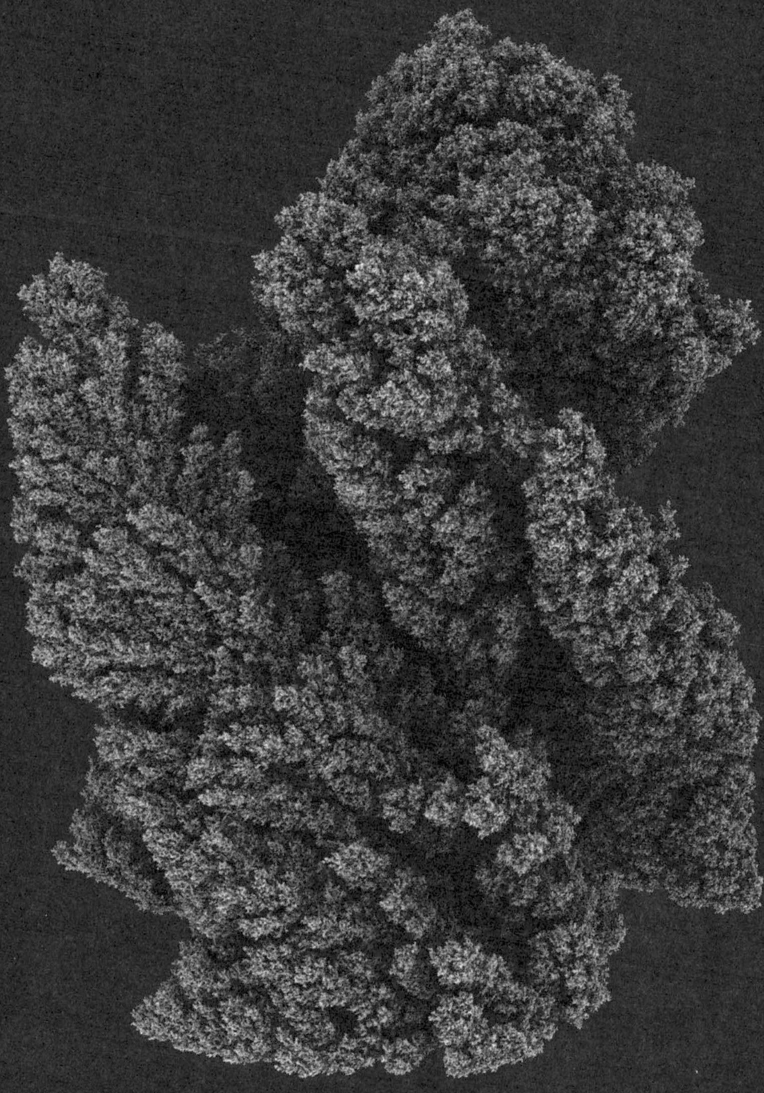

Schwerwiegende Konstellation

„So ist sich die Natur immer gleich und einfach, indem sie alle die großen Bewegungen der himmlischen Körper durch die zwischen ihnen herrschende Gravitation [...] hervorruft."
Isaac Newton, 1643–1727

Eine einfache Beziehung
Man könnte meinen, in Isaac Newtons Arbeit über Gravitation und Planetenbewegung wäre unvorhersagbares chaotisches Verhalten am wenigsten zu erwarten. Bekannt ist, dass Laplace Newtons Werk als Basis für seine Sicht eines Universums nutzte, in dem sich alles, was geschieht, aus dem Zustand des Universums im vorangegangenen Moment vorhersagen lässt. Und Newtons *Principia* liefert eine mathematische Beziehung, die die Schwerkraft beschreibt. Bei der Berechnung der Gravitationskräfte musste Newton jedoch etwas Seltsames feststellen.

Die *Principia* ist nicht leicht zu lesen. Sie wurde in Latein verfasst, und das in einer Zeit, als viele Gelehrte von der klassischen Wissenschaftssprache abkamen und wissenschaftliche Bücher in ihrer Muttersprache schrieben. Newton legte es jedoch absichtlich darauf an, einen Großteil der *Principia* schwer verständlich zu formulieren, um sicherzustellen, dass die Lektüre Eingeweihten vorbehalten blieb. Seltsamerweise ließ auch sein Versuch, den Text Mathematikern seiner Zeit leichter zugänglich zu machen, die Dinge besonders kompliziert erscheinen. Sie fühlten sich in der Geometrie zuhause, daher übersetzte Newton ein Großteil seines Werks, das er mithilfe der neu entwickelten Infinitesimalrechnung (seiner „Fluxionsmethode") erarbeitet hatte, in deutlich schwieriger zu verstehende geometrische Sprache.

Einige Aspekte des Buches werden jedoch durchaus deutlich. Einer davon ist seine Einführung der drei Bewegungsgesetze, die oft nur als die Newtonschen Gesetze bezeichnet werden. Die gravitative Beziehung zwischen zwei Körpern – ob Planeten oder Sandkörner – wird dagegen weniger offensichtlich abgehandelt. Ein modernes Lehrbuch würde die von Newton entdeckte Beziehung so oder ähnlich formulieren:

$$F = \frac{Gm_1m_2}{r^2}$$

Hier ist F die Anziehungskraft zwischen zwei Körpern, m_1 die Masse des ersten Körpers, m_2 die Masse des zweiten Körpers und r der Abstand zwischen beiden. G ist die Gravitationskonstante, ein konstanter Wert, von dem angenommen wird, dass er überall im Universum gilt, ganz gleich, um welche Objekte und Entfernungen es sich handelt. Man kann aus dem, was Newton beschreibt, auf diese Gleichung rückschließen, doch in der Praxis spricht er im Allgemeinen zum Beispiel nur davon, dass die Anziehungskraft den beteiligten Massen proportional sei.

In diesem Zusammenhang sollte man einen Punkt beachten, der für das Verständnis der Schwerkraft entscheidend ist, nämlich das Konzept der Masse, die Newton im Gegensatz zu der uns vertrauteren Idee des Gewichts entwickelte. Masse ist die Menge an „Stoff" eines Objekts, die für den Widerstand verantwortlich ist, den ein Objekt seiner Beschleunigung entgegensetzt, während Gewicht tatsächlich eine Kraft ist – die Kraft, die ein Objekt einer bestimmten Masse unter Einfluss der Schwerkraft spürt. Masse ist eine absolute Eigenschaft eines Objekts – sie bleibt dieselbe, wo auch immer sich das Objekt befindet, wohingegen das Gewicht von der lokalen Gravitation abhängt. So wiegen Sie beispielsweise auf dem Mond, wo die Schwerkraft viel schwächer ist, nur rund ein Sechstel von dem, was Sie auf der Erde wiegen.

Masse wird in Kilogramm angegeben. Da Gewicht die Kraft ist, die auf die Schwerkraft zurückgeht, beträgt das Gewicht eines Objekts von 1 kg Masse auf der Erde streng genommen 9,81 Newton. In der Praxis schummeln wir jedoch und tun so, als seien Masse und Gewicht dasselbe. Das ist nur dann verwirrend, wenn wir uns nicht auf der Erde befinden – beispielsweise auf dem Mond, wo ein Objekt noch immer eine Masse von 1 kg hat, aber nicht mehr 9,81 Newton wiegt wie auf der Erde, sondern nur noch etwa 1,64 Newton (rund 0,17 kg).

Im Vergleich mit der Komplexität der Mathematik der modernen Physik ist die Beziehung zwischen Gravitation, Masse und Entfernung von wunderbarer Einfachheit. Daher ist es in gewisser Hinsicht recht überraschend, dass die Gleichung oder etwas Ähnliches in der *Principia* nicht auftaucht. *Ein* Grund dafür war, dass die Gravitationskonstante noch definiert werden musste. Ihr Wert wurde erstmals abgeleitet, als der englische Wissenschaftler Henry Cavendish 1798 einen erfolgreichen Versuch unternahm, die Masse der Erde zu berechnen; formuliert in der Form, wie sie oben steht, wurde die Gleichung erstaunlicherweise erst in den 1890er-Jahren, als ein anderer englischer Physiker, Charles Boys, einen spezifischen Wert für die Konstante angab.

Alles, was Newton angab, war, dass die Anziehungskraft der Gravitation den beteiligten Massen proportional und umgekehrt proportional zum Quadrat der Entfernung zwischen ihnen war (oder, um genau zu sein, der Entfernung zwischen ihren Schwerpunkten, denn Newton zeigte auch, dass man zwei Körper als Punkte behandeln konnte, die dort lagen, wo sich die gravitative Anziehung der Materie rund um den Punkt kompensierte).

Erde und Mond

In der *Principia* untersucht Newton eine ganze Reihe von astronomischen Umlaufbahnen, doch die vielleicht einfachste und eleganteste, die er analysiert, ist die Beziehung zwischen Erde und Mond. Der Mond umkreist die Erde (oder um nochmals genauer zu sein, umkreisen der Mond und die Erde gemeinsam einen Punkt zwischen ihnen, den sogenannten Massenmittelpunkt, doch da die Erde viel massereicher ist als der Mond, liegt dieser Punkt rund 1700 Kilometer unter der Erdoberfläche auf der Verbindungslinie zwischen Mond und Erde). Wenn ein Objekt ein anderes umkreist, tut es tatsächlich zweierlei: Es fällt auf diesen Körper zu, und es verfehlt ihn.

Ein Satellit auf einer Umlaufbahn (hier der Mond) fällt, beschleunigt durch die Schwerkraft, ständig auf die Erde zu. Er bleibt aber auf seiner Umlaufbahn, da er sich gleichzeitig senkrecht zur Fallrichtung zur Seite bewegt, und zwar mit einer Geschwindigkeit, die ausreicht, um sich immer in derselben Entfernung von der Erde zu halten. Das ist übrigens auch der Grund dafür, dass sich die Astronauten auf der Internationalen Raumstation ISS in einem Zustand annähernder Schwerelosigkeit befinden. Tatsächlich sind sie nicht weit von der Erdoberfläche entfernt – nur rund 350 Kilometer. In dieser Entfernung beträgt die Schwerkraft rund 90 Prozent derjenigen auf der Erdoberfläche. Die Station und die Astronauten befinden sich jedoch im freien Fall zur Erde, daher

Das Erde-Mond-System
Der Mond und die Erde umkreisen den Massenmittelpunkt, einen Punkt zwischen beiden, der jedoch in der Erde liegt, da der Planet viel massereicher ist als sein Satellit (nicht maßstabsgerecht).

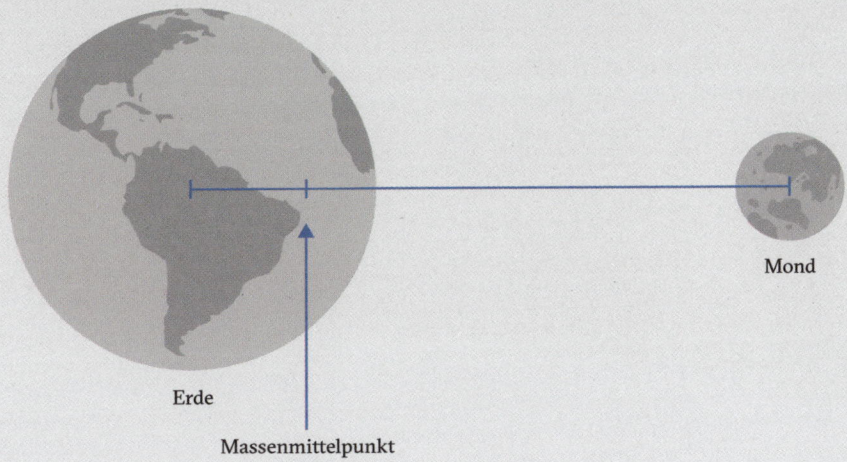

spüren sie keine Anziehungskraft; sie driften umher, als befänden sie sich in einem abstürzenden Flugzeug oder Aufzug. Zum Glück bewegt sich die ISS auch mit genau der richtigen Geschwindigkeit seitwärts, um ihre Höhe beizubehalten.

Mithilfe der besten astronomischen Daten seiner Zeit gelang es Newton, die Beschleunigung zu berechnen, mit der der Mond auf die Erde zufiel. Wir wissen, dass er nicht über die obige Formel für die Schwerkraft verfügte, doch wir können die Berechnung viel leichter durchführen, wenn wir sie mit Newtons zweitem Bewegungsgesetz kombinieren, das besagt, dass die Kraft, die auf einen Körper ausgeübt wird, gleich dessen Masse mal der Beschleunigung ist, die diese Kraft erzeugt. Daher können wir sagen:

$$m_{Mond}a = \frac{Gm_{\mathrm{Mond}}m_{\mathrm{Erde}}}{r^2}$$

Das heißt, die Beschleunigung beträgt

$$a = \frac{Gm_{\mathrm{Erde}}}{r^2}$$

Die Internationale Raumstation
Die Raumstation befindet sich in freiem Fall auf die Erde zu – doch ihre Seitwärtsbewegung hält sie auf derselben Höhe.

→ **Newtons Kanone**
Das Diagramm zeigt die theoretischen Bahnkurven von Projektilen, abgeschossen von einem ca. 1500 Meter hohen Berg auf einer stark vereinfachten Erde.

Man beachte, dass die Beschleunigung nicht von der Masse des beschleunigten Objekts abhängt – die Masse des Mondes kürzt sich weg. In einer vereinfachten Version des dritten Buches der *Principia, Of the System of the World* (dt. Über das Weltsystem), überlegte Newton, was passieren würde, wenn eine Kanone auf einer Bergspitze ein Projektil so oft mit zunehmender Geschwindigkeit tangential zur Erdoberfläche abfeuern würde, bis es schließlich die ganze Erde auf einer Umlaufbahn in Höhe der Erdoberfläche umkreisen würde. Das klingt recht seltsam, denn wir sind gewohnt, dass sich Umlaufbahnen im Raum abspielen. Im Prinzip ist so etwas zwar möglich, wäre aber in der Praxis schwierig, weil die Erde keine glatte Oberfläche hat (daher müsste das Projektil die erhabenen Stellen vermeiden, daher die Abschussstelle auf dem Berg) und teilweise auch deshalb, weil die Geschwindigkeit, die nötig ist, um nicht aufzuschlagen, sehr hoch ist (in der Nähe der Oberfläche beträgt sie rund 25 000 km/h).

Newton berechnete die Beschleunigung, die ein Körper wie der Mond bräuchte, wenn er die Erdoberfläche tatsächlich in größter Nähe umkreisen würde. Wie sich zeigte, lag sie sehr nahe an der gravitationsbedingten Beschleunigung, die wir auf der Erdoberfläche verspüren – 9,81 Meter pro Sekunde Quadrat. Newton hatte mathematisch eindrucksvoll nachgewiesen, dass dieselbe Schwerkraft, die für das vertraute Fallen von Objekten auf der Erde verantwortlich war, auch für die Bewegung des Mondes auf seiner Umlaufbahn zuständig war. Mit zusätzlichen Berechnungen, beispielsweise für die Jupitermonde, legt er dar, dass seine Gravitationstheorie offenbar im wahrsten Sinne des Wortes universell anwendbar war. Zwei scheinbar sehr unterschiedliche Dinge – der Fall eines Apfels wie die Bewegung der Planeten – waren tatsächlich das Resultat derselben einfachen Beziehung.

In Wirklichkeit sind die präzisen Details der gravitativen Beziehung von Erde und Mond nicht so einfach, denn keiner von beiden ist eine perfekte Kugel und an beiden zerrt die Schwerkraft, was zu den uns vertrauten Gezeiten führt. Mit seinen mathematischen Berechnungen hatte Newton jedoch einen Mechanismus entdeckt, der, mit den korrekten Werten gefüttert, absolut präzise beschreiben konnte, wie die Schwerkraft die Wechselwirkung von zwei Körpern kontrollierte.

Wir haben es jedoch meist nicht einfach mit einem System wie Erde und Mond zu tun, sondern die Dinge liegen komplizierter. Wir leben in einem viel unübersichtlicheren Universum. Solange die Menschen den Nachthimmel anschauen, waren sie sich bewusst, dass darin eine viel größere Komplexität verborgen lag.

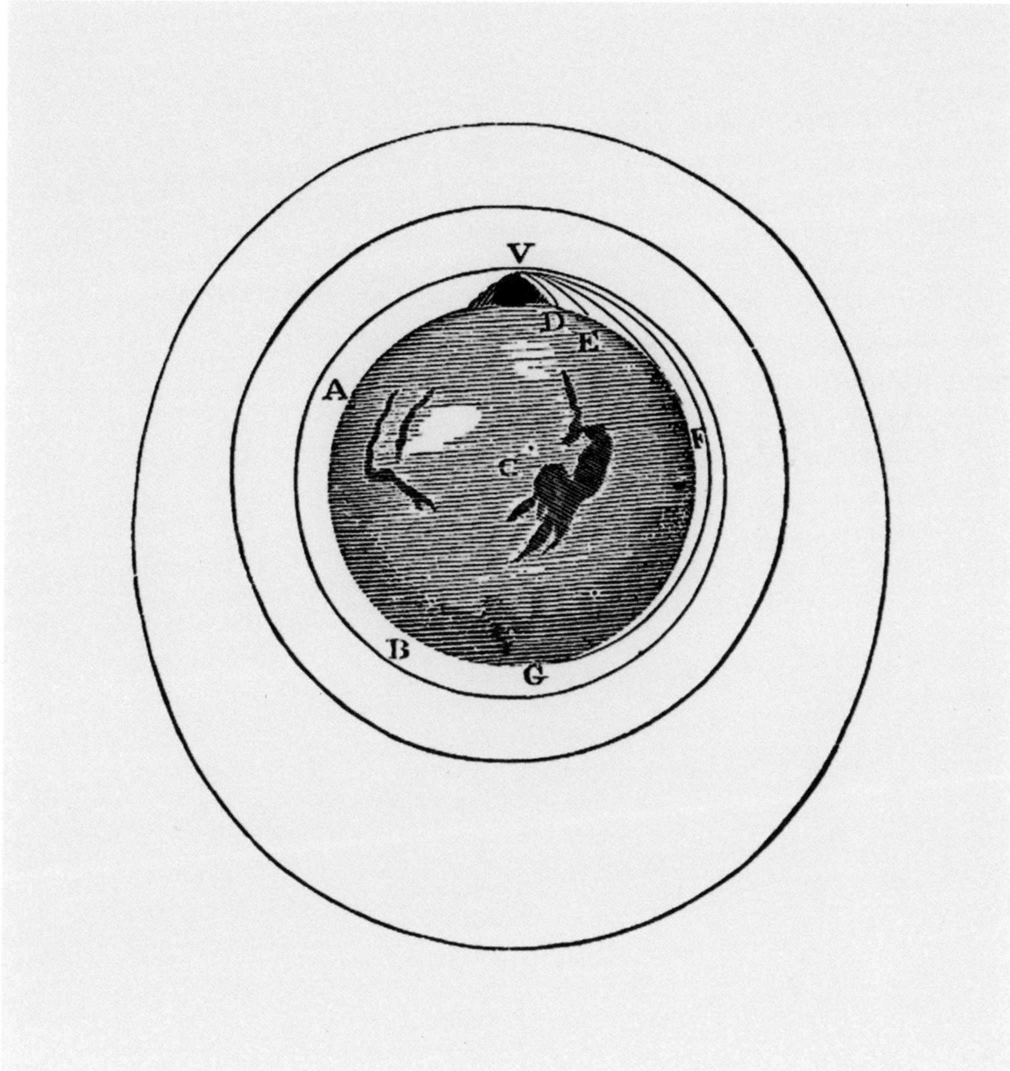
V
D
E
A
F
C
B
G

Zwei Körper sind gut, drei Körper schlecht

„Es gibt kein einziges Zentrum aller Himmelskreise oder -sphären. Der Mittelpunkt der Erde ist nicht der Mittelpunkt des Universums, sondern nur der Schwerkraft und der Mondsphäre."
Nikolaus Kopernikus, 1473–1543

Die Macht der Anziehung
Newton hatte die Vorstellung von dem stark vereinfachten Bild einer Schwerkraft, die sich nur auf das Fallen von Dingen auf der Erde bezieht, wie Kopernikus' Worte suggerieren, ein gutes Stück weiterentwickelt. Newton erkannte, dass Gravitation die verbindende Kraft zwischen den Himmelskörpern war und die himmlischen Sphären obsolet machte. Damit öffnete er jedoch dem Chaos Tür und Tor.

Die Gravitation hat keine Grenzen. Dies gilt in zweierlei Hinsicht. Erstens gibt es kein Material, das die Schwerkraft aufhalten kann. Diese anziehende Kraft dringt durch feste Objekte, als seien sie gar nicht da. Es kann niemals wie in H. G. Wells Roman *Die ersten Menschen auf dem Mond* (1901) ein Material wie Cavorit geben: eine imaginäre Substanz, die die Wirkung der Schwerkraft blockiert. Wenn es so etwas gäbe, könnten wir Energie aus dem Nichts gewinnen. Stellen Sie sich ein Wasserrad mit einer Reihe von Metallschaufeln vor. Wenn wir eine Seite jedes Schaufelblattes mit unserem Schwerkraftblocker anstreichen könnten, würde eine Seite einer jeden Schaufel von der Erde angezogen, die andere nicht, und das Rad würde sich aus eigenem Antrieb drehen. Die Seite der Schaufel, wo die unbehandelten Teile nach unten wiesen, würde Richtung Erde gezogen werden, ohne dass auf die andere Seite eine Gegenkraft wirkte. Auch wenn die Idee attraktiv ist, sprechen alle Belege dafür, dass eine solche

Die Hauptsätze der Thermodynamik
Vier Naturgesetze, die bestimmen, wie sich Wärme und andere Energieformen innerhalb eines Systems bewegen.

Verletzung des ersten Hauptsatzes der Thermodynamik – des Energieerhaltungssatzes – völlig unmöglich ist.

Gravitation ist jedoch auch noch in anderer Hinsicht grenzenlos. Auch durch Entfernung lässt sich die gravitative Anziehungskraft nicht aufhalten. Zugegeben, die Schwerkraft wird deutlich schwächer, und zwar mit dem Quadrat der Entfernung. Wenn das *r* (Distanz) im Nenner der Gleichung auf Seite 51 größer wird, nimmt die Kraft ab. Verdoppelt man die Distanz, so sinkt die Kraft auf ein Viertel ihres Wertes. Aber wie weit man zwei Körper auch voneinander entfernt – die Anziehungskraft zwischen beiden fällt nie auf null. Jedes einzelne Objekt im Universum übt eine gravitative Anziehung auf jedes andere Objekt aus. In dieser Hinsicht (und *nur* in dieser Hinsicht) ergibt Astrologie einen gewissen Sinn – denn die Positionen der Planeten haben tatsächlich einen gravitativen Einfluss auf Sie als Individuum. Dennoch bleibt Astrologie reine Annahme, unter anderem deshalb, weil es keinen Grund gibt, warum der gravitative Einfluss des Planeten auf Ihre Geburt irgendetwas verändern sollte.

Dennoch beeinflusst alles im Sonnensystem alles andere gravitativ, und nichts ist schwieriger zu ignorieren als die Sonne. Die Sonne lässt sich leicht unterschätzen, weil sie aus Sicht der Erde etwa ebenso groß aussieht wie der Mond. Wir wissen, dass sie größer ist, doch es fällt schwer, die Vorstellung zu verinnerlichen, dass ihr Durchmesser das Vierhundertfache des Monddurchmessers beträgt. Die Sonne enthält rund 99,9 Prozent aller Masse des Sonnensystems. Trotz ihrer riesigen Entfernung – rund 147 Millionen Kilometer von der Erde – hat sie daher einen signifikanten Effekt auf das System Erde-Mond. Es ist unrealistisch, diese beiden Körper isoliert zu betrachten – es gibt in dieser Beziehung einen Dritten. Newton war sich dessen bewusst – doch er wusste auch, dass seine präzisen Berechnungen auf der Strecke bleiben würden, sobald er den Einfluss der Sonne berücksichtigen würde. Das Problem ist: Sobald man einen dritten Körper einbezieht, geht es nicht mehr allein um den Einfluss der Erde auf den Mond und den des Mondes auf die Erde. Die Sonne beeinflusst beide –

und beide beeinflussen den Effekt der Sonne auf den jeweils anderen Körper. Genauso, wie das Einfügen eines Gelenks beim Pendel bringt das Einbeziehen eines dritten Körpers in das Zweikörper-Gravitationsproblem Chaos in zuvor geruhsame Abläufe. Auch wenn es prinzipiell möglich sein sollte, genau zu berechnen, was geschieht, ist so etwas praktisch undurchführbar. Newton war dazu nicht in der Lage. Und das lag nicht an mangelnder Computerleistung im 17. Jahrhundert. Wir können es heutzutage nämlich auch noch nicht.

Auch wenn die resultierende Bewegung damals weder in derselben Weise benannt noch so verstanden wurde wie heute, hatte Newton gezeigt, dass das Universum nicht all seine Geheimnisse so einfach offenbaren würde, nicht einmal der Macht der Mathematik gegenüber. Bei mehr als zwei Körpern herrscht Chaos.

Störungsrechnung als Rettung

Dieses Unvermögen, eine präzise Berechnung anzustellen, sollte dem genialen Autor der *Principia* jedoch keinen Strich durch die Rechnung machen. Um die Auswirkungen der Sonne in den Griff zu bekommen (tatsächlich verallgemeinerte er seinen Ansatz auf alle derartigen Kombinationen von Körpern), machte er sich ein Prinzip namens Perturbation (Störungsrechnung) zunutze. Die Idee dahinter ist folgende: Statt die genaue Beziehung zwischen den drei wechselwirkenden Körpern zu berechnen, ermittelt man zunächst das Ergebnis für zwei der drei Körper und betrachtet dann beide als eine Einheit, um zu sehen, wie eine vom dritten Körper hervorgerufene Veränderung das Ergebnis beeinflussen würde.

Wir sind gewohnt, dass es in der Physik um exakte Werte geht, was gewöhnlich durch eine extrem starke Vereinfachung der Situation erreicht wird. Hier akzeptiert man, dass sich kein exakter Wert angeben lässt, und die Störungsrechnung liefert uns ein Näherungsergebnis. Und auch wenn das Ergebnis niemals exakt sein kann, so gilt doch: Je genauer die Berechnung, desto näher liegt es am korrekten Wert.

So lässt sich Newtons Gravitationsgleichung beispielsweise benutzen, um die Anziehungskraft zwischen Erde und Mond zu berechnen und vorauszusagen, wie Mond und Erde einander umkreisen, wenn man sie isoliert betrachtet. Anschließend berechnete Newton die Kräfte, die die Sonne auf die Erde und auf den Mond in ihrem jeweiligen Orbit und welchen Effekt die Anziehung der Sonne auf eine Veränderung dieses Orbits hätte. Das Ergebnis war nicht perfekt – es vernachlässigte den

→
Newtons Störungsdiagramm
In der *Principia* zeigt Newton, wie sich der Einfluss der Sonne auf die Mondbewegung näherungsweise berechnen lässt.

Einfluss von Erde und Mond auf die Sonne –, aber angesichts der Tatsache, dass die Sonne so viel größer ist als einer von beiden, spielte das keine große Rolle.

Nicht überraschend wird das Problem noch komplexer, wenn man weitere Körper hinzufügt. Auf einen großen Teil des Sonnensystems hat auch der Planet Jupiter, beispielsweise, einen signifikanten gravitativen Einfluss. Wieder ist es möglich, das Problem zu vereinfachen, indem man sich die Himmelskörper paarweise vornimmt und die Perturbation einbezieht, doch die erforderlichen Berechnungen werden zunehmend komplexer und die Näherungen erfordern eine besonders sorgfältige Handhabung. Das wird vor allem dann klar, wenn man es mit einer ganzen Galaxie auf einmal zu tun hat.

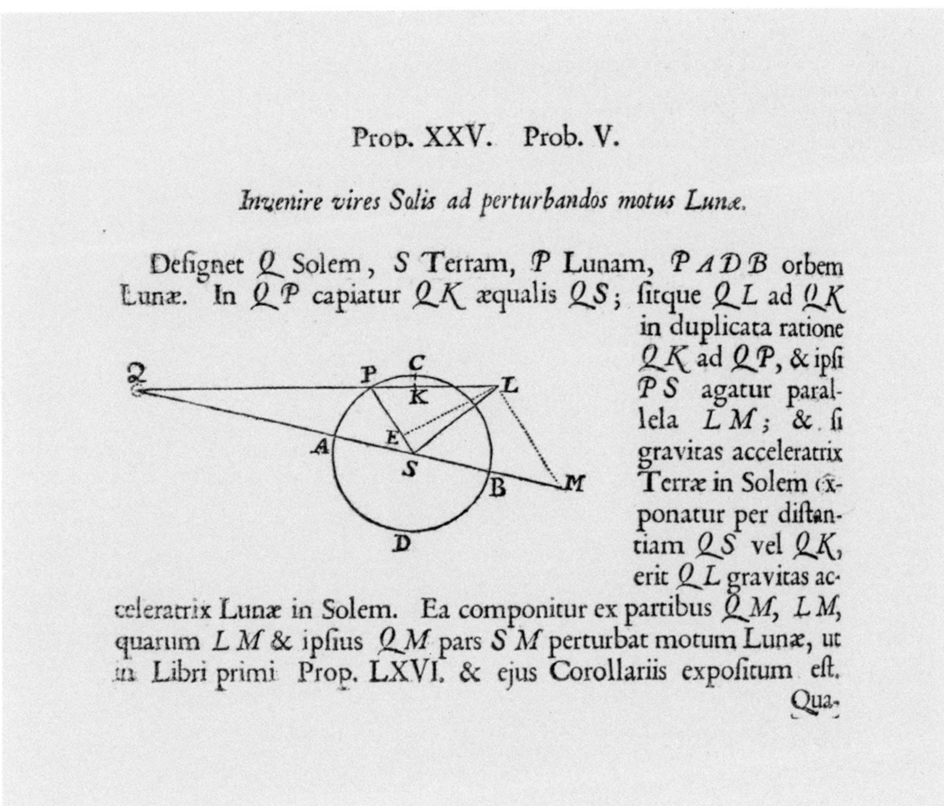
Prop. XXV. Prob. V.

Invenire vires Solis ad perturbandos motus Lunæ.

Designet *Q* Solem, *S* Terram, *P* Lunam, *PADB* orbem Lunæ. In *QP* capiatur *QK* æqualis *QS*; sitque *QL* ad *QK* in duplicata ratione *QK* ad *QP*, & ipsi *PS* agatur parallela *LM*; & si gravitas acceleratrix Terræ in Solem exponatur per distantiam *QS* vel *QK*, erit *QL* gravitas acceleratrix Lunæ in Solem. Ea componitur ex partibus *QM*, *LM*, quarum *LM* & ipsius *QM* pars *SM* perturbat motum Lunæ, ut in Libri primi Prop. LXVI. & ejus Corollariis expositum est.

Qua-

Einfluss der Sonne
Die Sonne spendet uns nicht nur Licht und Wärme, sondern ihre Anziehungskraft hält die Erde auch auf ihrer Umlaufbahn und beeinflusst das Erde-Mond-System.

Rotierende Galaxien

„Die vorliegenden Befunde deuten stark darauf hin, dass die Spiralen individuelle Galaxien oder Inseluniversen sind, die in Größe und Anzahl ihrer Komponenteneinheiten mit unserer eigenen Galaxie vergleichbar sind."
Heber Curtis, 1872–1942

Inseluniversen
Nachdem Newton gezeigt hatte, dass Himmelssphären überflüssig waren, gewannen wir eine neue Größenvorstellung des Universums und erweiterten es über das hinaus, was wir heute als Sonnensystem bezeichnen. Es wurde deutlich, dass das großartige Lichtermeer der Milchstraße eine Ansammlung von vielen Milliarden Sternen darstellt, von denen die Sonne nur einer ist.

Bis in die 1920er-Jahre wurde intensiv diskutiert, ob es mehr Galaxien im Universum gab als nur die Milchstraße. Manche Wissenschaftler nahmen an, die verschwommenen kleinen Lichtflecken, von denen einige sich in elegante Spiralen auflösten, wenn man sie durch ein Teleskop betrachtete, seien nur lokale Sterngruppen oder Gasansammlungen. Aber andere, wie der amerikanische Astronom Heber Curtis, der im Laufe einer Diskussion mit einem anderen amerikanischen Astronomen, Harlow Shapley, den Ausdruck „Inseluniversen" prägte, glaubte, dass sich hinter jedem der winzigen Lichtflecken riesige Sternansammlungen verbargen, die wir heute Galaxien nennen, wie unsere Milchstraße – und wir wissen inzwischen, dass er recht hatte.

Galaxien haben eine Tendenz sich zu drehen. Tatsächlich rotiert fast alles im Universum. Diese Bewegung spiegelt die Art und Weise wider, wie sich aus Gas- oder Staubwolken Strukturen bilden. Wenn die Wolke nicht völlig gleichmäßig war (was nie der Fall war), gab es eine stärkere gravitative Anziehung von der einen als von der anderen Seite, und als das Material kondensierte, begann es sich zu drehen. In den 1970er-Jahren wurde jedoch etwas Seltsames entdeckt. Die amerikanische Astronomin Vera Rubin, die auf den Vorarbeiten des Schweizer Astrophysikers Fritz Zwicky aufbaute, bemerkte etwas Eigenartiges. Die Galaxien rotierten zu schnell. Warum war das so?

Der Töpferscheiben-Effekt

Wenn man einen Klumpen Ton auf einer Töpferscheibe zu schnell dreht, beginnen Teile des Tonklumpens davonzufliegen. Die Adhäsionskraft zwischen den Tonbrocken wird schließlich geringer als die Fliehkraft, die die Brocken wegschleudert. Dasselbe sollte für Galaxien gelten: Wenn sie zu schnell rotieren, sollte die Gravitation zu klein sein, um die Galaxie zusammenzuhalten. Und als Rubin die Rotationsgeschwindigkeit einer Reihe von Galaxien maß, drehten diese sich so schnell, dass Sterne aus ihnen hätten herausschießen sollen wie Funken aus einem Feuerrad.

Es schien nur eine einzige Möglichkeit zu geben, die Zwicky bereits in den 1930er-Jahren erwähnt hatte, die aber bis zu Rubins Entdeckung vierzig Jahre später nicht ernst genommen worden war. Es gab zusätzliche Materie im Universum, die unsichtbar war. Zwicky hatte sie als *dunkle Materie* bezeichnet. Bemerkenswerterweise ließen Berechnungen darauf schließen, dass es fünfmal so viel unsichtbare Materie gab, die nur gravitativ mit anderer Materie wechselwirkte, als gewöhnliche Materie.

Dunkle Materie bleibt ein Rätsel. Trotz vieler Experimente, die darauf abzielten, sie zu finden, ist bislang kein einziges Teilchen dunkler Materie direkt nachgewiesen worden. Sie zeigt sich nur indirekt anhand ihrer Gravitationswirkung. Einige Physiker haben die Vermutung geäußert, dass dunkle Materie als Substanz gar nicht existiere. Ein amerikanischer Mathematiker, Donald Saari, hat jedoch vermutet, dass die Ursache des scheinbaren Effekts eine massive Erweiterung des Problems ist, dem sich Newton gegenübersah, als er mit der gravitativen Kombination von Erde, Mond und Sonnen kämpfte.

Die Milchstraße
Unsere Galaxie, die Milchstraße – hier gezeigt über dem Gipfel des Pedra Azul in Domingos Martins, Brasilien – ist am Nachthimmel als leuchtendes Band zu sehen.

Eine unbehagliche Dunkelheit

Saari weist auf die Schwierigkeit einer Gravitationsberechnung hin, die nicht auf einer Handvoll Körper im Sonnensystem basiert, sondern auf Milliarden massereicher Sterne in einer Galaxie. Nach Saaris Meinung weist die Berechnung zur Bestimmung der Geschwindigkeit, mit der eine Galaxie sich drehen können sollte, ohne auseinanderzufliegen, gravierende Mängel auf.

Wie ein einzelner Körper
Newton zeigte, dass sich eine Ansammlung von Teilen, wie die Erde, so verhält, als handele es sich um ein einziges Objekt, das im Schwerpunkt konzentriert ist. Das setzt allerdings voraus, dass sich die Teile relativ zueinander nicht bewegen.

Es ist klarerweise unmöglich, die präzise Wechselwirkung eines jeden Sterns mit allen anderen Sternen zu berechnen (wenn man im Hinterkopf hat, dass die maximale Anzahl Körper, bei der dies exakt gelingt, zwei beträgt). Daher machten Astronomen einige wichtige Vereinfachungen. Nehmen wir beispielsweise die wunderbare Andromedagalaxie, unsere nächste große Nachbarin, die rund eine Billion Sterne enthält und einen Durchmesser von rund 220 000 Lichtjahren hat, wobei ein Lichtjahr einer Strecke von 9 460 000 000 000 Kilometern entspricht. Es ist eine schwindelerregende Aufgabe, herauszufinden, was da vor sich geht.

Die Astronomen gingen an ihre Aufgabe heran, indem sie sich einen bestimmten Stern vornahmen und die Gesamtheit aller anderen Sterne, die näher am Zentrum der Galaxie lagen, als einen einzelnen Körper ansahen, sodass nur eine Zweikörper-Beziehung zu betrachten war. (Die weiter außen liegenden Sterne können ignoriert werden, weil sie einander praktisch aufheben.) In Wirklichkeit ist diese Wechselbeziehung jedoch nicht derart einfach. Die Anziehung zwischen einem Stern und seinen nächsten Nachbarn bringt ein chaotisches Element ins Spiel, das den Einfluss des Restes dieses imaginären Kontinuums übersteigt – so tendiert ein schnellerer Nachbarstern beispielsweise in der Regel dazu, unseren Zielstern mit sich zu ziehen. Möglicherweise hat das Problem, das Newton beunruhigte, auch die modernen Astronomen in großem Stil getäuscht.

In ihrer Freizeit könnten Astronomen jedoch ein Spiel spielen, bei dem man wieder einmal beobachten kann, wie chaotische Effekte die Newtonsche Ordnung zerstören.

←
Die Andromedagalaxie
Die nächste große Nachbarin der Milchstraße, die Andromedagalaxie, liegt rund 2,5 Millionen Lichtjahre entfernt.

Billard versus Flipper

„Oder wenn man versucht, ein Elektron mit Licht (oder Röntgenstrahlen) zu sehen, dann prallen die Photonen wie Billardkugeln auf das Elektron ..."
Roger Jones, geb. 1953

Das Lieblingsspiel der Physiker
Bevor wir versuchen wollen, ein Gefühl dafür zu gewinnen, wie dieses unvorhersehbare Verhalten entsteht, lohnt es sich, ein weiteres Beispiel aus Newtons Kosmos zu betrachten, das uns einen Hinweis auf die Natur des heraufziehenden Chaos geben kann: Spiele, in denen eine Kugel von anderen Objekten abprallt. Eines der ersten derartigen Spiele und gleichzeitig eines derjenigen, die zu einer beliebten Illustration physikalischer Probleme werden sollte, die auf den Newtonschen Gesetzen beruhen, war Billard. Das klassische Billardspiel ähnelt Poolbillard, wird jedoch nur mit drei Kugeln (zwei weißen und einer roten) gespielt; es entstand im 15. Jahrhundert in Europa, war zunächst ein Rasenspiel und bereits in Newtons Tagen recht populär. Poolbillard kam dagegen erst im 19. Jahrhundert auf.

Ganz allgemein geht es beim Billard darum, mit einer Kugel jedes Mal eine andere zu treffen. Die Spieler stoßen ihre eigene weiße Kugel mit dem Ende ihres Spielstocks (Queue) an, und diese Kugel rollt über den Tisch und sollte die rote Kugel treffen. Ihre Bahn kann so verlaufen, dass sie gegen die Ränder des Spielfelds, die sogenannten Banden, prallt, was den Spaß für diejenigen erhöht, die physikalische Probleme lösen. Das macht Billard ideal dafür, die Newtonschen Bewegungsgesetze anzuwenden. Da Lage und Impuls der Kugeln bekannt sind, sollte es möglich sein, recht genau vorherzusagen, was passiert, wenn eine Kugel eine andere trifft. Streng genommen gilt das jedoch nur für den idealisierten Tisch des Physikers, wo es weder Reibung gibt, die die Bahn der Kugel beeinflusst, während sie über das grüne Filztuch rollt, noch Energieverlust durch Geräusch und Wärme, wenn Kugeln aufeinander oder auf die Bande treffen. In der Praxis stellt der reale Billardtisch mit einer einigermaßen glatten und ebenen Oberfläche jedoch eine Umgebung dar, die so einfach ist, dass sich präzise physikalische Voraussagen machen lassen. Ein guter Billardspieler ist in der Lage, einen Stoß zuverlässig so auszuführen, wie er es wünscht. Billardtische sind beliebte Beispiele für mathematischen Determinismus in der Physik.

Quantenbillard

Um genau zu sein: Die deterministische Natur des Billards galt, solange es um tatsächliche Billardkugeln und Tische ging. Wissenschaftler arbeiten jedoch mit Modellen – mathematischen Analogien, die dazu dienen, das Verhalten von etwas zu beschreiben, das einem bekannten System ähneln soll. Mit der Entwicklung der Quantenphysik in den 1920er-Jahren wurde deutlich, dass die Vorstellung, Quantenteilchen wie Elektron, Photon und Atom verhielten sich wie Billardkugeln, große Mängel aufwies.

Nehmen wir einen einfachen Spielzug beim Billard – eine Kugel von der Bande abprallen lassen. Die Kugel verhält sich in klassischer, vorhersehbarer Newtonschen Weise. Sie nähert sich der Bande in gerader Linie, trifft in einem bestimmten Winkel auf die Bande und prallt in genau demselben Winkel, in dem sie diese getroffen hat, von ihr ab. Auf den ersten Blick scheint es vernünftig anzunehmen, dass es ein Photon, beispielsweise, genauso macht. Das Photon prallt von einem Spiegel ab (tatsächlich wird jedes Photon von einem Elektron eines der Spiegelatome absorbiert und dann wieder emittiert, aber das soll uns hier nicht kümmern) und wird in demselben Winkel reflektiert, in dem es aufgetroffen ist. Wie wir in der Schule gelernt haben: „Der Einfallswinkel ist gleich dem Ausfallswinkel." Der Quantenphysik zufolge geschieht das jedoch nicht. Tatsächlich nimmt das Photon auf seinem Weg zum Spiegel hin und vom Spiegel weg *jede* nur mögliche Bahn, wobei jede Bahn eine andere Wahrscheinlichkeit hat. In der Praxis heben sich viele dieser probabilistischen Bahnen gegenseitig auf, was scheinbar zu einem konventionellen Abprallen wie bei Billardkugeln führt. Wenn wir jedoch einige Streifen reflektierenden Materials vom Spiegel entfernen, was bedeutet, dass einige der Bahnen fehlen, die sich weggehoben haben, wird das Licht in einem völlig unerwarteten Winkel reflektiert.

Der resultierende Winkel hängt von der Verteilung der fehlenden Streifen und der Energie der beteiligten Photonen (der Farbe des Lichts) ab. Diesen Effekt kann man leicht anhand einer beschei-

Konventionelle Spiegelung
Die klassische Physik nimmt an, dass der Einfallswinkel des Lichts seinem Ausfallswinkel entspricht, wie eine Billardkugel, die von der Bande abprallt.

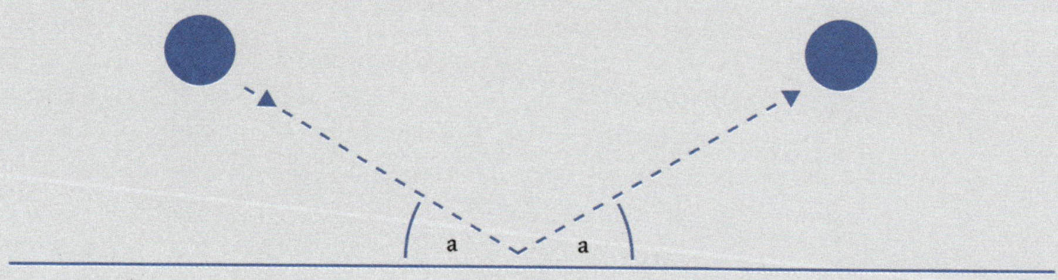

Quantenreflexion
Die Quantenphysik zeigt, dass Photonen in vielen verschiedenen Winkeln reflektiert werden – die meisten löschen sich aus, doch wenn man Streifen des Spiegels entfernt, erfolgt die Spiegelung in einem unerwarteten Winkel.

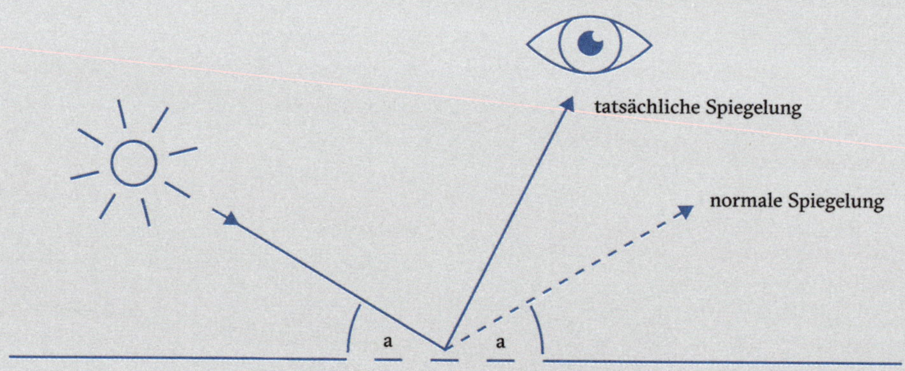

→
CD-Regenbogen
Die regenbogenfarbenen Muster werden dadurch erzeugt, dass die verschiedenen Farben des einfallenden Lichtes in unerwarteten Winkeln reflektiert werden.

denen CD demonstrieren, die auf der Abspielseite eine große Zahl von Vertiefungen aufweist. Diese kleinen Rillen verhalten sich wie fehlende Teile einer insgesamt spiegelnden Oberfläche. Wenn man eine CD gegen den Winkel des einfallenden Lichtes neigt, sieht man, wie sich kleine Regenbogenmuster bilden. Diese Farbeffekte werden von unterschiedlich energiereichen Photonen erzeugt, die in Richtungen gespiegelt werden, die sich völlig vom Einfallswinkel unterscheiden.

Flipperzauberer

Das Verhalten von Quantenpartikeln ist wirklich zufällig, wird aber bestimmt von Wahrscheinlichkeit. Wenn man die billardartige Wechselwirkung ein wenig modifiziert, dann kristallisiert sich ein weiteres Beispiel für die Schwierigkeiten heraus, Berechnungen in der wirklichen Welt anzustellen. Wieder einmal ist es so, dass sich eine sehr einfache Wechselwirkung nicht vorhersagen lässt, weil das Wechselspiel von Faktoren, die sehr geringe Abweichungen an der Ausgangssituation bedingen, zu sehr großen Abweichungen im Ergebnis führen – ein Vorgang, den wir bald als typisches Ergebnis der Herrschaft des Chaos wiedererkennen werden.

Das ist jedem klar, der schon einmal Flipper gespielt hat. Auch wenn es stimmt, dass einige dieses Spiel besser als andere

5
20
10
15
25
15
75
50
60
20
35
100
70
90
40
40
ALL DEAD BALLS BACK
150
5
130
125
80

spielen, ist es für einen geübten Flipperspieler viel schwieriger als für einen Billardspieler, gleichbleibend gut zu sein. Sobald eine Kugel ins Spiel katapultiert wird, wird das Wechselspiel der Kugel mit dem ersten Hindernis, auf das sie trifft, von mehreren verschiedenen Faktoren beeinflusst. Da ist zum einen die Kraft, mit der die Kugel anfangs beschleunigt wird – bei dem unter Federspannung stehenden Flipperhebel in einem Flipperautomaten weitaus schwieriger zu beurteilen als mit einem manuell kontrollierten Billardqueue. Während des Spiels kommt es zu zahllosen Interaktionen zwischen der Kugel und den Wänden des Automaten. Und sollte das erste Hindernis, auf das die Kugel trifft, ein Bumper sein, sind die Unsicherheiten, was dessen Empfindlichkeit und Stoßkraft angeht, enorm groß. Ebenso gilt: Bei einem altmodischen Flipperspielfeld, wo die Kugel mit einem einfachen Nagel kollidiert, der aus dem Brett herausragt, hängt der Ablenkwinkel der Kugel derart stark von winzigen Abweichungen in der Aufprallrichtung ab, dass das Ergebnis unvorhersehbar ist.

Wenn sich die Kugel schließlich das Spielfeld hinuntergearbeitet hat, ist ihre finale Ruheposition jenseits jeder realistischen Kontrolle. Während ein guter Billardspieler die rote Kugel mit einem Spielball treffen und sie zuverlässig in einer bestimmten Tasche versenken kann, ist kein Flipperspieler in der Lage, eine Kugel durchgängig derart zu kontrollieren, dass sie jedes Mal ohne weitere Kontakte mit den Flippern am selben Platz landet. Ganz gleich, wie sorgsam die Kugel ins Spiel gebracht wird, das Ergebnis ist wahrscheinlich jedes Mal ein anderes. Der Billardtisch ist in seinem Determinismus newtonisch. Und auch wenn der Flipperautomat (im Gegensatz zur Quantenkollision) ebenfalls deterministisch ist, sind die Ergebnisse unvorhersagbar und chaotisch.

Hier entsteht das Chaos durch das komplexe Wechselspiel von Faktoren, die die Bahn der Kugel beeinflussen. Unter anderen Umständen kann es jedoch sein, dass ein bestimmter Faktor mit sich selbst rückgekoppelt ist und so das Wechselspiel auslöst, das notwendig ist, um eine unerwartete Wirkung hervorzurufen – eine Wirkung, die man durch die Verwendung eines Reglers zu vermeiden sucht.

←
Tivoli-Spiel
Der Vorläufer von Flipper- und Pachinko-Automaten, wo das Auftreffen auf einen Nagel zu einer unvorhersehbaren Richtungsänderung führt.

Sicherheit für Dampfmaschinen

„Ein Regler ist ein Teil einer Maschine, mittels welchem die Geschwindigkeit der Maschine beinahe gleichmäßig gehalten wird, trotz Veränderungen in der Antriebskraft oder beim Widerstand."
James Clerk Maxwell, 1831–1879

Die Aufgabe eines Reglers
Frühe Dampfmaschinen waren gefährliche Geräte. Sie wurden bereits zu einer Zeit entwickelt, als wissenschaftlich noch keineswegs verstanden war, wie sie eigentlich funktionierten. Explosionen und ein unkontrolliertes „Durchgehen" waren nicht ungewöhnlich. Dieses Problem hatte jedoch im 18. Jahrhundert die Aufmerksamkeit des schottischen Dampfmaschinen-Pioniers James Watt geweckt. Er löste es mit einer mechanischen Vorrichtung, die als Fliehkraftregler oder kurz Regler bekannt wurde.

Watts Fliehkraftregler (englisch *governor*) bestand aus zwei Gewichten, die auf beiden Seiten eines rotierenden Schafts, der von der Dampfmaschine angetrieben wurde, an gelenkigen Stangen hingen. Wenn sich der Schaft schneller drehte, wurden die Gewichte durch die Fliehkraft gegen die Schwerkraft immer weiter nach oben und außen gezogen. Dieser Mechanismus wurde dann mit einer Drosselklappe verbunden, die den verfügbaren Dampfdruck kontrollierte, und die ausgegebene Leistung drosselte, wenn die Gewichte zu hoch flogen. Die Rotationsgeschwindigkeit des Schafts wurde daher „geregelt".

Andere Regler, so schrieb der schottische Physiker James Clerk Maxwell 1868, sind so konstruiert, dass die Gewichte gegen eine Oberfläche drücken und Reibung hervorrufen. Maxwell bezeichnete diese Vorrichtungen und Watts Version als „Moderator" statt als Regler, denn es war immer noch möglich, die Geschwindigkeit zu erhöhen, indem man die Leistung steigerte. Der

Ein einfacher Regler
Wenn der Schaft schneller rotiert, bewegen sich die Kugeln aufgrund der Fliehkraft nach außen und schließen das Ventil.

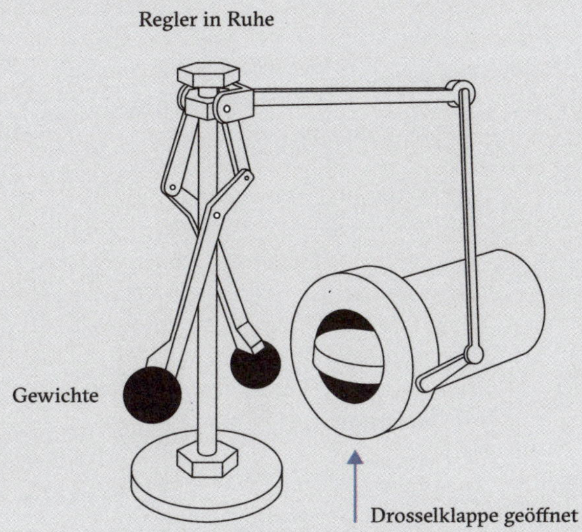

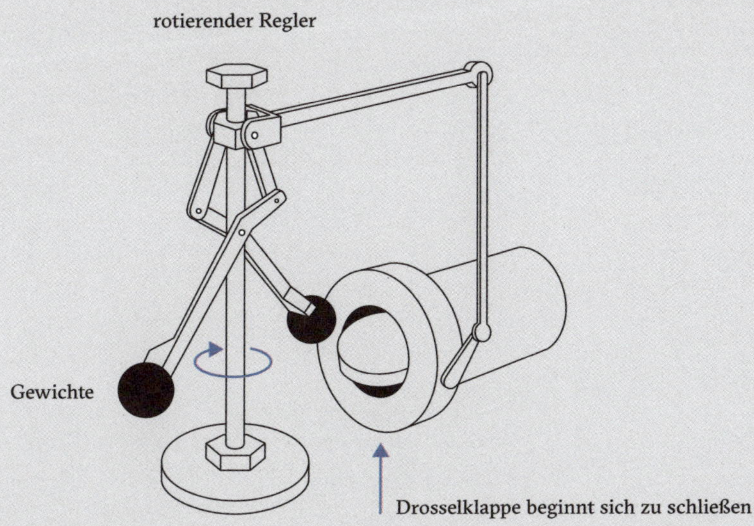

Leistungsanstieg war geringer, als er es ohne die Vorrichtung gewesen wäre, aber er wurde nicht umgekehrt. Der Moderator fungiert als Bremse, die ihren Widerstand erhöht, wenn die Geschwindigkeit steigt. Maxwell entwickelte ein alternatives Konzept, einen echten Regler, der, wie er es sah, Prozesse nicht nur verlangsamte, wenn die Geschwindigkeit zu hoch wurde, sondern oberhalb der gewünschten Geschwindigkeit den Widerstand aktiv erhöhte bzw. ihn im umgekehrten Fall aktiv senkte. Dieser Mechanismus erlaubte eine bessere Kontrolle und eine Feinabstimmung auf das gewünschte Ergebnis.

Ein vertrautes und einfaches Beispiel für einen solchen Regler ist der Thermostat, der die Heizung anschaltet, wenn die Wunschtemperatur unterschritten wird, und sie abschaltet, wenn es im Raum zu warm wird. Etwas raffinierter ist der in einigen Autos eingebaute Tempomat, der flexibler ist als eine einfache An/Aus-Vorrichtung und das Auto, wenn sich die Bedingungen ändern, aktiv zur gewünschten Geschwindigkeit zurückbringt; er ist ein modernes Beispiel für einen Regler.

In seinem Artikel geht Maxwell detailliert auf die Mathematik ein, die erklärt, wie ein Regler funktioniert, doch abgesehen davon enthält die Schrift einen ganz wesentlichen Begriff, der eine Verbindung zum Chaos herstellt: „Rückkopplung".

Rückkopplung (Feedback)
Die Rückführung von Teilen eines Output-Signals oder -Stroms zum Input, um den Output zu verringern oder zu erhöhen.

Die Macht der Rückkopplung

Einfache Rückkopplungs- oder Feedback-Mechanismen datieren mehr als 2000 Jahre zurück; schon in der Antike gab es das Schwimmerventil, von dem eine Variante in vielen modernen Toiletten auch heute noch in Gebrauch ist, um die Wasserspülung zu regulieren. Die Idee ist, den Spiegel einer Flüssigkeit in einem Behälter konstant zu halten, indem man einen Schwimmer, der sich mit der Flüssigkeit auf und nieder bewegt, mit einem Ventil verbindet, das die Zufuhr von Flüssigkeit in den Behälter erlaubt. Wenn der Flüssigkeitsspiegel sinkt, strömt daher mehr Flüssigkeit in den Behälter, bis der Spiegel so hoch steigt, dass der Zufluss unterbrochen wird.

Auch wenn einfache Fliehkraftregler seit dem 17. Jh. in Windmühlen verwendet werden, war Watt offenbar der erste, der in den 1780er-Jahren den Begriff „Regler" benutzte. Rückkopplung ist jedoch ein weitaus modernerer Begriff, der erstmals in der ersten Dekade des 20. Jh. auftauchte. Rückkopplung beschreibt, was ein Regler tut, wenn er eine Wirkung auf die Maschine ausübt, die von der Größe des Outputs (beispielsweise Geschwindigkeit) abhängt und den Wert dieses Outputs verändert.

Bei der Rückkopplung lassen sich zwei Varianten unterscheiden: Der Regler übt eine negative Rückkopplungswirkung aus, die verwirrenderweise im Allgemeinen die positivere Wirkung nach sich zieht. Bei einem Dampfregler gilt: Je höher die Geschwindigkeit, desto stärker wird sie vom Regler gedrosselt. Der Regler wirkt dem Input, der ihn auslöst – hier die Rotationsgeschwindigkeit der Maschine – entgegen. Negatives Feedback beruhigt die Lage. Sein dunkler Bruder ist jedoch die positive Rückkopplung.

In der Management-Sprache bedeutet „positives Feedback" so etwas wie ein verbales Schulterklopfen, doch die naturwissenschaftliche Bedeutung – und diejenige, die sich bis heute auf Systeme bezieht – ist weitaus riskanter. Ein positives Feedback führt zu einer Veränderung in derselben Richtung wie der Wert, der es auslöst. Wenn wir beispielsweise einen positiven Rückkopplungsmechanismus in unsere Dampfmaschine eingebaut hätten, würde der Regler bei zu schnellem Drehen des Schafts nicht etwa den Befehl geben, die Geschwindigkeit zu drosseln, sondern sie ganz im Gegenteil zu erhöhen. Nun dreht sich der Schaft noch schneller und veranlasst den Rückkopplungsmechanismus, eine noch höhere Geschwindigkeit zu fordern. Das Ergebnis ist ein außer Kontrolle geratenes System.

Kreischende Lautsprecher

Ein positives Feedback-System wird chaotisch, wenn beispielsweise ein eingeschaltetes Mikrofon neben einem Lautsprecher platziert wird, der an es angeschlossen ist. Wir alle haben schon einmal erlebt, dass jemand in ein Mikrofon spricht und der Lautsprecher jault, aber selbst ohne Redner führt das Zusammenbringen von Mikrofon und Lautsprecher zum gleichen ohrenbetäubenden Kreischen.

Was hier passiert, ist, dass sehr schwache Hintergrundgeräusche vom Mikrofon aufgefangen, verstärkt und über den Lautsprecher wiedergegeben werden. Der Schall aus dem Lautsprecher addiert sich nun zu dem Hintergrundgeräusch, das vom Mikrofon aufgefangen wird, daher wird der Schall, der aus dem Lautsprecher kommt, lauter. Das Geräusch wird immer lauter und höher. Genau vorherzusagen, welches Geräusch aus dem Gerät dringt, ist unmöglich – der Prozess ist zu chaotisch –, doch wird das Ergebnis trommelfellzerreißend laut sein. Dass es in der Regel so hochfrequent ist, liegt an der Kombination dreier Faktoren: der Entfernung zwischen Mikrofon und Lautsprecher, der Richtungsabhängigkeit und einer variablen Empfindlichkeit von Mikrofon und Verstärker für unterschiedliche Frequenzen.

Empfindlichkeit
Mikrofone und Verstärker können empfindlicher auf einige Frequenzbereiche reagieren als auf andere, was das produzierte Klangbild verzerrt.

→
Regulation der Körpertemperatur
Obgleich dieser Schwimmer im norwegischen Svalbard in Eiswasser liegt, erhält er seine Kerntemperatur aufrecht.

Man kann Rückkopplung auch als mathematischen Prozess ansehen – der Pseudozufallszahlen-Generator, der bei Lotterien eingesetzt wird, speist die Werte wieder ein, die generiert werden, um als Saat für den nächsten Durchlauf des Generators zu dienen –, und einige der fraktalen Formen in Kapitel 3, wie die Mandelbrot-Menge, basieren auf der Wiedereinspeisung in die Gleichung. Obwohl hier Chaos erzeugt wird, verliert sich das Ergebnis nicht unkontrollierbar im Unendlichen, sondern bringt eine unvorhersehbare Reihe von Mustern hervor.

Zurück ins Leben, zurück in die Wirklichkeit
Rückkopplung zu Kontrollzwecken ist in mechanischen wie elektronischen Systemen häufig, doch auch die Evolution nutzt sie regelmäßig (tatsächlich ist Evolution durch natürliche Selektion eine Art Rückkopplungsprozess). Rückkopplung ist auch für alle biologischen Systeme unverzichtbar. Zahlreiche Lebewesen – uns eingeschlossen – halten den Spiegel vieler chemischer Substanzen in ihrem Körper und viele physikalische Parameter, wie die Körpertemperatur, innerhalb eines engen Bereiches konstant. Darum kümmern sich zahlreiche biologische Rückkopplungsmechanismen. Chemische Parameter, wie der Blutzucker- oder der Calciumspiegel, werden vom Körper streng kontrolliert; der wohl bekannteste der externen Rückkopplungsprozesse ist die Temperatur. Solange ein Mensch nicht krank ist, bleibt seine Kerntemperatur weitgehend konstant, und die Schwankungsbreite beträgt nicht viel mehr als 1 °C – selbst wenn die Umgebungstemperatur um 10 °C und mehr in beide Richtungen schwankt. Unsere körpereigenen Wärmesinnesorgane, die Thermorezeptoren, überwachen Veränderungen unserer Körpertemperatur und steuern bei Bedarf gegen. Wenn die Körpertemperatur sinkt, wird die Durchblutung reduziert; diese Reaktion hilft dabei, den Kernbereich des Körpers vor einer Auskühlung zu schützen. Zudem werden im Körper chemische Prozesse in Gang gesetzt, die Wärme produzieren, und wenn sich die Körpertemperatur dann noch immer nicht stabilisiert, setzt Kältezittern ein, d. h., Muskeln kontrahieren sich, um unter Einsatz chemischer Energie Wärme zu erzeugen. Wenn die Körpertemperatur hingegen zu sehr ansteigt, kommt ein negativer Rückkopplungsprozess ins Spiel: Wir schwitzen, der Schweiß verdunstet und unsere Haut kühlt.

Solche Reaktionen werden häufig von Entwicklungen des Wetters ausgelöst – und wenn es um chaotische Systeme geht, sind nur wenige dramatischer als das Wetter. Bei der Erforschung des Wetters stieß man erstmals auf die Existenz des Chaos.

3
Wetterprobleme und chaotische Schmetterlinge

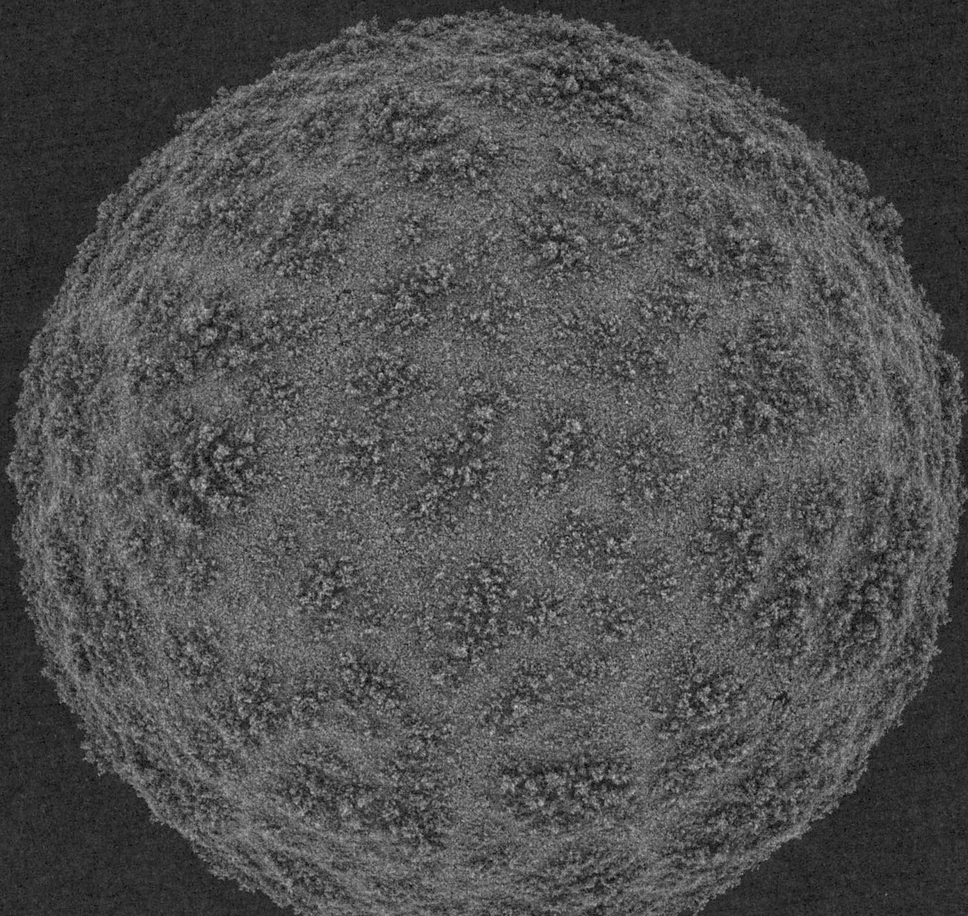

In die Zukunft blicken

„Prognosen sind schwierig, besonders, wenn sie die Zukunft betreffen.“
Niels Bohr, 1885–1962

Was kommt als Nächstes?
Was uns als Menschen ausmacht, ist vielleicht unser Wunsch, zu wissen, was auf uns zukommt. Was wird die Zukunft bringen? Seit Beginn der Geschichtsschreibung haben Orakel und Propheten, Astrologen und Wahrsager die Zukunft vorausgesagt und weitergegeben, was gewöhnlich als göttlich inspirierte Information galt. Es war nicht nötig, mit Zahlen und Mustern zu operieren, denn allgemein wurde angenommen, die Vorhersagen stammten aus einer externen, übernatürlichen Quelle. Auf einer stärker praktisch orientierten Ebene war die Fähigkeit, realistische Kurzzeitprognosen zu erstellen, jedoch sicherlich eines der Erfolgsrezepte des frühen *Homo sapiens*.

Unsere Spezies datiert rund 300 000 Jahre zurück – den größten Teil dieser Zeit hindurch haben Jäger das zukünftige Handeln ihrer Beutetiere eingeschätzt, um ihnen eine Falle zu stellen; dabei handelten sie nicht instinktiv, sondern sagten voraus, was passieren würde – *wenn wir sie dahin jagen, wird sie wahrscheinlich dorthin flüchten* –, und sorgten so für einen positiven Ausgang der Jagd. Ebenso erforderte der Übergang von einer Jäger-und-Sammler-Gesellschaft zu einer Agrargesellschaft eine ausgeprägte Fähigkeit, sich vorzustellen, was in Zukunft geschehen würde. In den letzten 10 000 Jahren oder schon länger war eine zunehmende Anzahl von Menschen für ihren Unterhalt auf die Landwirtschaft angewiesen; das erfordert eine genaue Kenntnis der Jahreszeiten und ein Gefühl dafür, wie zukünftige Wettermuster die Ernte beeinflussen würden, während eine erfolgreiche Tierzucht verlangte, den Lebenszyklus der Tiere zu kennen und entsprechend zu planen.

→
Das Orakel von Delphi
Auf diesem Bild auf einer Trinkschale (Kylix, ca. 440 v. Chr.) fragt König Aigeus die Priesterin Pythia im Orakel von Delphi um Rat.

Da es für unsere Vorfahren so wichtig war, landwirtschaftliche Wettervorhersagen zu machen, nehmen einige Archäologen an, dass unsere Deutung des berühmten Steinkreises von Stonehenge im englischen Wiltshire, beispielsweise, buchstäblich auf dem Kopf steht. Das Monument wird in engem Zusammenhang mit dem Aufgehen der Sonne zur Sommerwende gebracht, wenn die Sonne mit einigen der Steine in einer Linie steht. Druiden unserer Tage und andere Sonnenanbeter versammeln sich daher zur Zeit der Sommersonnenwende in Stonehenge, um die Sonne auf ihrem Weg zum Zenit willkommen zu heißen. Aber auch zur Wintersonnenwende, die weit weniger Besucher anzieht, kommt es zu einer derartigen Ausrichtung – und die Wintersonnenwende, wenn die Tage wieder länger werden, war für bäuerliche In-die-Zukunft-Gucker weitaus wichtiger als die Sommersonnenwende.

Sonnenwende
Die Sonnenwenden sind die Tage, an denen die Sonne die jeweilige Grenze ihrer täglichen Bahnveränderungen erreicht. Die Sommersonnenwende kennzeichnet den längsten Tag und die Wintersonnenwende die längste Nacht. Auf der Nordhalbkugel findet erstere am 20. oder 21. Juni statt, letztere am 21. oder 22. Dezember; auf der Südhalbkugel ist es genau umgekehrt.

Allgemein lassen sich die Jahreszeiten recht einfach vorhersagen. Jedes Jahr gibt es in einer bestimmten Region ein vertrautes saisonales Muster; dieses Muster variiert zwar von Jahr zu Jahr, dennoch lässt sich sagen, wie sich beispielsweise das Wetter im Winter vom Wetter im Sommer unterscheiden wird oder, näher am Äquator, die Regenzeit von der Trockenzeit. Aber das war keineswegs das Ende der Versuche, Prognosen zu erstellen. Einige Menschen waren stets gewillt, es mit dem Zufall selbst aufzunehmen.

Würfeln

Bei unserer Beschäftigung mit dem Zufall sind wir bereits auf den Gebrauch von Würfeln und anderen Mechanismen gestoßen, um Glücksspiele zu spielen. Es lohnt sich zu fragen, warum die augenfälligsten Beispiele für Zufälligkeit aus solchen Spielen stammen. Tatsache ist, dass durch die ganze geschriebene Geschichte hindurch Menschen von der Art und Weise fasziniert waren, wie das Ins-Spiel-Bringen eines Zufallseinflusses die mögliche Zukunft beeinflusst.

In manchen Fällen war (und ist) dies ein System, um bei Glücksspielen die Nase vorn zu haben. Hier ist die Fähigkeit, die Zukunft präzise vorherzusagen, die Hoffnung eines jeden Spielers. Nur allzu oft glauben Spieler, ein System zu haben, das ihnen erlaubt, der Wahrscheinlichkeit ein Schnippchen zu schlagen. In der Realität erlaubt der Zufall per Definition keine Voraussage eines bestimmten Ergebnisses. Probabilistisches Denken verschafft einem Spieler jedoch in der Tat den Vorteil, die Wahrscheinlichkeit eines jeden möglichen Ergebnisses zu kennen und entsprechend zu handeln.

Einige vom Zufall bestimmte Spiele haben Grenzen, die durch ihren Aufbau vorgegeben sind, und erleichtern einem Spieler, der über entsprechende Kenntnisse und Fähigkeiten verfügt, die Zukunft statistisch vorherzusagen. Daher ist es in einem Kartenspiel wie Black Jack, bei dem Karten aus einer festgelegten Anzahl von Stapeln gezogen und alle gezogenen Karten im Laufe des Spiels offengelegt werden, möglich, die gespielten Karten zu zählen, was die Wahrscheinlichkeiten für das Ziehen anderer Karten im Laufe des Spiels verändert.

Um ein triviales Beispiel zu geben: Wenn ich aus einem einzelnen Stapel Spielkarten nach dem Zufallsprinzip Karten ziehe und bereits zwei Sechsen gespielt sind, aber keine Zehnen, weiß ich, dass die Wahrscheinlichkeit für eine Zehn doppelt so hoch wie diejenige für eine weitere Sechs ist. Casinos benutzen mehrere Stapel, die sie miteinander mischen, was die erforderlichen Berechnungen schwieriger macht und zudem ein sehr gutes Gedächtnis erfordert – doch Zählen ist nach wie vor eine gute Idee, um ein besseres Gefühl dafür zu bekommen, welche Karten noch im Spiel sind. Casinos betrachten Kartenzählen als Schummeln, doch streng genommen nutzen die Spieler lediglich die ihnen zur Verfügung stehenden Informationen nach bestem Vermögen. Es ist das Casino, das unfair spielt, wenn es Zählen nicht erlaubt.

Glückspiele erzeugen eine Art Prognosemythologie, die auf einem Missverständnis von Wahrscheinlichkeit beruht. Nehmen wir zum Beispiel einen einfachen wiederholten Münzwurf. In einem meiner Vorträge werfe ich eine Münze, mit der ich gerade vor den Augen der Zuhörer neunmal nacheinander Kopf geworfen habe. Ich frage dann das Publikum, ob der nächste Wurf eher Kopf oder eher Zahl zeigen wird oder ob eine 50:50-Wahrscheinlichkeit für beide besteht. Fast immer vermuten einige im Publikum, dass Zahl wahrscheinlicher ist. Diese Vorhersage wird auch als „Täuschung des Spielers" bezeichnet.

Es fühlt sich irgendwie richtig an, dass nach einer ganzen Reihe Kopf-Würfe der nächste Wurf Zahl sein sollte – denn wir wissen, dass bei einer hohen Anzahl von Würfen etwa die gleiche Anzahl Kopf und Zahl zu erwarten ist. Erinnern Sie sich aber an den Fehler bei dieser Art der Argumentation: Die Münze hat kein Gedächtnis. Sie erinnert sich nicht daran, dass neunmal nacheinander Kopf geworfen wurde. Bei einer fairen Münze beträgt die Wahrscheinlichkeit für Kopf bzw. Zahl also noch immer 50:50.

In solchen „Es fühlt sich richtig an"-Situationen, in denen uns unser Bauchgefühl etwas anders sagt als die Wahrscheinlich-

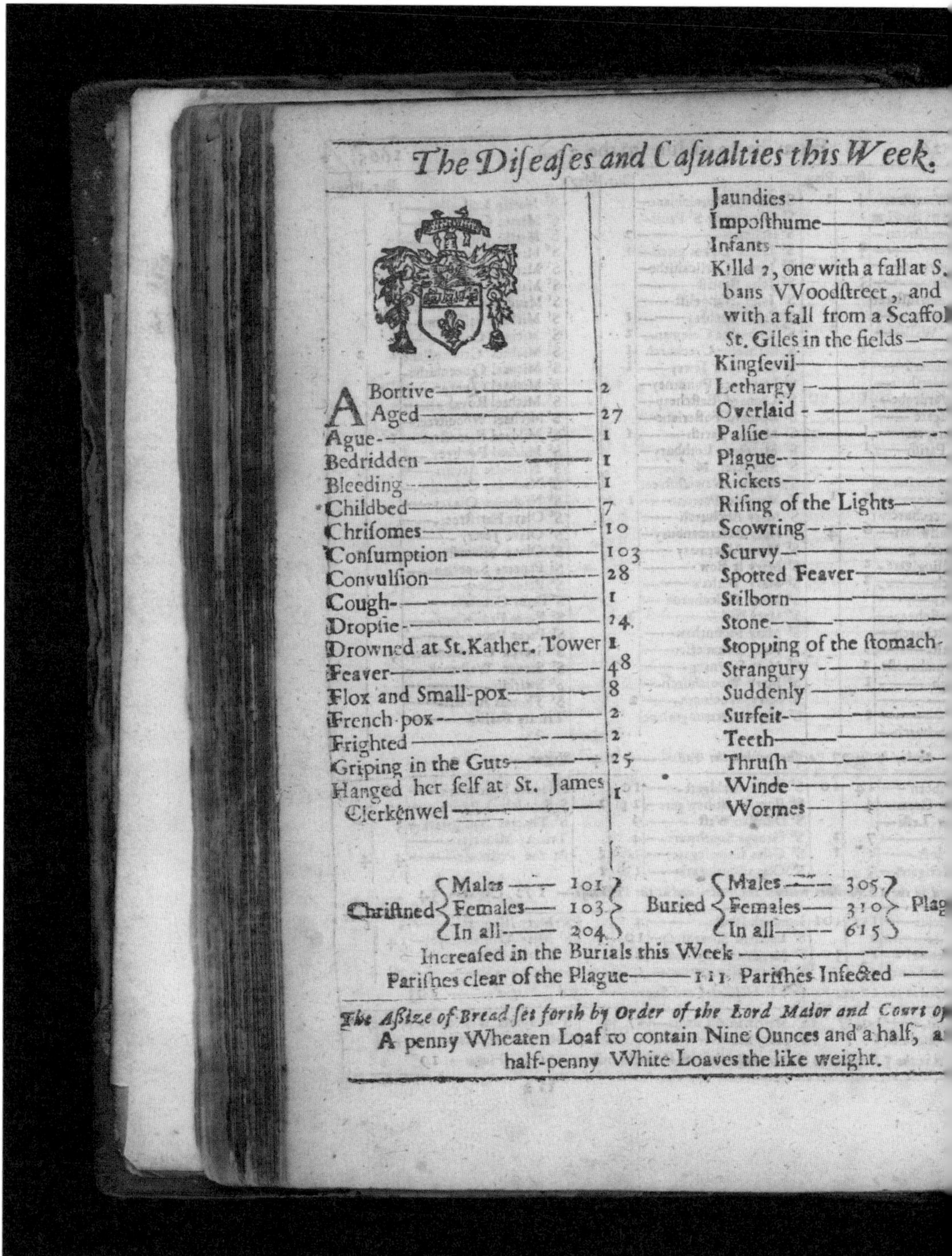

The Diseases and Casualties this Week.

Abortive	2	Jaundies	
Aged	27	Imposthume	
Ague	1	Infants	
Bedridden	1	Killd 2, one with a fall at S. [illegible] bans VVoodstreet, and with a fall from a Scaffo[illegible] St. Giles in the fields	
Bleeding	1	Kingsevil	
Childbed	7	Lethargy	
Chrisomes	10	Overlaid	
Consumption	103	Palsie	
Convulsion	28	Plague	
Cough	1	Rickets	
Dropsie	14	Rising of the Lights	
Drowned at St. Kather. Tower	1	Scowring	
Feaver	48	Scurvy	
Flox and Small-pox	8	Spotted Feaver	
French pox	2	Stilborn	
Frighted	2	Stone	
Griping in the Guts	25	Stopping of the stomach	
Hanged her self at St. James Clerkenwel	1	Strangury	
		Suddenly	
		Surfeit	
		Teeth	
		Thrush	
		Winde	
		Wormes	

Christned { Males — 101, Females — 103, In all — 204 } Buried { Males — 305, Females — 310, In all — 615 } Plag[illegible]

Increased in the Burials this Week —

Parishes clear of the Plague — 111 Parishes Infected —

The Assize of Bread set forth by Order of the Lord Maior and Court o[f]
A penny Wheaten Loaf to contain Nine Ounces and a half, a[nd]
half-penny White Loaves the like weight.

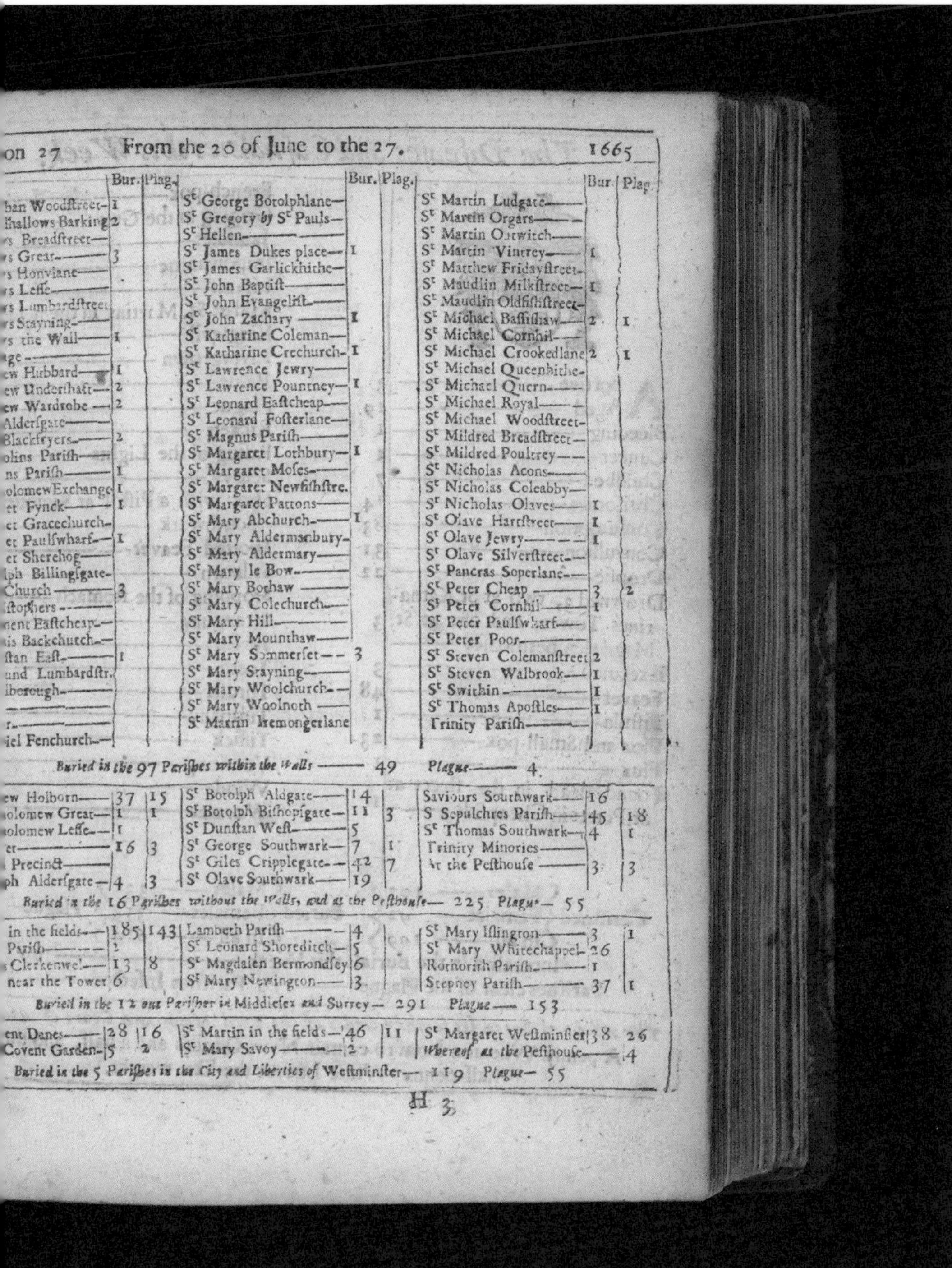

on 27 From the 20 of June to the 27. 1665

	Bur.	Plag.		Bur.	Plag.		Bur.	Plag.
ban Woodstreet	1		St George Botolphlane			St Martin Ludgate		
lhallows Barking	2		St Gregory by St Pauls			St Martin Orgars		
rs Breadstreet			St Hellen			St Martin Outwitch		
rs Great	3		St James Dukes place	1		St Martin Vintrey	1	
rs Honylane			St James Garlickhithe			St Matthew Fridaystreet		
rs Lesse			St John Baptist			St Maudlin Milkstreet	1	
rs Lumbardstreet			St John Evangelist			St Maudlin Oldfishstreet		
rs Stayning			St John Zachary	1		St Michael Bassishaw	2	1
rs the Wall	1		St Katharine Coleman			St Michael Cornhil		
ige			St Katharine Crechurch	1		St Michael Crookedlane	2	1
ew Hubbard	1		St Lawrence Jewry			St Michael Queenhithe		
ew Undershaft	2		St Lawrence Pountney	1		St Michael Quern		
ew Wardrobe	2		St Leonard Eastcheap			St Michael Royal		
Aldersgate			St Leonard Fosterlane			St Michael Woodstreet		
Blackfryers	2		St Magnus Parish			St Mildred Breadstreet		
olins Parish			St Margaret Lothbury	1		St Mildred Poultrey		
ns Parish	1		St Margaret Moses			St Nicholas Acons		
olomew Exchange	1		St Margaret Newfishstre.			St Nicholas Coleabby		
et Fynck	1		St Margaret Pattons			St Nicholas Olaves	1	
et Gracechurch			St Mary Abchurch	1		St Olave Hartstreet	1	
et Paulswharf	1		St Mary Aldermanbury			St Olave Jewry	1	
et Sherehog			St Mary Aldermary			St Olave Silverstreet		
lph Billingsgate			St Mary le Bow			St Pancras Soperlane		
Church	3		St Mary Bothaw			St Peter Cheap	3	2
istophers			St Mary Colechurch			St Peter Cornhil	1	
nent Eastcheap			St Mary Hill			St Peter Paulswharf		
uis Backchurch			St Mary Mounthaw			St Peter Poor		
stan East	1		St Mary Sommerset	3		St Steven Colemanstreet	2	
und Lumbardstr.			St Mary Stayning			St Steven Walbrook	1	
lborough			St Mary Woolchurch			St Swithin	1	
			St Mary Woolnoth			St Thomas Apostles	1	
r			St Martin Iremongerlane			Trinity Parish		
iel Fenchurch								

Buried in the 97 Parishes within the Walls — 49 Plague — 4.

ew Holborn	37	15	St Botolph Aldgate	14		Saviours Southwark	16	
olomew Great	1	1	St Botolph Bishopsgate	11	3	S Sepulchres Parish	45	18
olomew Lesse	1		St Dunstan West	5		St Thomas Southwark	4	1
er	16	3	St George Southwark	7	1	Trinity Minories		
Precinct			St Giles Cripplegate	42	7	At the Pesthouse	3	3
ph Aldersgate	4	3	St Olave Southwark	19				

Buried in the 16 Parishes without the Walls, and at the Pesthouse — 225 Plague — 55

in the fields	185	143	Lambeth Parish	4		St Mary Islington	3	1
Parish	2		St Leonard Shoreditch	5		St Mary Whitechappel	26	
Clerkenwel	13	8	St Magdalen Bermondsey	6		Rotherith Parish	1	
near the Tower	6		St Mary Newington	3		Stepney Parish	37	1

Buried in the 12 out Parishes in Middlesex and Surrey — 291 Plague — 153

ent Danes	28	16	St Martin in the fields	46	11	St Margaret Westminster	38	26
Covent Garden	5	2	St Mary Savoy	2		Whereof at the Pesthouse		4

Buried in the 5 Parishes in the City and Liberties of Westminster — 119 Plague — 55

H 3

Die Londoner Sterbetafeln
Dieses Dokument aus dem Jahr 1664/5 – ähnlich dem, das John Graunt benutzte (siehe S. 90) – listet die Todesursachen in London und die letzten Ruhestätten auf.

keit, ist die Gefahr am größten, dass wir Vorhersagen machen, die drastisch danebenliegen. Das Problem tritt beim Glücksspiel wie auch bei Expertenaussagen im Sport immer wieder auf, aber ebenso bei Analysen des Börsengeschehens. Gute Prognostiker brauchen solide Kenntnisse in Wahrscheinlichkeitslehre und Statistik, um die Fallgruben zu umgehen, die der Umgang mit Wahrscheinlichkeiten mit sich bringt.

Geburten und Todesfälle

Beim Herumspielen mit Statistik machte ein wohlhabender englischer Kurzwarenhändler namens John Graunt, dessen Unternehmen in London ansässig war, die ersten nützlichen mathematischen Vorhersagen. Graunt benutzte die „Sterbetafeln" – die Details über den Tod derjenigen Menschen enthielten, die zwischen 1604 und 1661 in London gestorben waren – und die Geburtsverzeichnisse im selben Zeitraum, um besser zu verstehen, wie sich die Bevölkerungszahl entwickelte.

Kaffeehäuser
Cafés, die auf Kaffee spezialisiert waren, kamen in Großbritannien in den 1650er-Jahren in Mode und wurden zu beliebten Treffpunkten, um politische und philosophische Diskussionen zu führen und Geschäfte anzubahnen.

Und Graunt analysierte nicht nur die Daten, die ihm vorlagen, sondern versuchte, seine Statistik einzusetzen, um in die Zukunft zu blicken, indem er die Überlebenswahrscheinlichkeit einer jeden Altersgruppe einschätzte, und wurde damit zu einem der Begründer der Demografie. Gegen Ende des 17./Anfang des 18. Jahrhunderts wurde dieser Ansatz von anderen in London aufgegriffen, allen voran der Astronom Edmond Halley. Diese Männer, die sich oft in Londoner Kaffeehäusern trafen, legten den Grundstein für das, aus dem später die Versicherungsindustrie hervorgehen sollte. Um vernünftige Angebote für Versicherungsprämien und Auszahlungen – im Grunde Wetten auf die Zukunft eines Individuums – zu machen, mussten die Versicherungsunternehmen vorhersagen, wie sich Leben und Tod ihrer Klienten in einer komplexen Zukunft beziffern lassen würden.

Zum ersten Mal gingen Prognosen über reines Raten oder sich regelmäßig wiederholende Muster, wie die Jahreszeiten, hinaus und nahmen eine statistische Perspektive ein, um sich einen Überblick über die Bevölkerungsentwicklung zu verschaffen – sie benutzten Wahrscheinlichkeiten und, um eine realistische Sicht einiger Aspekte der Zukunft zu gewinnen, gingen sie von der Annahme aus, dass der Zufall (im Großen und Ganzen) eine Rolle spielte.

Es sollte jedoch noch einige Zeit dauern, bis der uns vertrauteste Aspekt der Vorhersage entstand. Es ist eine Vorhersage, die viele von uns jeden Tag prüfen: die Wettervorhersage.

Ob Regen oder Sonnenschein

„Meteorologie war schon immer ein Zankapfel, als ob die heftigen Tumulte der Atmosphäre eine gleichartige Wirkung auf den Geist derjenigen ausübten, die sich vorgenommen hatten, sie zu erforschen."
Joseph Henry, 1797–1878

Wie das Wetter auch sei
Wir dürfen annehmen, dass saisonale Prognosen wahrscheinlich mindestens bis in die Zeit von Stonehenge zurückreichen, dessen erste Teile vor rund 5000 Jahren errichtet wurden. Doch Stonehenge gibt nur einen allgemeinen Überblick, der immer mehrere Monate umfasst. Was Bauern, Seeleute und alle übrigen, deren Leben stark vom Wetter beeinflusst wurden, wirklich wissen wollten, war, wie es morgen oder in den nächsten paar Tagen aussehen würde. Traditionelle Wettervorhersagen basierten wie die traditionelle Medizin auf einer Mischung von Missverständnissen und überlieferten Beobachtungen, die ein gewisses Maß an statistischer Gültigkeit besaßen.

Eine solche Beobachtung drückt sich in dem alten Reim „Red sky at night, shepherd's delight; red sky in the morning, shepherd's warning" (sinngemäß: Roter Abendhimmel, da freut sich der Schafhirt, roter Morgenhimmel, da schwant ihm Böses) aus. Einige überlieferte Wettervorhersagen haben keine solide Basis, doch diese ergibt einen gewissen Sinn. Ein roter Himmel geht im Allgemeinen mit einem relativ hohen atmosphärischen Druck einher, der die Teilchen in der Atmosphäre, die das rote Licht von der Sonne streuen, besser einfängt. Hoher abendlicher Atmosphärendruck tendiert dazu, sich in eine Region zu bewegen und relativ gutes Wetter zu bringen. Morgens befindet sich der hohe Atmosphärendruck jedoch eher auf dem Abmarsch, und das Wetter verschlechtert sich.

Langfristige traditionelle Wettervorhersagetechniken hatten meist eine weniger realistische Basis. Viele stützten sich auf das Verhalten von Tieren oder Bäumen, denn man nahm an, diese Lebewesen stünden dem Zyklus der Natur noch näher und spiegelten etwas wider, das der Mensch nicht wahrnahm – wenn Sträucher im Herbst also mehr Beeren als gewöhnlich trugen, schloss man auf einen härteren Winter. Es gibt jedoch keine Belege, die eine solche fehlerhafte Logik stützen. Die Bäume wissen nicht, was ein paar Monate in der Zukunft geschehen wird. Dasselbe gilt für die modernere amerikanische Tradition des Groundhog Day („Murmeltiertag"), an dem die Reaktion des Murmeltiers auf seinen Schatten angeblich das Wetter in den folgenden sechs Wochen vorhersagt; diese Murmeltiervorhersagen sind nicht besser als Münzwürfe – rein zufällig.

Barometer, die im 17. Jahrhundert entwickelt wurden, hatten bis Ende des 19. Jahrhunderts Einzug in viele Haushalte gehalten; um diese Zeit hatte man bereits explizit erkannt, dass einer Veränderung des Atmosphärendrucks ein sich veränderndes Wettermuster anzeigen konnte. Etwa um diese Zeit entstand auch die Wettervorhersage als eine frühe Form des gegenwärtigen Konzeptes; ermöglicht wurde dies durch Daten, die von weit verstreuten Wetterstationen gesammelt wurden, und den elektrischen Telegrafen, der erlaubte, diese Daten an einer zentralen Stelle zusammenzuführen, um zu versuchen, eine großräumige Vorhersage für eine Region oder ein Land zu erstellen.

Eine offizielle Wettervorhersage wurde erstmals von Francis Beaufort und Robert FitzRoy (letzterer ist besser bekannt als Kapitän der *HMS Beagle* auf Charles Darwins berühmter Reise) in den 1850er-Jahren in Angriff genommen. Die erste öffentliche Wettervorhersage wurde 1861 in der Londoner *Times* veröffentlicht. Mehrere Jahrzehnte lang lieferte die Vorhersage qualitative Informationen, die auf Beobachtungen und Prognosen in Hinblick auf Atmosphärendruck, Regenfall, Windrichtung und Windstärke basierten, doch in den 1920er-Jahren war die Meteorologie bereits eine numerische Wissenschaft, unterteilte den dreidimensionalen Raum der Atmosphäre in kleinere Bereiche und machte Vorhersagen, wie sich das Wetter entwickeln würde.

Trotz einer hohen Investition an Zeit, Mühe und Geld in die Wettervorhersage waren die Ergebnisse oft falsch, und es dauerte weitere vier Jahrzehnte, bis jemand erkannte, warum das so war. In den 1960er-Jahren sollte eine frühe computerisierte Wettersimulation enthüllen, in welchem Sinne das Wetter chaotisch war und Prognosen deshalb grundsätzlich problematisch sind.

→
Eine frühe Wetterstation
Eine Wetterstation aus dem Jahr 1880 mit einem automatischen Anemometer, das Windstärke und Windrichtung registrierte.

Divergierende Wettermuster
Lorenz' Ausdruck aus dem Jahr 1961 zeigt, wie die Wettermuster für Wärmeaustausch und atmosphärische Flüsse, die von den beiden Computerdurchläufen vorhergesagt wurden, immer stärker voneinander abweichen.

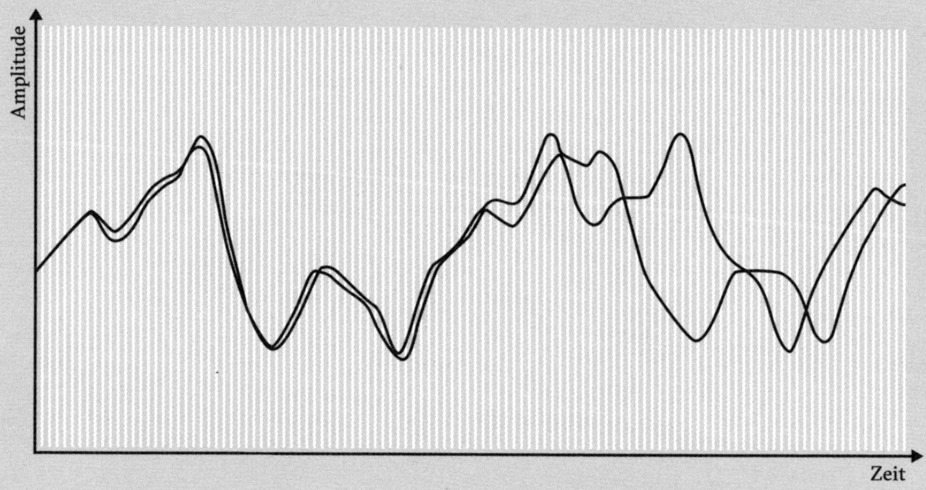

Das Verfahren abkürzen

Simulationen gehörten zu den frühesten Anwendungen von Computern; man verwendete Gleichungen, um eine Folge von Zahlen zu erzeugen, die sich in Abhängigkeit von der Zeit entwickelten, um einige Aspekte der wirklichen Welt wiederzugeben, sei es die Explosion einer Atombombe oder Wetterlagen. Im Jahr 1961 benutzte ein amerikanischer Meteorologe namens Edward Lorenz, der am Massachusetts Institute of Technology arbeitete, einen sehr einfachen kleinen Computer (etwa so groß wie eine Waschmaschine) für ein Wettermodell, das begrenzte Informationen wie Temperatur und Windgeschwindigkeit verarbeitete. Da der Computer so langsam war und das Modell sehr viele Berechnungen erforderte, die viel Zeit in Anspruch nahmen, startete Lorenz, als er ein bestimmtes Wettermuster genauer untersuchen wollte, das Programm nicht etwa neu. Vielmehr machte er an einem Punkt weiter, wo das Programm schon eine Weile gelaufen war, und gab die für das Modell erforderlichen Werte aus dem Ausdruck ein, der vom selben Zeitpunkt des vorangegangenen Durchgangs stammte. Als er die Simulation fortsetzte, wich der Output, den das Programm generierte, von Lorenz' ursprünglichem Durchlauf ab – und zwar nicht nur ein wenig, sondern es ergab sich eine völlig andere Vorhersage.

Nachdem er geprüft hatte, dass der Computer einwandfrei funktionierte, ließ sich die Ursache der Abweichung zu den Zahlen zurückverfolgen, die Lorenz aus dem Ausdruck eingegeben hatte. Wenn ein Computer reelle Zahlen mit Dezimalstellen handhabt, muss er Kompromisse eingehen. Die Anzahl an Dezimalstellen, die ein Computer verarbeiten kann, ist begrenzt – und damals, in den 1960er-Jahren, waren diese Grenzen eng. Der Rechner, den Lorenz verwendete, arbeitete mit bis zu sechs Dezimalstellen. Daher konnte es sein, dass eine Zahl in seinen Berechnungen als 20,506127 dargestellt wurde – doch er war darauf programmiert, diese Zahlen beim Ausdrucken auf drei Dezimalstellen abzurunden. Das war durchaus sinnvoll, da die hohe Präzision unberechtigt war, wenn man sie mit der Realität verglich; so genaue reale meteorologische Daten waren nicht verfügbar. Der Ausdruck dieser Zahl lautete also 20,506.

Dezimalstellen
Die Anzahl der Stellen, die nach dem Dezimalkomma folgen. 3,142 stellt beispielsweise pi (π) mit drei Dezimalstellen dar, während 3,14157 pi bis zur fünften Dezimalstelle darstellt.

Das mag vernachlässigbar erscheinen, doch Wissenschaftler scheuen sich stets vor ungerechtfertigter Genauigkeit. Es ist sinnlos, eine Zahl mit vielen Dezimalstellen auszustatten, wenn die Instrumente diese Genauigkeit im aktuellen Experiment einfach nicht hergeben. Wenn eine Zahl mit mehr Dezimalstellen aufgeführt wird, als gemessen werden können, impliziert dies, dass mehr bekannt ist, als tatsächlich der Fall ist. Das heißt nicht, dass es ein Fehler des Computers war, mit sechs Dezimalstellen zu arbeiten – für eine Berechnung gilt: je mehr Dezimalstellen, desto besser –, doch es war außerordentlich vernünftig, nur drei davon auszudrucken.

Nach wiederholten Durchläufen wurde klar, dass winzige Veränderungen der Werte, die für die Simulation verwendet wurden, im weiteren Verlauf der Berechnung zu sehr deutlichen Abweichungen führten. Das, was Lorenz untersuchte, war natürlich kein echtes Wettersystem – es war weitaus weniger komplex –, aber selbst bei diesem vereinfachten Beispiel wurde klar, dass da gerade etwas Überraschendes geschah. Lorenz hatte das Prinzip des mathematischen Chaos entdeckt. Auch wenn frühere Beispiele, wie das Dreikörper-Problem (siehe S. 59), gezeigt hatten, wie schwierig Voraussagen sind, wenn man es mit Systemen mit mehreren wechselwirkenden Komponenten zu tun hat, formalisierte die Chaostheorie diese Beobachtungen nun als eine mathematische Realität, die in der wirklichen Welt nur allzu verbreitet war. Und das sollte sehr wichtige Konsequenzen für das Metier der Wettervorhersage haben.

Wettersysteme

Das Wetter ist hauptsächlich vom Zusammenspiel zweier gewaltiger Fluidsysteme – der Erdatmosphäre und der Weltmeere – abhängig; dazu kommen die festen Landmassen. Wetter wird traditionell im Hinblick auf die Atmosphäre definiert, und die Atmosphäre steht im Zentrum der Wettermodellierung, aber ohne Einbeziehung der Ozeane und der Landmassen (einschließlich des Einflusses der bebauten Umwelt) besteht nicht viel Hoffnung auf eine effiziente Vorhersage.

Das können wir an dem Einfluss von nur einem der vielen Beiträge zum Wetter sehen, die auf das Meer zurückgehen, dem Golfstrom. Die Präsenz des Golfstroms bringt es mit sich, dass der Nordwesten von Europa deutliche 9°C wärmer ist, als er sonst wäre – das Klima bei uns sollte stärker dem in Sibirien ähneln. Der Name Golfstrom lässt an einen dahinströmenden Fluss denken, doch tatsächlich gleicht das Wetterphänomen eher der Schleife eines globalen Förderbandes. Winde, die über den Nordatlantik streichen, kühlen das bereits sehr kalte Wasser weiter ab; es sinkt ab und strömt in größerer Tiefe Richtung Äquator. Zur gleichen Zeit wird Oberflächenwasser im Golf von Mexiko von der Sonne erwärmt, und dieses warme Wasser strömt nach Norden und ersetzt das kalte Wasser, das tief unter ihm zurückströmt. Dieser Prozess, der in der Fachsprache als thermohaline Zirkulation bezeichnet wird, transportiert große Mengen an

Thermohaline Zirkulation
Ein Begriff aus der Ozeanografie, der sich auf die Temperatur und den Salzgehalt des Meerwassers bezieht.

Das nordatlantische Förderband
Der warme Golfstrom ist rot eingezeichnet, die zurückkehrende kalte nordatlantische Tiefenströmung blau.

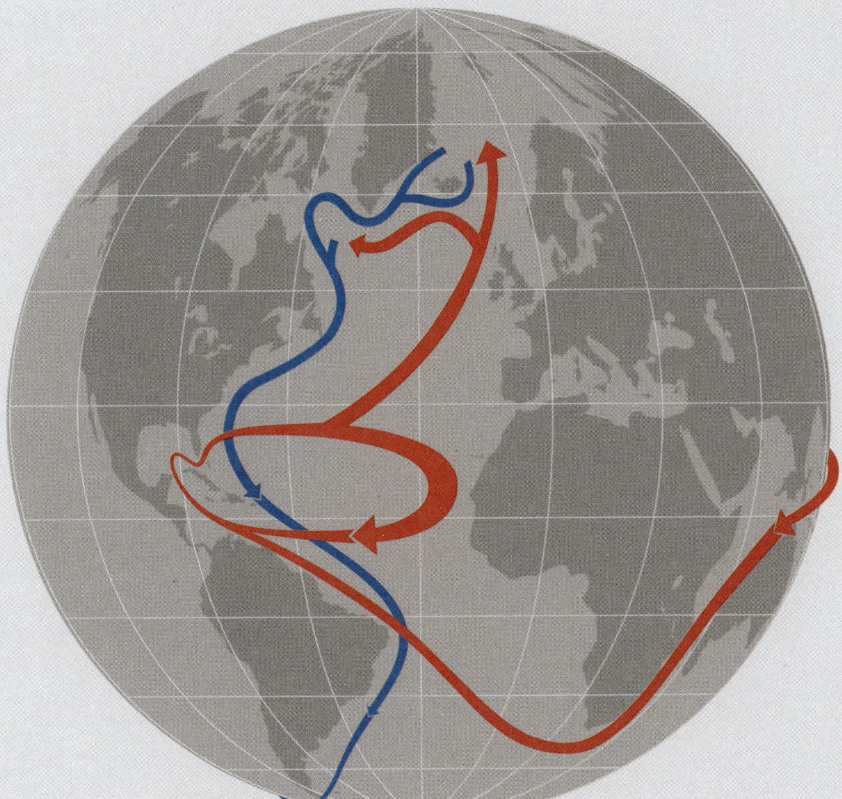

warmem Wasser aus den Tropen in nördliche Breiten. Es war der Kollaps des „nordatlantischen Förderbands", der so dramatisch (und mit vielen Fehlern) in dem Film *The Day After Tomorrow* (2004) geschildert wurde. Die Szene war so wie dargestellt nicht realistisch, weil alles viel zu schnell geschieht und weil es kein Anzeichen dafür gibt, dass das Förderband völlig stoppt, doch das zugrunde liegende Konzept ist keine reine Fiktion.

Es gibt einige Hinweise darauf, dass sich das Förderband als Begleiterscheinung des Klimawandels verlangsamen könnte. Wenn immer mehr Süßwasser aus schmelzenden Eisschollen ins Meer gelangt, sinkt die Dichte des kalten Wassers, das abtauchen und nach Süden strömen sollte (Süßwasser ist weniger dicht als Salzwasser). Das führt dazu, dass sich der Antrieb des Förderbandes verringert. In diesem Sinne zumindest war *The Day After Tomorrow* keine reine Fantasie.

Anders, als im Film dargestellt, ist diese Verlangsamung aber wahrscheinlich ein sehr allmählicher Prozess – vermutlich wird es rund 100 Jahre dauern, bis sich die Stärke des Golfstroms um ca. 25 Prozent verringert –, und diese Veränderung wird in ihrer Wirkung durch die vorhergesagte globale Erwärmung mehr als ausgeglichen. Es könnte sich sogar als günstig für Nordwesteuropa erweisen: Eine solche Veränderung würde bedeuten, dass diese Region deutlich weniger unter den Auswirkungen der globalen Erwärmung zu leiden hätte als andere Teile der Welt.

Der Golfstrom ist nur einer der Faktoren, die zur Komplexität des Wetters beitragen. Wenn all die verschiedenen Komponenten des Systems wechselwirken, lässt das Ergebnis das Dreikörper-Problem der Gravitation geradezu trivial erscheinen. Wir können unmöglich auf der Ebene individueller Atome in der Atmosphäre arbeiten, doch die schiere Komplexität von Wettersystemen macht deutlich, warum die Atmosphäre der natürliche Ort für die erste Anwendung der Chaostheorie war. Aber so heftig der Einfluss des Chaos auf das Wettergeschehen auch ist – zu weit heftigeren Diskussionen hat ein verwandtes wichtiges Thema geführt: die Vorhersage des zukünftigen Klimas.

Das große Ganze

„Kann der Flügelschlag eines Schmetterlings in Brasilien einen Tornado in Texas auslösen?"
Edward Lorenz, 1917–2008

Klimasorgen
Wetter ist etwas, das wir tagein, tagaus direkt erleben, doch Klima umfasst das größere Ganze, die Gesamtheit aller Wetterlagen, betrachtet über Zeit und Raum. Wie Mark Twain meinte: „Klima ist das, was wir erwarten, Wetter ist das, was wir bekommen." Der Unterschied zwischen Klima und Wetter ist der Grund dafür, dass so viele Menschen den Klimawandel missverstehen. Sie erleben schlechtes Wetter oder einen besonders kalten Winter und schließen daraus, dass es offensichtlich keine globale Erwärmung gibt.

Tatsache ist, dass das Klima als Ganzes einen Wandel durchmacht, eine Veränderung, zu der auch eine Erwärmung gehört, wenn man die Temperaturdaten über die ganze Welt mittelt, doch diesen Durchschnitt erleben wir nicht an jedem Ort und zu jedem Zeitpunkt. Da sich unser persönliches Erleben immer auf das Wetter und nicht auf das Klima bezieht, lässt sich die Gefahr durch die globale Erwärmung leicht unterschätzen. Eine Temperaturerhöhung um ein paar Grad klingt trivial. Schließlich variieren die Temperaturen zwischen Sommer und Winter um einige Dutzend Grad. Die Vorhersagen für die globale Erwärmung klingen nicht dramatisch – aber das liegt daran, dass sie einen Mittelwert darstellen und deutlich größere Wärme- und Kälteextreme an bestimmten Orten und zu bestimmten Zeiten widerspiegeln.

Klimawandel ist nichts Neues. Tatsächlich ist er etwas völlig Natürliches. Im Lauf der 4,5 Milliarden Jahre, in denen die Erde existiert hat, war das Klima stets im Fluss. Lassen Sie uns in die Periode zurückgehen, in der die ersten bekannten Lebenszeichen

Die Erde in der Eiszeit
Vermutetes Ausmaß der Eisbedeckung während des jüngsten Maximums der gegenwärtigen Eiszeit.

auftraten, also vor rund 3,7 Milliarden Jahren: Damals war es sehr warm – deutlich wärmer als die schlimmsten gegenwärtigen Vorhersagen für den Klimawandel – und die Temperaturen lagen rund 10 °C über den heutigen.

Zwischen damals und heute sind die Temperaturen auch schon sehr viel niedriger gewesen. Seit ihrem Bestehen hat die Erde mindestens vier bedeutende Eiszeiten durchgemacht. In diesen Kälteperioden schieben sich die polaren Eiskappen weiter Richtung Äquator und verwandeln die Umwelt tiefgreifend. Abgesehen von den Schäden, die durch das schiere Gewicht und die Dicke der Eisschicht hervorgerufen wurden, und den Schwierigkeiten für Lebewesen, trotz der ständigen Ausbreitung der Eisdecke weiter in höheren Breiten zu überleben, sanken die globalen Temperaturen um rund 10 °C unter das gegenwärtige Niveau.

Pliozän-Quartär
Als „Quartär" wird unsere gegenwärtige geologische Periode bezeichnet, die vor 2,5 Millionen Jahren begann, während sich „Pliozän" auf die Epoche (eine Unterteilung einer Periode) direkt vor dem Quartär bezieht.

Geologisch leben wir noch immer in der Eiszeit, dem Pliozän-Quartär, einer Phase des Erdklimas, die vor rund 2,5 Millionen Jahren begann. Wenn eine Eiszeit fortschreitet, gibt es Zeitabschnitte, die als Kaltzeiten (Glaziale) bezeichnet werden und in denen sich die Eisdecke ausdehnt, und Warmzeiten (Interglaziale), in denen sich das Eis zurückzieht – wir erleben in den letzten 11 000 Jahren eine solche Warmzeit. In dieser Zeit (und es ist kein Zufall, dass sich in diesem Zeitfenster alle großen menschlichen Zivilisationen entwickelt haben) war das Leben auf der Erde relativ komfortabel.

Ohne menschliche Einflussnahme sollte die Warmzeit unseren Erwartungen zufolge irgendwann in 1000 bis 25 000 Jahren enden und uns zurück in die Kälte führen. Erneut würde ein großer Teil von Kanada, den nördlichen Vereinigten Staaten und Nordeuropa unter dicken Eisdecken verschwinden. Die Auswirkungen menschlicher Aktivitäten reichen jedoch höchstwahrscheinlich bereits jetzt aus, um das Eintreten der nächsten Kaltzeit zu verhindern.

Der menschliche Einfluss

Manchmal hört man von denjenigen, die sich um den Klimawandel und den Einfluss des Menschen darauf sorgen, wir müssten „den Planeten retten". Dem Planeten, dieser Felskugel, geht es gut. Es gibt nichts, das wir der Erde antun könnten, was sie nicht in einer bis zwei Millionen Jahren überwinden könnte, ein winziger Bruchteil ihrer Lebensspanne. Was wir wollen, ist nicht, den Planeten retten, sondern das Leben darauf, das viel fragiler und den Launen des Klimas viel stärker ausgeliefert ist als die Zukunft des Planeten selbst.

Wir müssen definitiv etwas tun, und nach Ansicht der allermeisten Wissenschaftler rund um die Welt spricht viel dafür, dass menschliche Aktivitäten in den letzten 150 Jahren einen bedeutenden Beitrag zum Klimawandel geleistet haben. Vor allem durch den Anstieg von Treibhausgasen aus Landwirtschaft, Industrie, Privathaushalten und Verkehr beeinflussen wir zweifellos das Klima. Und seit den 1960er-Jahren ist die Rate der globalen Erwärmung angestiegen. Zwischen 1906 und 2005 stiegen die Durchschnittstemperaturen weltweit um 0,74 °C, und dieser Anstieg war in der zweiten Hälfte des Jahrhunderts signifikant größer als in der ersten.

Man kann die Auswirkungen des Klimawandels an einem Phänomen ablesen, das Klimawissenschaftler ziemlich verwirrend als globale Temperaturanomalien bezeichnen. Diese Anomalien spiegeln wider, wie Temperatur gemessen wird. Es ist ganz in Ordnung zu fragen, wie die Durchschnittstemperatur des gesamten Planeten variiert, aber wie bestimmt man die Durchschnittstemperatur eines so großen Körpers wie der Erde, auf der die Wetterbedingungen zu einem gegebenen Zeitpunkt so stark schwanken? Es ist tatsächlich nicht möglich, einen sinnvollen Durchschnitt für die ganze Welt zu berechnen. Nicht zuletzt deshalb, weil es keine ausreichend breite und dichte Verteilung von Wetterstationen auf der gesamten Erdoberfläche gibt, um die Messungen vorzunehmen, die dazu nötig wären.

Stattdessen benutzen Klimaforscher ein Messverfahren, das nicht auf einem absoluten Wert, sondern auf einer relativen Variation beruht, die sie als Temperaturanomalie bezeichnen (was man als seltsame Temperatur interpretieren könnte, doch „Anomalie" meint hier Variation). Wenn sie auf solche Anomalien stoßen, vergleichen Klimaforscher Durchschnittstemperaturen für eine beliebige spezielle Zeitspanne mit den Langzeit-Durchschnittswerten, die von denselben Wetterstationen gemessen wurden. Auf diese Weise sticht jede Variation (Anomalie) in der Durchschnittstemperatur aus dem Rest der Daten heraus.

Das ist der Hauptgrund dafür, dass es eine gewisse Variation bei den Vergleichen der Durchschnittstemperaturen gibt, die von verschiedenen klimaüberwachenden Organisationen weltweit veröffentlicht werden, denn die Größe der Anomalie hängt von der Langzeitperiode ab, die zum Vergleich dient, und einige Organisationen haben sich für unterschiedliche Zeiträume entschieden. Das führt dazu, dass sie nicht unbedingt einer Meinung sind, wenn es zum Beispiel darum geht, welches Jahr das wärmste in der Geschichte der Aufzeichnungen war – doch alle stimmen

Globale Temperaturanomalien

Temperaturabweichung vom Durchschnitt 1951–1980 in Grad Celsius. Die schwarze Linie zeigt einen laufenden 5-Jahres-Durchschnitt, um die Ausschläge zu glätten.

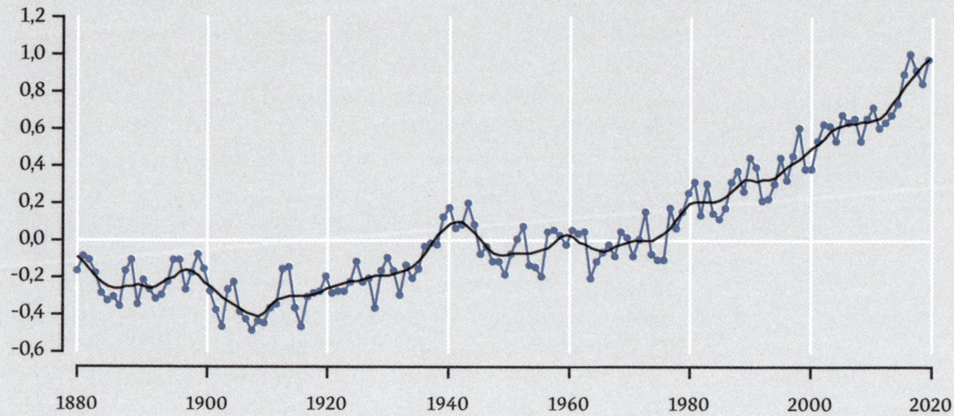

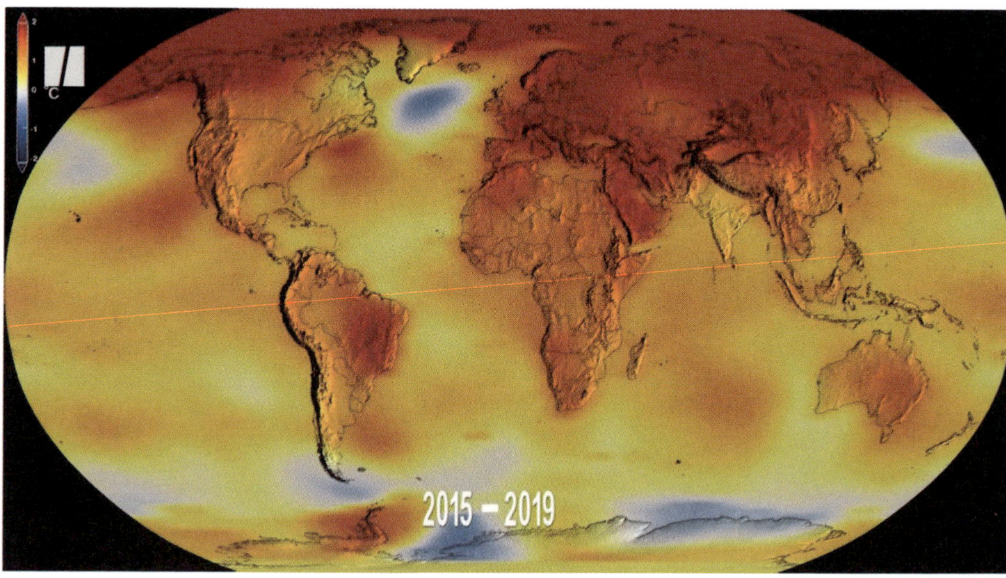

überein, dass die Dekade seit 2010 die wärmste seit Beginn der Aufzeichnungen war, wie auch schon das Jahrzehnt davor.

Weitaus fragwürdiger ist die Genauigkeit von Modellen, die vorhersagen, welche Auswirkung diese Erwärmung auf die Umwelt haben wird, denn die Anzahl der Variablen ist riesig, vom komplexen Einfluss der Wolkendecke bis zum Schmelzen der Eisbedeckung. Die Auswirkungen von Bewölkung sind besonders schwierig zu modellieren, denn je nach Höhe können Wolken das Niveau der globalen Erwärmung entweder erhöhen oder senken (hohe Wolken hindern von der Erde abgestrahlte Wärme daran, ins All zu entkommen; niedrig hängende Wolken, die dicker sind, reflektieren mehr Sonnenenergie, bevor sie die Erde erreicht), und es gibt keine vernünftige Möglichkeit, ihren Beitrag in ein Computermodell einzubauen.

Dies im Hinterkopf, sei gesagt, dass die besten Modelle recht effektiv darin sind, die Vergangenheit „vorherzusagen“. Wenn man sie mit früheren Daten füttert, dann passen ihre „Vorhersagen“ einigermaßen gut zu dem, was in den letzten 100 Jahren klimatologisch geschehen ist – und diese Modelle haben daher auch eine faire Chance, für die Zukunft zu stimmen. Und es gibt keinen Zweifel, dass eine Erwärmung stattfindet, an der der Mensch seinen Anteil hat. Uneinigkeit zwischen den einzelnen Modellen gibt es nur bei der Frage, wie rasch unser Beitrag die Erde aufheizt. Wie Wettermodelle nutzen Klimamodelle zahlreiche Durchgänge, um zu schauen, wie empfindlich die Modelle auf Variablen reagieren (siehe „Ensemblelösungen“, S. 109), doch das chaotische System spielt hier eine weniger große Rolle, denn die Klimamodelle treten einen Schritt zurück, um das große Ganze zu sehen, und brauchen sich nicht mit den detaillierten Wechselwirkungen der Komponenten herumzuschlagen, die das Wetter formen.

Klimavorhersagen sprechen dafür, dass relativ kleine Veränderungen der globalen Temperatur bedeutende Auswirkungen auf unser Alltagsleben haben können – doch der Verstärkungseffekt ist trivial im Vergleich zu Edward Lorenz’ anderem wichtigen Beitrag zur Chaosforschung: dem Schmetterlingseffekt.

←
Globale Temperaturanomalien 2015–2019
Vergleich von Land- und Wassertemperaturen mit dem Durchschnitt 1951–1980. Regionen, die wärmer als normal sind, sind rot, kühlere blau.

Der Schmetterlingseffekt

Die meisten von uns sind mit einer Variante des Titels von Lorenz’ ursprünglichem Vortrag vertraut, der dem Konzept seinen Namen geben sollte: „Kann der Flügelschlag eines Schmetterlings in Brasilien einen Tornado in Texas auslösen?“ Die Idee ist einfach. Die Chaostheorie lehrt uns, dass eine kleine Abweichung in den

Anfangsbedingungen zu einer großen Veränderung des Ergebnisses führt. Könnte diese Abweichung so winzig sein wie der Flügelschlag eines Insekts, und könnte dies zu einem so gewaltigen Ergebnis wie einem Tornado führen, der, Tausende von Kilometern entfernt, verheerende Zerstörungen anrichtet?

Was in der Regel vergessen wird, ist, dass Lorenz diese Frage mit „nein" beantwortete. Es gibt „klein" und „lächerlich klein". Was klein im Sinne eines Wettersystems ist, ist noch immer recht groß im Vergleich zu dem Luftstrom, den der Flügelschlag eines Schmetterlings hervorruft. Solche sehr geringen Inputs werden in der Regel in einem komplexen System gedämpft und klingen ab, statt verstärkt zu werden. Was das betrifft, so ist ein Tornado ein lokalisiertes Wettergeschehen, auf das Effekte aus jedweder Entfernung nur begrenzten Einfluss haben. Lorenz' grundlegendes Konzept, nach dem kleine Unterschiede große Veränderungen im Ergebnis nach sich ziehen können, war jedoch nicht falsch.

Trotz der Übertreibung bleibt der „Schmetterlingseffekt" eine sehr eindringliche Erinnerung an die zentrale Botschaft des Chaos – nämlich, dass eine kleine Veränderung der Anfangsbedingungen zu großen Veränderungen „weiter unten" im System führen kann. Das ist etwas, dessen wir uns wirklich bewusst sein sollten, denn so etwas begegnet uns im Alltag ständig. Der Film *Sliding Doors* (dt. *Sie liebt ihn – sie liebt ihn nicht*) aus dem Jahr 1998, in dem die Hauptperson zwei mögliche zukünftige Lebenswege hat, je nachdem, ob sie einen bestimmten Zug der Londoner U-Bahn erreicht oder nicht, ist dafür ein gutes Beispiel. Bei uns allen gibt es sehr kleine Ereignisse im Leben, die einen großen Einfluss auf spätere Ergebnisse haben – zumindest in dieser Hinsicht ist es nicht unplausibel, unser Leben als chaotisch zu bezeichnen.

Der Titel des Vortrags, von dem Lorenz später behauptete, er sei von einem Kollegen erfunden worden, weil er selbst nicht rechtzeitig mit einem Vorschlag aufwartete, war eine provokante Erinnerung daran, auch wenn der Titel nicht wörtlich genommen werden sollte. Man sollte zudem beachten, dass Wetter zwar ein chaotisches System ist, das von Lorenz ursprünglich untersuchte System aber nicht Chaos im Wetter selbst war, sondern in einem Computermodell des Wetters. Manchmal können Probleme mit dem Wetterbericht aus einer irrigen Vorhersage resultieren, die nicht unbedingt spezifisches Chaos im Wettersystem selbst widerspiegelt. Zum Glück gibt es eine Möglichkeit, mit der Vorhersage von Chaos umzugehen, die bei Beiträgen beiden Typs hilfreich sein kann.

Die Transformation der Meteorologie

„Die Leute achten niemals auf den Wetterbericht; das ist meiner Meinung nach ein konstanter Faktor in der psychologischen Veranlagung des Menschen, die vielleicht in einem uralten Misstrauen dem Schamanen gegenüber wurzelt. Man will, dass sie sich irren. Wenn sie recht haben, dann sind sie überlegen, und das ist noch unangenehmer, als nass zu werden."
Roger Zelazny, 1937–1995

Langfristige Voraussagen? Vergessen Sie's!
Seitdem erstmals Wettervorhersagen veröffentlicht wurden, war unsere Beziehung zu ihnen gespalten. Historisch waren sie nur allzu oft falsch. Berühmt-berüchtigt in Großbritannien ist der Auftritt des TV-Meteorologen Michael Fish, der am Abend des 15. Oktobers 1987 vor die Kamera trat und die Zuschauer beruhigte: „Anscheinend hat heute früh eine Frau die BBC angerufen und gesagt, sie habe gehört, ein Hurrikan sei im Anmarsch. Nun, wenn Sie gerade zuschauen, machen Sie sich keine Sorgen, es kommt keiner." Einige Stunden später rollte einer der schlimmsten Stürme über einen Großteil Englands, den das Land in den letzten 300 Jahren erlebt hatte: 18 Menschen starben, rund 15 Millionen Bäume wurden entwurzelt und es gab verheerende Schäden an Fahrzeugen, Eigentum und Infrastruktur wie auch bei wildlebenden Tieren.

Der Irrtum in Fishs Vorhersage war ein Extremfall, doch Wettervorhersagen waren damals wegen ihrer Ungenauigkeit oft Gegenstand von Witzeleien. Seit den 1980er-Jahren hat sich die Qualität von Vorhersagen über die nächsten fünf Tage enorm verbessert, doch es ist bizarr, dass trotz Lorenz' Entdeckung bis heute Langzeitprognosen veröffentlicht werden – vielleicht eine Reaktion auf unseren Wunsch, in die Zukunft zu blicken.

Aus Lorenz' Arbeit ging klar hervor, dass es *niemals* möglich sein würde, das Wetter mehr als zehn Tage einigermaßen zuverlässig vorherzusagen. Wenn Sie das nächste Mal mehrere Monate im Voraus hören, dass es einen besonders heißen Sommer oder heftigen Schneefall im Winter geben wird, denken Sie daran, dass es deutlich genauer wäre zu berichten, welche Bedingungen in einer bestimmten Jahreszeit gewöhnlich vor Ort herrschen, als sich an einer Langzeitprognose zu versuchen, die auf einem chaotischen System basiert.

Als Lorenz die Auswirkungen des Chaos verstanden hatte, erkannte er sofort, wie lächerlich Langzeitprognosen waren. Er führte das so aus:

„Wir waren sicherlich nicht besonders erfolgreich bei Langzeitprognosen, und nun haben wir eine Entschuldigung. Ich denke, einer der Gründe, warum die Leute dachten, es wäre möglich, das zukünftige Wetter so weit vorherzusagen, ist, dass es reale physikalische Phänomene gibt, die man hervorragend vorhersagen kann, wie Eklipsen, bei denen die Dynamik von Sonne, Mond und Erde recht komplex sind, und wie die Gezeiten der Meere ... Gezeiten sind tatsächlich genauso kompliziert wie die Atmosphäre. Beide enthalten periodische Komponenten – man kann vorhersagen, dass der nächste Sommer wärmer wird als der Winter. Doch beim Wetter verhalten wir uns so, als wäre uns *das* bereits bekannt. Bei den Gezeiten ist es der vorhersehbare Teil, der uns interessiert, und der unvorhersehbare Teil ist klein, es sei denn, es gibt einen Sturm."

Ensemblelösungen

Gegen Ende des 20. Jahrhunderts kam es beim Erstellen der computerisierten Wettervorhersage zu einer großen Veränderung, die zu einer signifikant höheren Präzision bei Vorhersagen über die nächsten 24 Stunden bis fünf Tagen führte. Die früheren Computervorhersagen hatten an einem einzigen Bild gearbeitet, um ihre Prognose zu erstellen. Die Meteorologen ließen das Modell durchlaufen und heraus kam das Ergebnis, das die zukünftige Entwicklung des Wettersystems beschrieb. Das Problem ist, dass Wettersysteme, wie wir inzwischen wissen, stark abhängig von den exakten Anfangsbedingungen sind, daher war irgendeine bestimmte Prognose mit hoher Wahrscheinlichkeit falsch.

Heute, da Meteorologen über erheblich mehr Computerleistung verfügen, lassen sie ein Modell viele Male durchlaufen, jedes Mal mit subtilen kleinen Veränderungen, die die Unsicherheiten in den Daten und in der Wetterentwicklung widerspiegeln. Das

←
Ebbe, Oregon
Anders als das Wetter ändern sich die Gezeiten zweimal täglich, was ihr Verhalten deutlich vorhersehbarer macht.

European Centre for Medium-Range Weather Forecasts (Europäische Zentrum für mittelfristige Wettervorhersage) im englischen Reading, beispielsweise, das allgemein als das beste der Welt gilt, liefert international solche „Ensemble"-Vorhersagen; in der Regel lassen die Meteorologen pro Tag auf einer ganzen Reihe Supercomputer 50 Vorhersagen durchlaufen, die alle hinsichtlich ihrer Parameter leicht variieren. Die Ergebnisse mit ähnlichen Resultaten werden zusammengefasst, um die wahrscheinlichste Vorhersage herauszufinden.

Supercomputer
Ein großer, spezialisierter Computer, der häufig zur Wetterprognose eingesetzt wird und in der Regel über Tausende von Prozessoren verfügt, die ihm außerordentlich rasche Berechnungen erlauben.

Der Ensemble-Ansatz ermöglicht, sich ein viel besseres Bild von der Wahrscheinlichkeit verschiedener auftretender Wetterereignisse zu machen, und aus diesem Grund tauchen Wahrscheinlichkeiten (beispielsweise „eine 40-prozentige Regenwahrscheinlichkeit zwischen 11 Uhr und Mittag") inzwischen viel öfter in Wettervorhersagen auf. Wahrscheinlichkeiten können jedoch auch Verwirrung stiften: Diese Aussage soll nicht heißen, dass es an 40 Prozent der abgedeckten Regionen oder in 40 Prozent der Zeitspanne regnen wird, auf die sich die Vorhersage bezieht. Sie besagt, dass 40 Prozent der Modelldurchläufe irgendwann in dieser Zeitspanne für diese Region Regen voraussagen.

Infolge besserer Modelle und Ensemble-Vorhersagen ist es zu einer stillen Revolution gekommen. Noch vor 30 Jahren waren Vorhersagen häufiger falsch als richtig. Heutzutage sind Kurzzeit-Vorhersagen sehr viel zuverlässiger. Wir haben uns an diese Veränderung gewöhnt und grummeln trotzdem noch immer, wenn eine Vorhersage nicht stimmt – doch wir haben weitaus seltener Grund zur Klage als in der Zeit, bevor Ensemble-Prognosen eingeführt wurden. Dank exzellenter Satellitenbeobachtung und moderner Vorhersagemethoden und -techniken sind Prognosen von 24 Stunden meist richtig und über drei bis fünf Tage weitgehend zuverlässig, aber alles, was diese Zeitspanne übersteigt, sind kaum mehr als Mutmaßungen.

Langzeitprognosen bleiben eher eine Sache der Schwarzen Kunst als der Wissenschaft, denn das Veränderungspotenzial über eine längere Zeitspanne ist zu groß. Viele Langzeitprognosen sind ganz einfach schlecht, egal, wie viel Computerleistung dahintersteht. Die meisten von uns haben sich auf einen versprochenen tollen Sommer gefreut, nur um feststellen zu müssen, dass das Wetter floppte. Es hat fast den Anschein, als seien Langzeitprognosen häufiger falsch als richtig.

→
Zugbahn-Prognose von Hurrikan Katrina
Ensemble-Prognose, die die Wahrscheinlichkeit verschiedener Zugbahnen von Hurrikan Katrina im August 2005 zeigt.

Unter anderem lässt sich das Wetter langfristig auch deshalb nicht mit einiger Genauigkeit vorhersagen, weil eine Langzeitprognose nur eine grobe Vorstellung liefern kann und das lokale Wetter sich manchmal deutlich vom nationalen Durchschnitt unterscheidet. Aber wie wir gesehen haben, ist es zudem unmöglich, richtig zu liegen, wenn man ein chaotisches System wie das Wetter so weit in die Zukunft extrapoliert. In dem Bewusstsein, dass „die Bedingungen, die zu dieser Zeit des Jahres wahrscheinlich sind" unsere beste Chance für eine zutreffende Vorhersage sind, haben sich die Dinge in den letzten zwei Jahrzehnten verbessert, denn heute verstehen wir großräumige und langlebige Wetterphänomene wie El Niño besser (Teil eines langfristigen Wetterzyklus, bei dem eine warme Wasserströmung aus dem äquatorialen Pazifik ungewöhnlicherweise ostwärts nach Südamerika zieht und das Wetter in einer großen Region eine ganze Saison lang beeinflussen kann).

Die Wettervorhersage als Disziplin rief einen neuen mathematischen Forschungszweig in Form der Chaos-Mathematik ins Leben. Im Laufe der Zeit sollten Untersuchungen auf diesem Gebiet völlig neue seltsame Phänomene ans Licht bringen – beginnend mit Situationen, in denen Chaos kurioserweise für Ruhe sorgt.

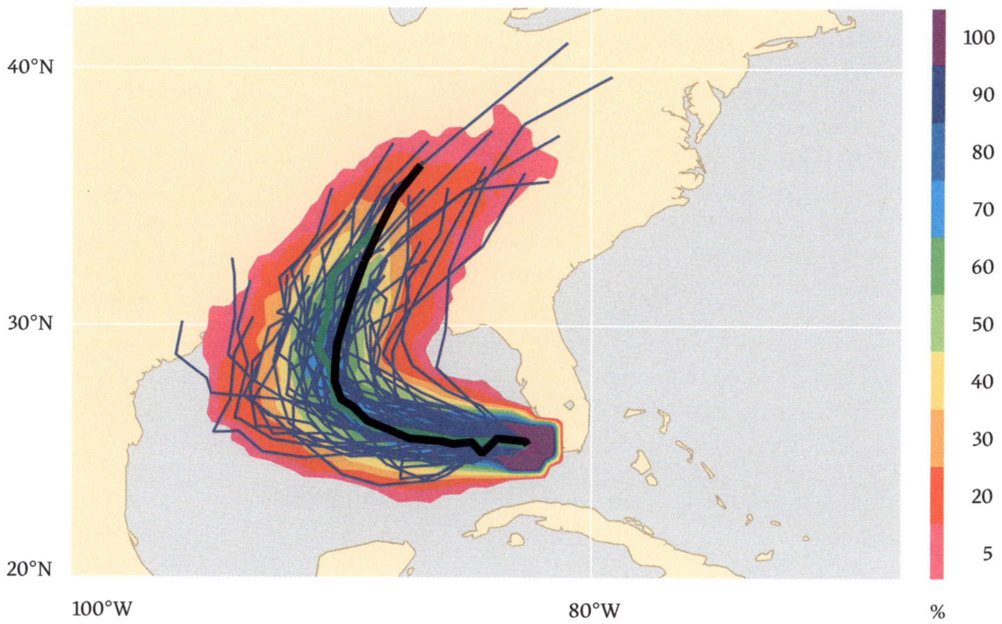

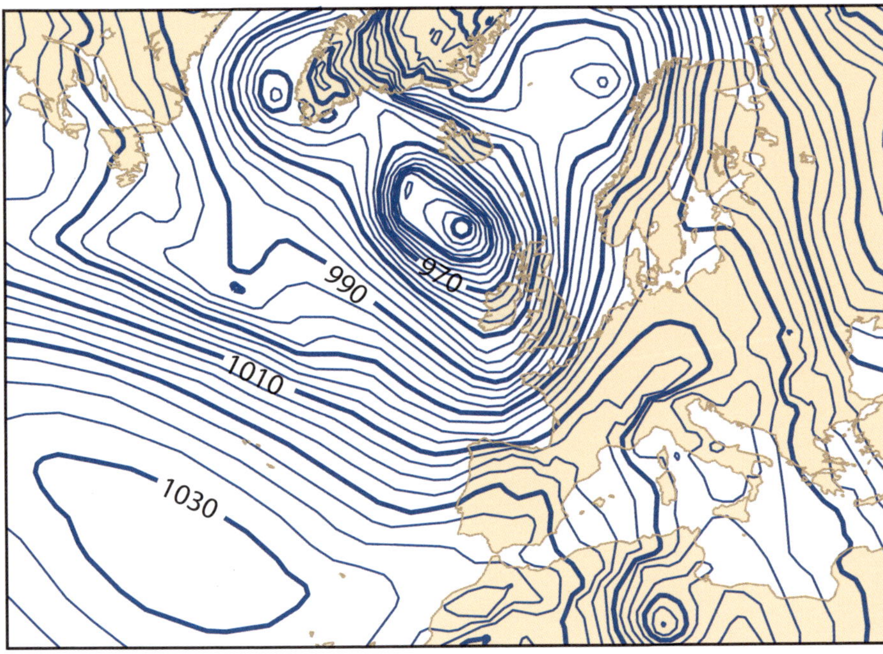

Startzeitpunkt

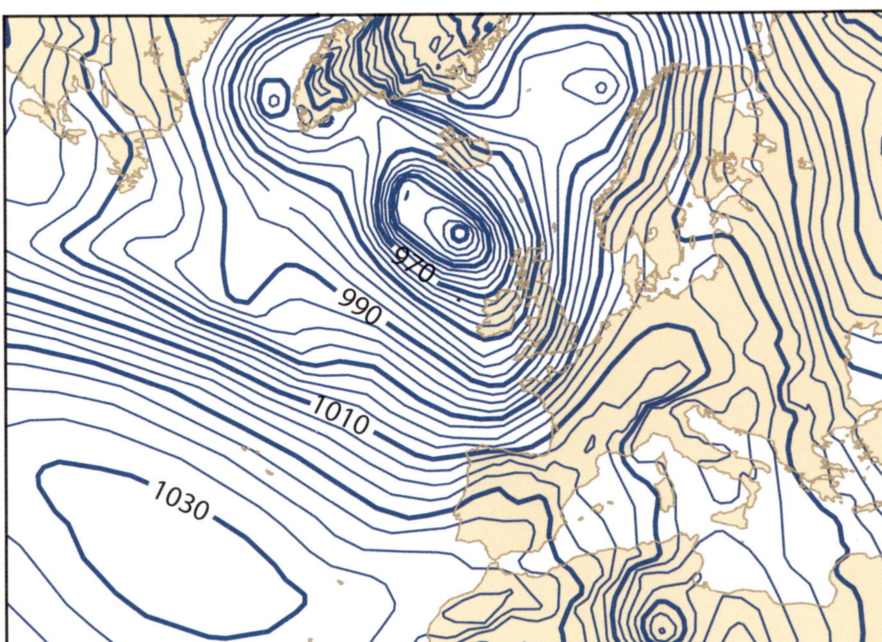

Startzeitpunkt

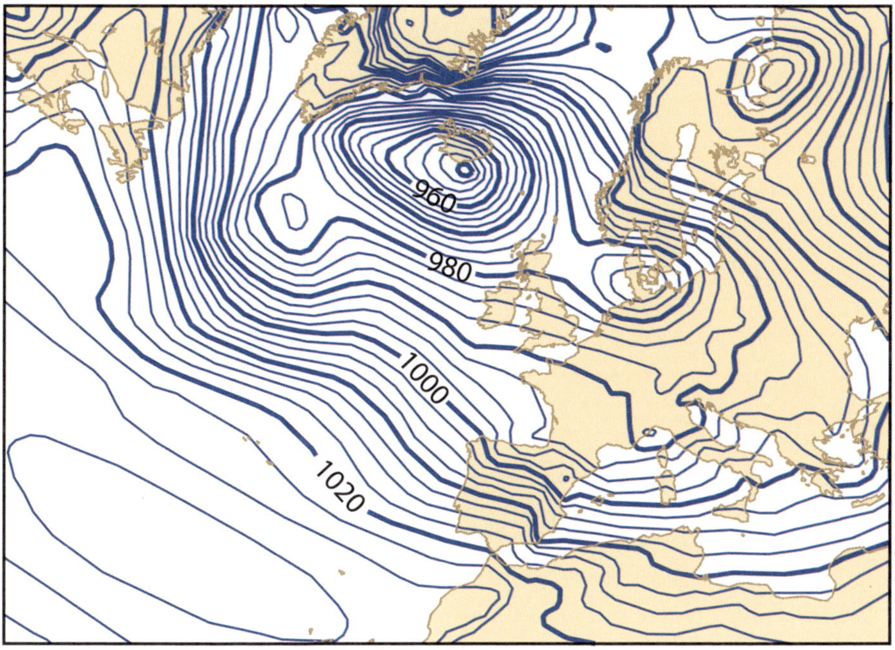

48-Stunden-Prognose

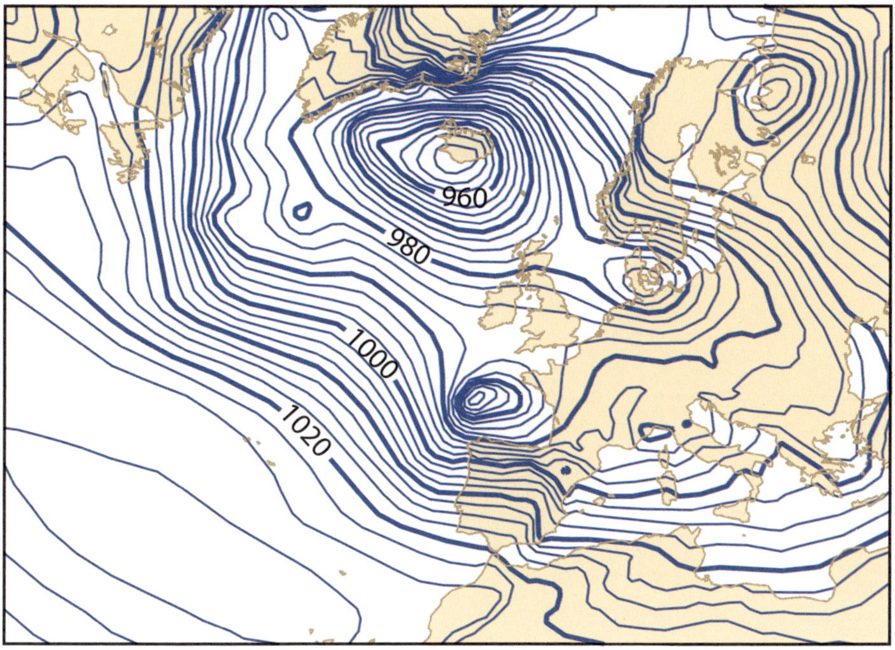

48-Stunden-Prognose

ECMWF-Ensemble-Prognosen
Ensemble-Prognosen des European Centre for Medium-Range Weather Forecasts verwenden 50 leicht unterschiedliche Anfangsbedingungen. Hier zeigen zwei, die sich auf den Atmosphärendruck beziehen, wie man zu sehr unterschiedlichen 48-Stunden-Prognosen kommen kann, obgleich die Startbedingungen fast identisch sind.

4
Seltsame Attraktoren und unmessbare Entfernungen

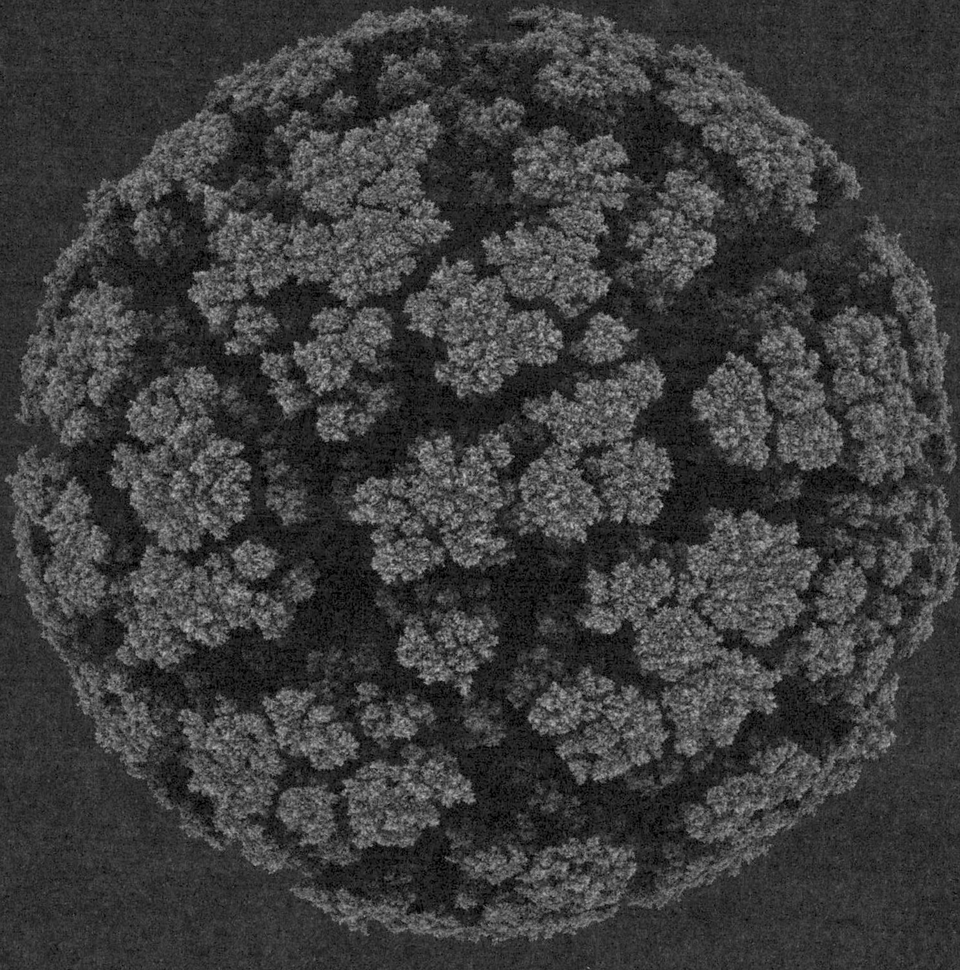

Inseln und Anziehung

„Ich habe das Gefühl, dass Kunst etwas mit dem Erreichen von Stille inmitten des Chaos zu tun hat."
Saul Bellow, 1915–2005

Ruhe im Chaos
Wenn man sich anschaut, wie schnell ein chaotisches System aus dem Ruder laufen kann, so könnte man leicht auf die Idee kommen, dass chaotisches Verhalten, wenn es einmal eingesetzt hat, nicht wieder aufhört. Reale chaotische Systeme können jedoch aus der scheinbaren Anarchie wieder Ordnung schaffen. Das vielleicht nächstliegende Beispiel ist wieder das Wetter, bei dem zum Beispiel starke Winde plötzlich völlig abflauen können.

Ein einfaches chaotisches System, bei dem dies vorkommt, wird als „Periodendopplungssystem" bezeichnet. Solche Systeme können sich durch Veränderung eines treibenden Faktors (Kontrollparameter genannt) immer wieder neu in zwei Richtungen entwickeln bzw. verzweigen. Die Anzahl der Zustände, zwischen denen das System in seiner zeitlichen Entwicklung springt – die Periode –, verdoppelt sich bei jeder Verzweigung, was den Systemen ihren Namen gibt. Schließlich stehen dem System so viele Zustände zur Verfügung, dass das Verhalten chaotisch wird. Obwohl das System selbst chaotisch ist, wird der Zeitraum zwischen den einzelnen Übergängen extrem klein, sodass das Ergebnis praktisch kontinuierlich ist und sich nicht von einer gleichmäßigen, stabilen Fortentwicklung unterscheiden lässt.

→
Rote Blutzellen
Diese Zellen (rasterelektronenmikroskopische Aufnahme) leben nur wenige Monate und werden ständig in einem Prozess mit Periodendopplung ersetzt.

Ein vertrautes Beispiel für solch ein System ist das Tropfen eines Wasserhahns. Bei einem sehr leichten Tröpfeln fallen die Tropfen in der Regel gleichmäßig herab. Bei einem etwas stärkeren Wasserdurchfluss tröpfelt der Wasserhahn auf zwei unterschiedliche Weisen: Tröpfeln 1, Tröpfeln 2, Tröpfeln 1… Bei ein wenig mehr Wasser entstehen aus den zwei Tröpfelweisen jeweils zwei neue

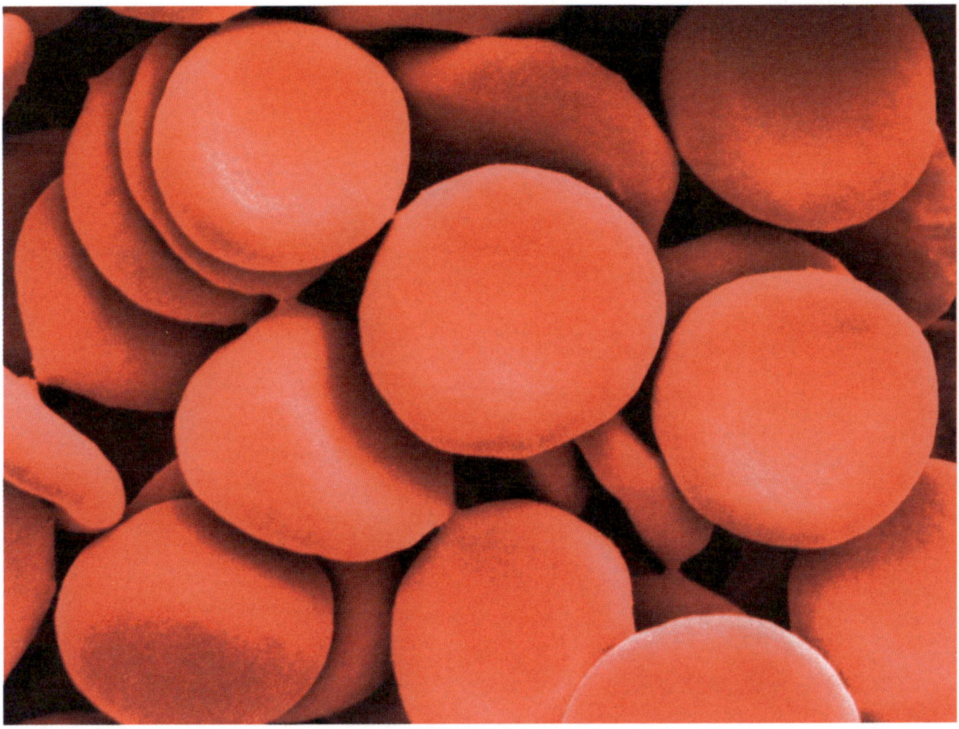

und man erhält: Tröpfeln 1, Tröpfeln 2, Tröpfeln 3, Tröpfeln 4, Tröpfeln 1… und so weiter; bald schon fallen die Tropfen so häufig, dass sich ein kontinuierlicher Fluss einstellt. Viele verschiedene Systeme verhalten sich so, zum Beispiel die Blutzellenproduktion und die Räuber-Beute-Beziehung in der Natur oder die Wechselwirkung elektronischer Oszillatoren in der Physik. Diese Systeme können durch verschiedene, aber relativ einfache Gleichungen beschrieben werden.

Wie der amerikanische Physiker Mitchell Feigenbaum entdeckte, spielt die Gleichung, die das System beschreibt, bemerkens-

werterweise keine Rolle; alle diese Periodendopplungssysteme besitzen offenbar im Kern eine universale Konstante. Jedes Mal, wenn sich die Anzahl der möglichen Moden (Zustände) aufspaltet, muss sich der treibende Faktor der Verzweigung (Temperatur, Wasserdruck oder eine andere Variable) um einen kleineren Betrag ändern als zuvor. Bei jedem Schritt schrumpft die Änderung um den Faktor 1/4,669. In der Natur gibt es nur wenige universelle Konstanten, wie etwa die Kreiszahl Pi, und die „Feigenbaum-Konstante" von ungefähr 0,2142 ist offenbar eine weitere.

Chaos in der Ruhe

Ein ähnlicher, aber scheinbar umgekehrter Effekt kann auftreten, wenn einige nicht-chaotische Systeme unter Druck geraten. Es gibt Systeme, von denen man erwarten könnte, dass sie sich in vorhersehbarer ruhiger Weise entwickeln, doch eine plötzliche starke Veränderung in ihrer Umgebung kann sie ins Chaos stürzen. Die Arbeit, in der der Begriff „Chaos" erstmals erwähnt wurde, war nicht Lorenz' Wetterphänomen (siehe S. 95), sondern eine spätere Studie des australischen Biologen Robert May über Tierpopulationen (siehe Kapitel 6).

Nachdem May zu seiner Überraschung festgestellt hatte, dass Populationen, die oberhalb einer bestimmten Wachstumsgeschwindigkeit zunahmen, eine chaotische Zu- und Abnahme zeigten, begann er, nach anderen Bereichen in der natürlichen Welt Ausschau zu halten, wo Chaos Auswirkungen haben konnte. Zu einer großen Überraschung kam es auf dem Gebiet der Krankheitsausbrüche. Beobachtungen zufolge konnten diese Ausbrüche große Schwankungen aufweisen, was die Zahl der Infizierten anging: Hier ergab sich die Möglichkeit, sein neues Verständnis der Mathematik des Chaos anzuwenden.

Genau wie eine Population in einen chaotischen Zustand geraten kann, die rapide wächst, entdeckte May, kann dies auch für die Verbreitung von Krankheiten gelten, wenn es zu einer plötzlichen, starken Veränderung kommt. Und das gilt auch für die Auswirkung von Impfungen. Obwohl man erwarten würde, dass die Fallzahlen einer Krankheit nach der Einführung eines umfassenden Impfprogramms rapide abnehmen und sich auf einem niedrigen Level einpendeln, zeigte die Mathematik, dass die Inzidenz zunächst in der Regel eine chaotische Phase durchläuft, bevor sie auf ein niedriges Niveau abflacht.

←
Tropfender Wasserhahn
Statt stetig zu fallen, zeigen die Tropfen eine Periodendopplung.

Entgegen aller Erwartungen kann es daher vorkommen, dass sich die Anzahl der Infektionen mit Beginn eines Impfprogramms plötzlich sprunghaft erhöht. Ohne eine Erklärung durch die Chaostheorie könnten Fachleute daher annehmen, die Impfung wirke nicht, oder sogar noch schlimmer, die Impfung infiziere manche Patienten. Das Verständnis der Chaosmathematik machte es zwar nicht leichter, tägliche Entwicklungen vorherzusagen, ermöglichte aber, das scheinbar abnorme Verhalten zu verstehen, und verringerte so die Wahrscheinlichkeit, dass ein erfolgreiches Impfprogramm zu früh abgebrochen wurde.

Unheimliche Anziehungskraft

Obwohl Chaos scheinbar keinerlei Organisation besitzt, zeigen chaotische Systeme in der Praxis normalerweise eine innere Struktur oder sie verhalten sich so, dass nach einem anfänglich wilden, chaotischen Verhalten eine große Bandbreite von Ausgangslagen zu ähnlichen oder sogar denselben Endergebnissen führt. Dieses Phänomen wird als „Attraktor" bezeichnet.

Ein physikalisches Beispiel für einen Attraktor ist ein flacher Tisch mit Kuhle. Wenn kleine Bälle relativ langsam über den Tisch rollen, können sie durch die Reibung an jeder Stelle des Tisches zur Ruhe kommen. Jeder Ball jedoch, der über den Rand der Kuhle rollt – unabhängig, aus welcher Richtung –, rollt weiter in Richtung der Vertiefung, und es sammeln sich Bälle in dieser Vertiefung an. Die Kuhle wirkt als Attraktor. In diesem Fall liegt der anziehenden Kraft der Kuhle die Gravitation zugrunde; man könnte aber auch andere Kräfte verwenden – zum Beispiel einen Magneten, der Stahlkugeln aus einem Kugellager anzieht –, oder in einem System von wechselwirkenden Komponenten kann es einfach die Dynamik des Systems sein, die dazu führt, dass sich ein Attraktor ausbildet.

Fraktal
Eine mathematisch abgeleitete Form, in der kleine Teile dem größeren Ganzen optisch ähnlich sind. In der Natur häufig, zum Beispiel bei Pflanzen, Wolken und Küstenlinien.

Ein besonderer Typ Attraktor, den die Chaostheorie hervorgebracht hat, ist der sogenannte seltsame Attraktor. Es handelt sich dabei um einen Attraktor, der selbstähnliche Teile besitzt – er ist fraktal (mehr zu Fraktalen später). Der Begriff „seltsamer Attraktor" wurde zuerst in einer Arbeit des belgischen Physikers David Ruelle und des niederländischen Mathematikers Floris Takens über Turbulenzen verwendet.

Die seltsame Welt des Phasenraums

„Die Mathematik schafft mit solchen physikalischen Gedanken neue Vorstellungen, die für den gebildeten Verstand nahezu fühlbar, aber doch weit entfernt von den direkten alltäglichen und physikalischen Erfahrungen sind. Sagen wir mal, dass sich die Bewegung von Planeten im Sonnensystem für einen Mathematiker wie Stromlinien einer inkompressiblen Flüssigkeit im 54-dimensionalen Phasenraum darstellt."
Yuri Manin, geb. 1937

Hinein in den Phasenraum
Um zu verstehen, wie Attraktoren (und viele der Diagramme, die zur Illustration von Chaos dienen) oft dargestellt werden, müssen wir eine Reise in den sogenannten Phasenraum antreten. Mathematiker und Physiker stellen häufig etwas, das in der wirklichen Welt passiert, in einer imaginären, mathematischen Welt dar, in der man beispielsweise für alles, was sich in der wirklichen Welt ändern kann, eine eigene Dimension hat. Diese Dimensionen stellen nicht den gewohnten Raum dar, sondern die Werte von Eigenschaften, die Objekte annehmen können.

Wir können das vertraute Pendel als Beispiel verwenden. In der wirklichen Welt bewegt sich das Pendel einfach von einer Seite zur anderen. Es gibt jedoch eine ganze Reihe von Möglichkeiten, diese Bewegung mathematisch darzustellen. Bei einer vertrauten Darstellungsweise, die häufig in der Physik verwendet wird, wird die Position des Pendels im Raum durch eine Dimension dargestellt und die Position in der Zeit durch eine andere. Streng genommen, sollte eine solche Darstellung vierdimensional sein, da sie alle drei räumlichen sowie eine zeitliche Dimensionen zeigt. Für Mathematiker ist das kein Problem, sie können mit beliebig vielen Dimensionen arbeiten. Um die Dinge zu vereinfachen, kann man jedoch häufig zwei der drei räumlichen Dimensionen ignorieren und die Bewegung eines Pendels einfach als die Position des Pendels in seiner Bewegungsrichtung von links nach rechts in Abhängigkeit von der Zeit auftragen.

Das Ergebnis ist eine Sinuskurve – eine bekannte Wellenform, die den zeitlichen Verlauf der Seitwärtsbewegung beschreibt. Das ist aber nicht die einzige Möglichkeit, das Geschehen in den mathematischen Raum zu übertragen. Der Begriff „Phasenraum" umfasst alle möglichen Varianten, um auszudrücken, was in einem System geschieht, indem man den Dimensionen des Phasenraums verschiedene Eigenschaften zuordnet. Häufig wird ein zweidimensionaler Phasenraum genutzt, um die Eigenschaften Ort und Impuls (Masse mal Geschwindigkeit) zu beschreiben, zwei zentrale Messgrößen für die Physik eines sich bewegenden Systems. Jeder Punkt in einem Phasenraumdiagramm stellt Impuls und Ort des Systems zu einem bestimmten Zeitpunkt dar. So kann ein Phasenraumdiagramm des Pendels beispielsweise den Impuls des Pendels, aufgetragen gegen seinen Ort im Raum, zeigen. Beide Eigenschaften wechseln nahtlos vom Positiven zum Negativen, während das Pendel Richtung und Ort ändert. (Die Masse ändert sich nicht, der Impuls hängt also allein von der Geschwindigkeit ab; diese könnte man zum Beispiel als positiv bezeichnen, wenn sich das Pendel von links nach rechts bewegt, und als negativ, wenn es von rechts nach links schwingt.) Das Ergebnis ist ein elliptisches Phasenraumdiagramm; allerdings wird es häufig durch die Wahl der entsprechenden Einheiten kreisförmig.

Ohne regelmäßig angestoßen zu werden, schwingt ein reales Pendel natürlich nicht dauerhaft. Daraus folgt, dass ein realistischeres Phasenraumdiagramm eines realen Pendels eine Spirale beschreibt, die sich sehr langsam zur Mitte des Diagramms hin bewegt. Der Punkt in der Mitte ist ein Attraktor. Durch den konstanten Energieverlust via Reibung wird das System schließlich immer an diesem Punkt im Phasenraum enden.

In der Praxis benötigen viele Phasenraumdiagramme mehr als zwei Dimensionen, da mehr als zwei Parameter nötig sind, um das Geschehen zu beschreiben. Bis zu drei Dimensionen kann man noch gut grafisch darstellen, aber ab dann wird es problematisch. Eine Möglichkeit, eine weitere Dimension abzubilden, ist eine farbliche Darstellung; so kann eine weitere Dimension für jeden Punkt durch die Position im Farbspektrum hinzugefügt werden. Das Ergebnis kann ein beeindruckend schönes Diagramm sein.

Pendel im Phasenraum
Das Pendel schwingt von einer Seite zur anderen. Die Zeitreihe zeichnet Ort oder Geschwindigkeit gegen die Zeit auf, während das Phasenraumdiagramm hier Impuls aufgetragen gegen Ort darstellt.

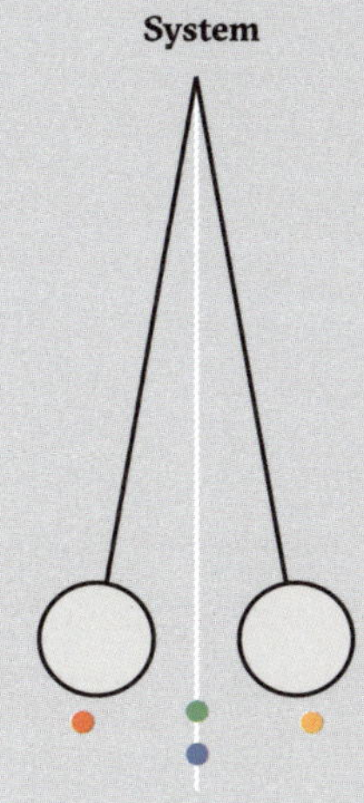

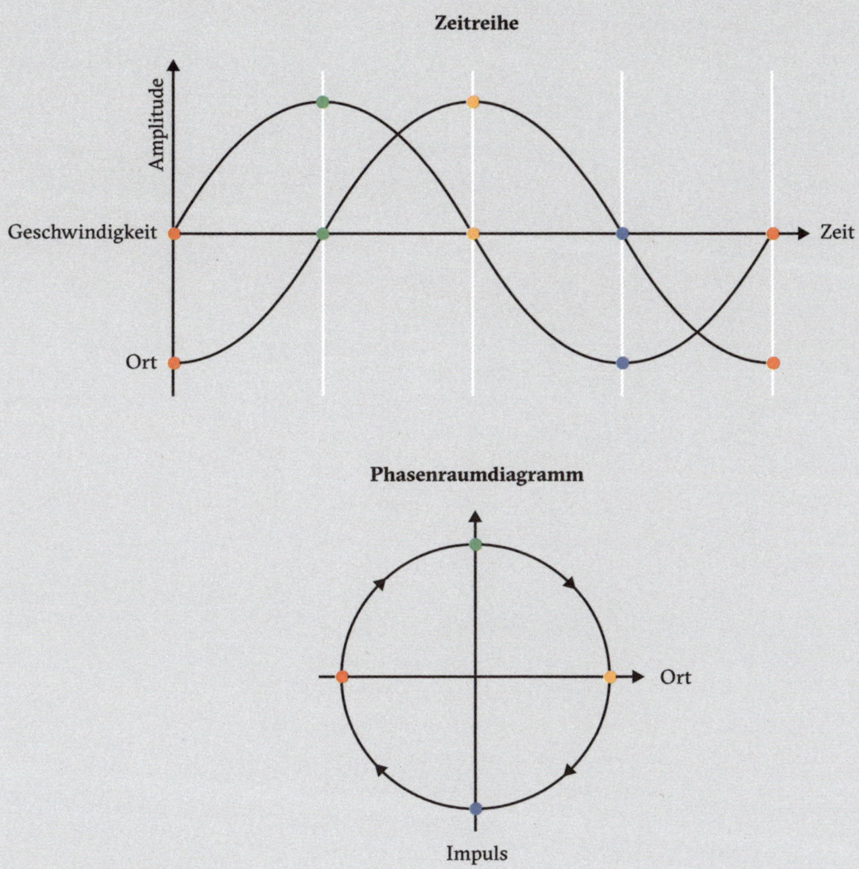

Phasenraumdiagramm eines realen Pendels
Ein reales Pendel verliert allmählich an Impuls und so entsteht ein Phasenraumbild, das im Zentrum einen Attraktor aufweist.

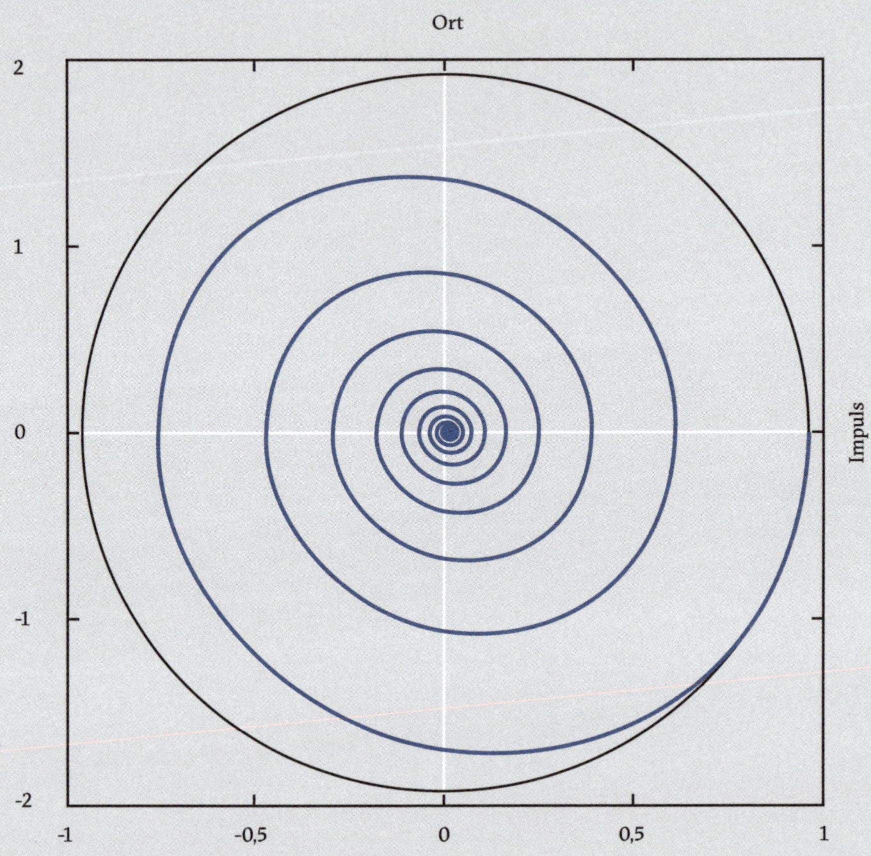

Bei den meisten Phasenraumdiagrammen chaotischer Systeme sind drei Dimensionen angesichts einer dreidimensionalen Perspektive in der Praxis nicht besonders viel; daher greift man auf eine ebene Kartenprojektion zurück, ähnlich einer Landkarte, mit der man die dreidimensionale sphärische Erdoberfläche abbildet. Auch wenn wir in der Regel eine einzige vertraute Projektion für Landkarten benutzen, gibt es noch viele andere Möglichkeiten – und ähnlich handelt es sich bei den im Chaos verwendeten Phasenraumdiagrammen in der Regel um einen bestimmten Schnitt durch die dreidimensionale Struktur, der eine von vielen Projektionsmöglichkeiten darstellt.

Schmetterlinge im Attraktor

Wenn ein System einen oder mehrere seltsame Attraktoren aufweist, bewegt es sich nicht in systematischer Weise auf sie zu, wie im Fall des sich verlangsamenden Pendels. Vielmehr führt die Existenz des seltsamen Attraktors zu einer komplizierten Bahn, die niemals denselben Punkt zweimal kreuzt. Wenn sie tatsächlich einen Punkt nochmals besuchen würde, würde die Bahn in eine regelmäßige Bewegung übergehen. Stattdessen gibt es unendlich feine Variationen im Phasenraum. Wie die Kochsche Schneeflocke (siehe unten), die zur Idee der Fraktale führte, ist das Phasenraumdiagramm unendlich lang, nimmt aber einen endlichen Raumbereich ein.

Der wohl bekannteste seltsame Attraktor ist der Lorenz-Attraktor, der aus einem Modell hervorging, das Lorenz für den atmosphärischen Effekt der Konvektion entwickelte (wo erwärmte Luft aufsteigt und sich von der Wärmequelle fortbewegt, wobei sie die Wärme mitnimmt). Wenn die Strömung relativ arm an Turbulenzen ist, bildet sich in der Regel nur ein einziger Attraktor. Wird die Luft turbulenter (wobei ein Faktor im Fluidstrom ansteigt, der als Raleigh-Zahl bezeichnet wird), entstehen in der Regel zwei Attraktoren. Mit den geeigneten Projektionen erzeugen diese Attraktoren eine Phasenraumstruktur, die im Aussehen entfernt an einen Schmetterling erinnern kann – was denjenigen gefällt, die sich an Lorenz' Schmetterlingseffekt erinnern.

Der wohl bekannteste Name auf diesem Gebiet untersuchte jedoch nicht das Wetter oder beschäftigte sich mit abstrakter Mathematik, sondern studierte das Preisverhalten auf dem Baumwollmarkt.

Der Lorenz-Attraktor
Viele der Phasenraumprojektionen dieses archetypischen chaotischen Attraktors, der von Edward Lorenz entdeckt wurde, ähneln passenderweise einem Schmetterling.

Selbstähnlichkeit

„Geografische Kurven sind so verwickelt in ihrem Detailreichtum, dass ihre Längen oft unendlich sind, oder genauer: undefinierbar. Viele sind jedoch statistisch „selbstähnlich", was bedeutet, dass jeder Abschnitt als verkleinertes Bild des Ganzen angesehen werden kann."
Benoît Mandelbrot, 1924–2010

Baumwollpreise mathematisch betrachtet
Das Verhalten der Finanzmärkte, insbesondere der Preis von Baumwolle, wurde in den 1960er-Jahren von dem in Polen geborenen amerikanischen Mathematiker Benoît Mandelbrot studiert. Die damalige Wirtschaftswissenschaft war einhellig der Meinung – was auch dem gesunden Menschenverstand entsprach –, dass sich längerfristig die Auswirkungen wichtiger externer Faktoren (z. B. Wirtschaft, Technologie, Finanzkrisen, Kriege und Modetrends) in den Preisen zeigen sollten, während sie kurzfristig eher der zufälligen Verteilung von steigenden und fallenden Preisen nach Art der glockenförmigen Normalverteilung folgen sollten, der wir bereits früher begegnet sind. Die realen Märkte verhielten sich jedoch ganz anders.

Dies war zuerst dem niederländisch-amerikanischen Ökonomen Hendrik Houthakker aufgefallen. Mandelbrot griff dies auf, als Houthakker ihn zu einem Vortrag einlud. Weil Baumwolle schon lange gehandelt wurde, konnte Mandelbrot viele Daten aus mehr als 100 Jahren zusammentragen. Klarheit über kurze Zeiträume bei chaotischen Systemen zu erreichen, kann wegen der plötzlichen unerwarteten Bewegungen, die typisch für solche Systeme sind, problematisch sein. Eine zu kleine Datenmenge kann ein irreführendes Bild ergeben. Unbeeinflusst von den Vorurteilen der Ökonomen, erwartete Mandelbrot nicht von vornherein, dass von außen getriebene langfristige Trends, die mit zufälligem Rauschen überlagert sind, das Geschehen bestimmten. Vielmehr stellte Mandelbrot bei den Baumwollpreisen ein Verhalten fest, das stärker einer sogenannten Levy-Verteilung ähnelte als einer Normalverteilung. Eine Levy-Verteilung findet man beispielsweise häufig in den Lichtspektren, die erhitzte Materialien abstrahlen; sie hat eine unerwartete, scharfe außermittige Spitze, die die Tatsache widerspiegelt, dass wenige große Sprünge einen dramatischen Einfluss auf das Ergebnis haben. Ökonomen hatten die zufälligen Schwankungen im System als Rauschen ignoriert, das nichts über das System selbst aussagte. Mandelbrot jedoch erkannte, dass das „Rauschen", insbesondere diese plötzlichen dramatischen Spitzen, das grundlegende Verhalten des Systems widerspiegelten.

Rauschen
Mathematiker, Ökonomen und Ingenieure verstehen unter „Rauschen" die unvorhersehbaren statistischen Schwankungen in einer Reihe von Messwerten.

Darüber hinaus konnte Mandelbrot wegen der großen Datenmenge, die ihm zur Verfügung stand, einen besonders seltsamen Aspekt bei den Preisänderungen beobachten – etwas, das sich als typisch für Chaos erweisen sollte. Als er sich die Form der Verteilung der Preisänderungen anschaute, fand er ein nahezu identisches Erscheinungsbild, ganz gleich, ob er einen relativ kurzen Zeitraum oder den Verlauf über viele Jahre betrachtete. Die aufgetragene Kurve der Preisänderungen war „selbstähnlich". Wenn man beispielsweise die Kurven für monatliche Änderungen mit denen der täglichen Änderungen überlagerte, stimmten sie ziemlich genau überein. Alle externen Faktoren, die Ökonomen so aufregend fanden, spielten keine Rolle.

Im Kern der ungeordneten Art und Weise, in der Preise stiegen und fielen, befand sich eine versteckte Struktur. Dies spiegelt die chaotische Natur der Faktoren wider, die die Finanzmärkte steuern. Wie wir noch öfter sehen werden, bedeutet dies nicht, dass Mandelbrot ein Wundermittel entdeckt hatte, das Verhalten der Börse vorherzusagen. Das aufgedeckte Muster würde es niemandem ermöglichen, durch entsprechend frühzeitige Käufe und Verkäufe ein Vermögen zu machen. Aber es zeigte, dass in dieser Art von System ganz andere Faktoren am Werk sind, als von Ökonomen angenommen.

Vorhersagbar unvorhersehbar

Mandelbrot war kein Wirtschaftswissenschaftler – eigentlich fällt es schwer, ihn irgendeiner Fachrichtung zuzuordnen. Allerdings verbrachte er den Großteil seines Arbeitslebens am Hauptforschungszentrum von IBM, dem Thomas J. Watson Research Center in Yorktown Heights, New York. Wie eine Reihe von großen Organisationen, beispielsweise Xerox und 3M, erlaubte auch

Levy-Verteilung und Normalverteilung
Die bekannte Normalverteilung (unteres Bild) liegt symmetrisch um einen zentralen Gipfel; dagegen hat die Levy-Verteilung eine scharfe dezentrale Spitze, die durch einige wenige Ereignisse mit großen Werten zustande kommt. *c* bei der Levy-Verteilung und *α* bei der Normalverteilung geben an, wie breit die Werte streuen.

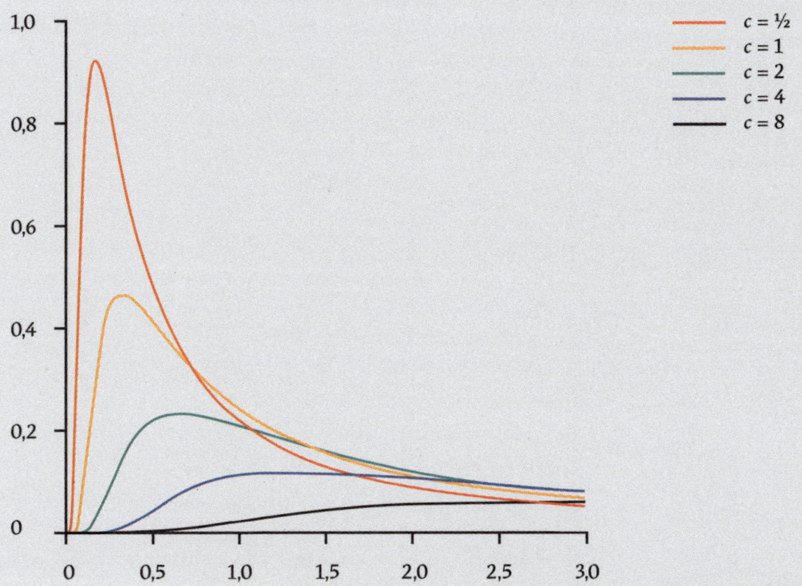

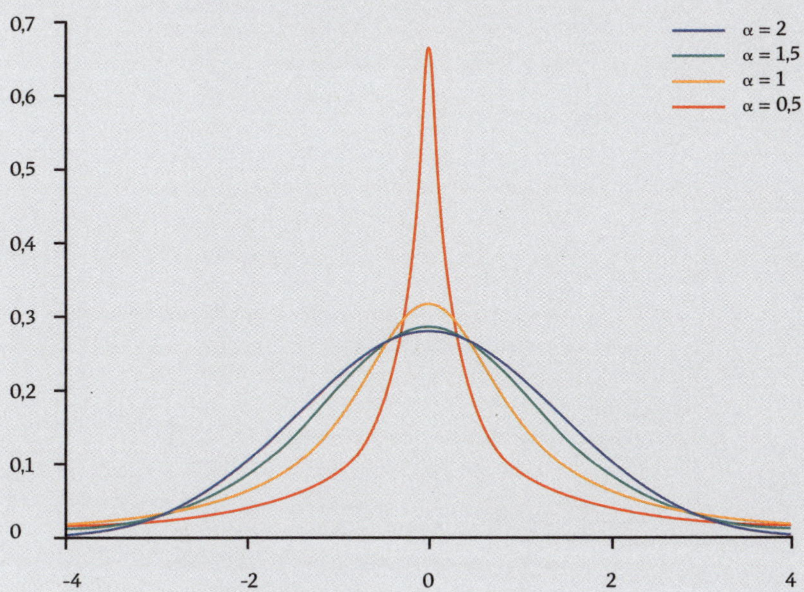

IBM seinen Forschern, zumindest einen Teil ihrer Arbeitszeit mit der Erforschung von Dingen zu verbringen, die sie interessant fanden, wohl wissend, dass diese Art freizügiger Forschung oft die bedeutendsten Durchbrüche hervorbrachte.

Infolgedessen war Mandelbrot in seiner Arbeit frei und er hatte nur gelegentlich mit den Kerngeschäften von IBM, Computer und Kommunikation, zu tun. Nachdem Mandelbrot das seltsame, selbstähnliche Verhalten bei den Baumwollpreisen entdeckt hatte, erkannte er es regelmäßig auch in anderen Systemen – und eines dieser Beispiele sollte sich für seinen Arbeitgeber auszahlen.

In den 1960er-Jahren begann man, Telefonleitungen nicht nur zur Sprachkommunikation, sondern auch zur Datenübertragung zu nutzen. Wenn Sie mit jemandem telefonieren, spielen zufällige Schwankungen im Signal, die zu einem Hintergrundrauschen führen, keine Rolle; wenn man dagegen Daten überträgt, kann das sehr irritierend sein. IBM-Ingenieure suchten nach Wegen, um die Auswirkungen dieses Rauschens in den Übertragungskanälen zu minimieren.

Das Problem war, dass die Ingenieure in den Daten keine Regelmäßigkeiten finden konnten, die es ihnen ermöglichten, die Störsignale in den Griff zu bekommen und zu beseitigen. Mandelbrot ging die Daten jedoch aus einem anderen Blickwinkel an. Er sortierte sie nach Zeitabschnitten – solche, die Rauschen enthielten, und andere, die keine Störung hatten. Jeden Abschnitt mit Rauschen, so fand er heraus, konnte er wieder in Abschnitte mit und ohne Störungen aufteilen. Und diese Unterteilung ließ sich fortsetzen, je weiter er in die Daten hineinzoomte. Die Struktur erwies sich als selbstähnlich in dem Sinne, dass es auf jeder Ebene immer Anteile mit und Anteile ohne Rauschen gab – es war nie möglich, komplett verrauschte Teile der Daten zu lokalisieren.

Dadurch konnte Mandelbrot den Ingenieuren raten, eine andere Strategie zu verfolgen. Wenn eine Signalfolge mit Rauschen auftrat, suchten sie üblicherweise nach einer Ursache – eine Veränderung im System oder seiner Umgebung, die zur Verzerrung des Signals führte, – doch nun war klar, dass eine chaotische Struktur vorlag, die keinen Grund für das Auftreten von Rauschen erforderte. Und es war auch klar, dass man die Störung nicht einfach durch eine Verstärkung des Signals übertönen konnte, sondern damit nur noch mehr Störsignale erzeugen würde. So konnte Mandelbrot den Ingenieuren einen anderen Weg weisen, mit dem Rauschen zu leben.

Diese Entdeckung sollte IBMs Ansatz zur Visualisierung von Daten erfolgreich machen. Allerdings war das nicht die Arbeit, die Mandelbrots Ruhm begründete. Der begann erst mit einer allgemein sehr vertrauten chaotischen Umgebung: dem verwickelten Hin und Her von Küstenlinien.

Selbstähnlichkeit
Eine fraktale Form wie eine Küstenlinie ist in dem Sinne selbstähnlich, dass ein kleiner Ausschnitt, wenn man ihn vergrößert, dem Original in seinen Kurven und Windungen ähnlich sieht.

Das Problem der Küstenlinien

Im Jahr 1967 veröffentlichte Mandelbrot eine Arbeit, die sich der Erforschung der Selbstähnlichkeit widmete, jenem treibenden Prinzip für das, was später als Fraktale bekannt werden sollte. Als Beispiel wählte er die Küste von Großbritannien. Jeder Atlas oder jede Enzyklopädie gibt die Länge der Küstenlinie an – aber was bedeutet diese Angabe eigentlich? Mandelbrot stellte sich vor, auf einem Weg um die ganze Küste herum zu wandern und dabei jeden Schritt mit einem Metermaß auszumessen und so zu einer definitiven Länge zu kommen. Nehmen wir an, die gemessene Entfernung betrug 4800 Kilometer. Nun wiederhole man die Wanderung längs der Küste und messe diesmal auf den Zentimeter genau; so lassen sich noch feinere Details der Biegungen und Windungen des Weges abbilden. Diesmal beträgt die zurückgelegte Entfernung möglicherweise 6400 Kilometer. Versucht man es erneut, indem man eine Schnur um die Klippen und Strände legt, die auf ihrem Weg noch mehr kleine Risse und Spalten erfasst. Der Wanderweg wäre jetzt – als Länge der Schnur – noch länger. Je nach Messmethode erhält man für die britische Küstenlinie eine Länge zwischen 2800 Kilometer und 18 500 Kilometer.

Man kann sich vorstellen, diese Methode ins Extreme zu steigern und jede einzelne durch die Atome auf der Oberfläche der Felsen verursachte Einkerbung rund um die Küste zu erfassen. Welches Ergebnis ist dann die „wirkliche" Entfernung? Es gibt keine: Die Antwort kann jede einzelne oder alle Entfernungen sein. Das ist das Paradoxon, das Mandelbrot mathematisch herausgearbeitet hat. Es gibt keine bestimmte, definierbare Länge einer Küste (oder jeder anderen gekräuselten Struktur, zum Beispiel einer Landesgrenze oder der Länge eines Flusses). Man kann jedoch eine Methode angeben, die erklärt, was passiert, und dazu vertiefte sich Mandelbrot in das verrückte Konzept der gebrochenen Dimensionen.

Die Küste Großbritanniens vermessen
Die Abbildung zeigt, wie ein verkleinerter Maßstab zu immer genaueren, höheren Werten für die Länge einer Küstenlinie führt. In den Beispielen steht N für die Anzahl der Maßstäbe im Umfang und r für das Maßstabsverhältnis ($r = 2$ ist also die halbe Länge von $r = 1$).

$N=9$, $r=1$ | $N=19$, $r=2$ | $N=48$, $r=4$ | $N=97$, $r=8$

Auftritt Fraktal

„Als Antwort darauf werden wir eine neue Geometrie der Natur entwickeln und ihren Nutzen auf verschiedenen Gebieten nachweisen. Diese neue Geometrie beschreibt viele der unregelmäßigen und zersplitterten Formen um uns herum – und zwar mit einer Familie von Figuren, die wir Fraktale nennen werden."
Benoît Mandelbrot, 1924–2010

Dimensionen zählen
Wir sind an ganzzahlige Dimensionen gewöhnt. Der vertraute Raum der realen Welt hat drei Dimensionen. Ein Bild auf einem Blatt Papier hat zwei Dimensionen und eine isolierte gerade Linie ist eindimensional. Bekanntlich arbeiten Mathematiker auch gerne mit viel mehr Dimensionen in imaginären Räumen. Aber was würde es bedeuten, sagen wir, 1½ Dimensionen zu haben? Auf das Konzept einer anderen Art von Dimensionalität, durch die etwas Derartiges entstehen könnte, war der englische Mathematiker Lewis Fry Richardson zu Beginn des 20. Jahrhunderts gekommen. Ein Pionier des Einsatzes von Mathematik in der Wettervorhersage, hatte Richardson eigentlich an einem ganz anderen Thema gearbeitet: Er wollte verstehen, welche Auswirkung Ländergrenzen auf die Bereitschaft zu Kriegserklärungen hatten.

Richardson stellte fest, dass die Länge der Grenze zwischen Spanien und Portugal von Spanien mit 987 Kilometer angegeben wurde. Portugal dagegen behauptete, sie sei 1214 Kilometer lang. Richardson fragte sich, ob diese Meinungsverschiedenheit in der Vergangenheit Konflikte zwischen den Ländern ausgelöst haben könnte, und entdeckte dabei eine Beziehung zwischen der Länge des verwendeten Maßstabs und der resultierenden Entfernung; diese Beziehung wurde durch einen Faktor gesteuert, den er als Dimension der Grenze bezeichnete – eine Zahl, die in seinem Fall einen Wert zwischen 1 und 2 hatte. Es schien, als habe sich eine Zwischennatur der Dimensionalität aufgetan, etwas, das zwischen einer eindimensionalen Linie und einer zweidimensionalen Fläche lag.

Auf den ersten Blick mag das Konzept einer nicht ganzzahligen Dimension bizarr erscheinen, aber es ist hilfreich, sich gebrochene Dimensionen nicht als Richtungen im Raum vorzustellen, sondern als Minimalzahl von Möglichkeiten, etwas so aufzuteilen, dass identische Miniaturversionen davon entstehen. Eine Linie kann in zwei gleich lange Stücke geteilt werden. Ein Quadrat kann in vier identische Quadrate aufgeteilt werden. Ein Würfel teilt sich in acht kleinere Würfel. (Natürlich kann man in jedem Fall die ursprüngliche Form noch kleiner unterteilen, aber dies sind die geringstmöglichen Unterteilungen.) Die Anzahl der Unterteilungen beträgt also 2^n, wobei *n* die Dimension des Objekts ist. Wenn man zu Formen mit gebrochenen Dimensionen übergeht, spiegelt diese gebrochene Dimension im Endeffekt die Mindestanzahl kleinerer Kopien wider, die man zusammenfügen muss, um das vollständige Objekt zu erzeugen.

Das Konzept, das Richardson beschäftigte, wurde von Mandelbrot weiterentwickelt, indem er eine bestimmte Verhältniszahl definierte, um zu verdeutlichen, wie das Detail in einem Muster sich mit der Messskala (zum Beispiel der Länge des Maßstabs, wenn man so will) ändert (oder nicht). Bei einfachen Formen stimmt die gebrochene Dimension – später nannte Mandelbrot sie fraktale Dimension – mit den bekannten Dimensionen überein. Aber bei selbstähnlichen Formen, wie Küstenlinien und Grenzen, gibt es Werte zwischen den ganzen Zahlen. Wenn die fraktale Dimension nahe bei einer ganzen Zahl liegt, wird die zugehörige Form eher einer Form ähneln, für die man eine ganzzahlige Dimension erwarten würde. So wäre zum Beispiel eine Kurve mit einem Wert knapp über 1 einer geraden Linie ziemlich ähnlich, während eine, deren Dimension nahe 2 liegt, deutlich mehr Komplexität hat.

Eines ist wichtig festzuhalten: Das ist keine abgehobene Spielerei. Die Mathematik, die uns in der Schule beigebracht wird, und die Vereinfachungen der Physik zwingen der Welt oft einfache, geradlinige Formen auf, aber die reale Welt ist in der Regel zerknittert. Diese Zwischendimensionen sind nicht die Ausnahme, sondern die Regel in der Natur. Diese Arbeit inspirierte Mandelbrot dazu, einen Begriff zu prägen, dem wir schon einige Male begegnet sind und den wir nun endlich vollständig erkunden können: 1975 prägte Mandelbrot den Begriff „Fraktal".

Schneeflocken, Dreiecke und Schwämme

Mandelbrots Vorstellung von einem Fraktal umfasste alles, dessen gebrochene Dimension größer war als seine vertrautere „topologische Dimension" – 1 für eine gerade Linie, 2 für eine Oberfläche und so weiter. Sein Begriff ist offenbar von *fraktus* abgeleitet, dem lateinischen Wort für gebrochen. Im Aussehen verfügt ein Fraktal über die Art von Selbstähnlichkeit, die Mandelbrot an der Küste Großbritanniens und im Rauschen auf einer IBM-Datenübertragungsleitung gefunden hatte. Betrachtet man ein Fraktal in immer größerem Detail, weist es im Ergebnis die immer gleiche Rauheit auf; durch Vergrößern oder Verkleinern des Ausschnitts lässt es sich nicht glätten.

Topologische Dimension
Topologie ist das Teilgebiet der Mathematik, das sich mit den Eigenschaften von Formen beschäftigt, die man auf jede erdenkliche Weise verformen kann, ohne dass sie in Stücke gehen oder verschmelzen.

Obwohl Mandelbrot den Begriff geprägt und das Konzept erschlossen hat, war er nicht der Erste, der einige der seltsamen Eigenschaften erkundete, die man den heute als Fraktale bezeichneten Objekten und Phänomenen zuschreiben kann. Eines der frühesten Beispiele, die untersucht wurden, war die nach dem schwedischen Mathematiker Helge von Koch benannte Koch'sche Schneeflocke, die er 1904 entwarf.

Zur Konstruktion der Koch'schen Schneeflocke beginnt man mit einem einfachen gleichseitigen Dreieck und teilt jede Seite in drei gleich lange Teile. Auf dem jeweils mittleren errichtet man wieder ein nach außen weisendes gleichseitiges Dreieck und immer so fort. Die Form ändert sich von einem Dreieck zu einem sechszackigen Stern mit einer immer weiter zersplitterten Schneeflockenform, welche die klassische fraktale Natur der Selbstähnlichkeit aufweist: Wenn man in einen Ausschnitt hineinzoomt, um mehr Details zu entdecken, spiegelt dieser Ausschnitt genau das größere Bild wider. Die Koch'sche Schneeflocke hat eine fraktale Dimension von etwa 1,26.

Am bemerkenswertesten ist vielleicht die Länge der Umrandung der Schneeflocke. Obwohl sie sich niemals über den Umfang eines Kreises hinaus ausdehnt, den man um die drei Eckpunkte des ursprünglichen Dreiecks zeichnet, wird der Umfang der Schneeflocke immer größer. Auch wenn die jeweils neuen gekräuselten Seiten immer kürzer werden, strebt die Gesamtlänge der Umrandung mit der Anzahl der Iterationen gegen unendlich. Das passiert, weil diese Länge mit jedem Schritt um $\frac{4}{3}$ wächst, der Gesamtumfang also durch das Dreifache der ursprünglichen Seitenlänge, multipliziert mit $\frac{4}{3}$ hoch der Anzahl der Iterationen, gegeben ist. Diese Zahl strebt mit zunehmender Anzahl an Seiten gegen unendlich. Man erhält einen unendlichen Umfang, obwohl die Schneeflocke eine endliche Fläche hat.

Koch'sche Schneeflocke
Die ersten fünf Iterationen der Koch'schen Schneeflocke. Jedes Mal unterteilt man die Seitenlinien in drei gleich lange Abschnitte und errichtet auf dem jeweils mittleren Abschnitt ein gleichseitiges Dreieck.

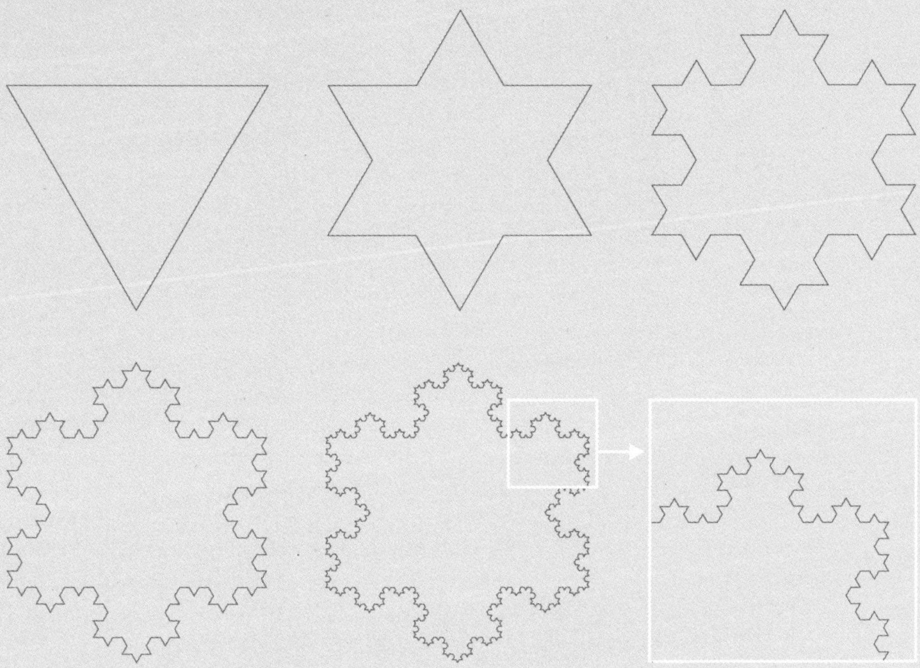

Eine ebenso beeindruckende und dennoch einfache fraktale Form ist das Sierpiński-Dreieck, benannt nach dem polnischen Mathematiker Wacław Sierpiński, der es 1915 entwarf. Statt Seiten hinzuzufügen konstruiert man das Dreieck durch Entfernen von inneren Bereichen. Es beginnt wieder mit einem gleichseitigen Dreieck, aber hier betrachten wir das Dreieck nicht als Umriss, sondern als ausgefüllte Fläche. Man entfernt zunächst ein umgekehrtes gleichseitiges Dreieck, dessen Ecken auf den Mittelpunkten der Kanten des ursprünglichen Dreiecks liegen. In den verbleibenden drei Dreiecken verfährt man jeweils genauso. Und immer so fort. Dieses Fraktal ist nicht nur attraktiv in seiner Erscheinungsform, es ist auch selbstähnlich mit einer fraktalen Dimension von etwa 1,59.

Wie bei der Schneeflocke liegt der Witz im Grenzwert des wiederholten Prozesses: Obwohl das „Material" in dem Dreieck nie ganz verschwindet, hat es im Grenzwert den Flächeninhalt null.

Sierpiński-Dreieck
Nach jeder Iteration hat die resultierende Form eine kleinere Fläche, die schließlich gegen 0 strebt. Jeder dreieckige Ausschnitt, der nach oben zeigt, ist selbstähnlich zur Gesamtform.

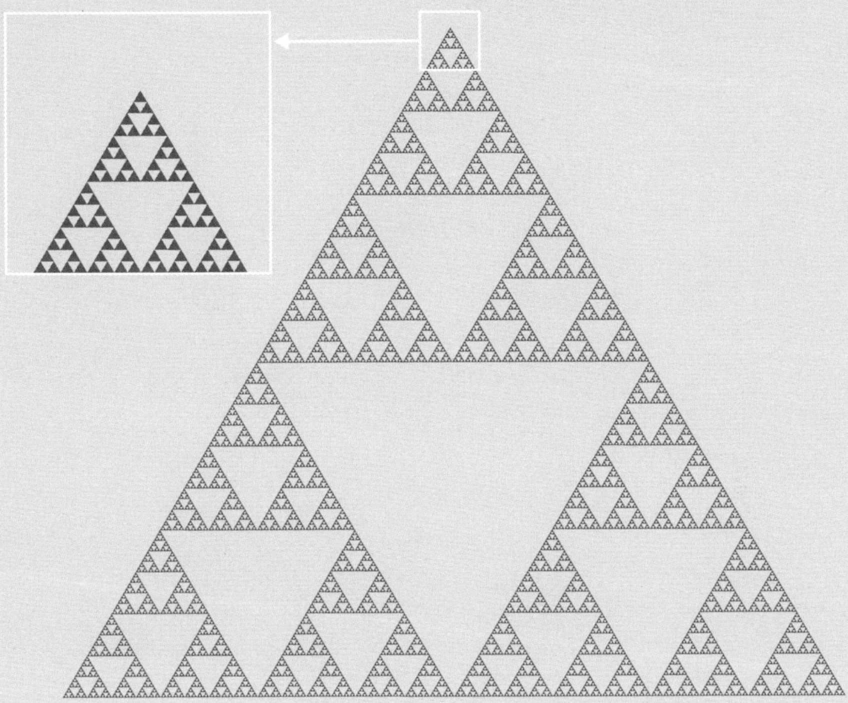

Der österreichisch-amerikanische Mathematiker Karl Menger hat eine erweiterte zweidimensionale Variante vorgeschlagen, die als Sierpiński-Teppich bekannt ist; dabei teilt man ein Quadrat in neun gleich große Quadrate und schneidet das mittlere heraus. Der Vorgang wird dann für jedes kleinere Quadrat wiederholt – und immer so weiter. Menger erdachte auch ein dreidimensionales Äquivalent, den sogenannten Menger-Schwamm, der, bis zum Äußersten ausgedünnt, kein Materialvolumen mehr enthält, aber eine unendliche Oberfläche hat.

Diese und andere relativ einfache Fraktale demonstrieren die typische chaotische Entwicklung von Komplexität aus kleinen Veränderungen – doch weder die Schneeflocke noch das Dreieck sind ein so archetypisches Fraktal wie das als Mandelbrot-Menge bekannte Muster.

Die Mandelbrot-Menge

Wer genau die Mandelbrot-Menge als Erster bekannt gemacht hat, ist umstritten. Mandelbrot hat die Entdeckung immer für sich beansprucht, aber eine frühere Version taucht bereits 1978 in der Arbeit zweier amerikanischer Mathematiker, Robert Brooks und Peter Matelski, auf, wohingegen ein französischer und ein amerikanischer Forscher, Adrien Douady und John Hubbard, offenbar für die Benennung zu Ehren Mandelbrots verantwortlich sind.

Wer auch immer das Konzept erfunden hat, auf jeden Fall ist es das buchstäbliche Aushängeschild von Fraktalen und Chaos, das auf allem Möglichen erscheint, vom gerahmten Kunstwerk bis zum Tischset. In dem wunderschönen und komplexen Gebilde, das Darstellungen von bizarren Organismen mit schwungvollen Paisleymustern zu vermischen scheint, verbirgt sich eine selbstähnliche Struktur, nur weitaus komplizierter und exotischer als bei Schneeflocken. Die Mandelbrot-Menge wurde schon als das komplexeste Objekt der Mathematik bezeichnet, eine verwirrende Mischung aus Kurven und Spitzen, Spiralen und Medail-

←
Menger-Schwamm
Schon nach vier Iterationen zeigt dieses dreidimensionale Äquivalent eines Sierpiński-Dreiecks deutliche Selbstähnlichkeit.

lons, die in ihrer farbigen Darstellung zu einer neuen Kunstform wurde. Dieser Schritt von reiner Mathematik zu visuellem Staunen spiegelt die Aktualität von Mandelbrots Position bei IBM wider, das damals ein Zentrum für Computergrafik war.

In der griechischen Antike ging es in der Mathematik um bildliche Darstellung. Numerisch war die altgriechische Mathematik eher unterentwickelt und sie hatte keine Möglichkeit, Brüche oder Formeln richtig darzustellen (wobei es übrigens wenig hilfreich war, dass Buchstaben für Zahlen verwendet wurden). Infolgedessen dominierte in der griechischen Antike die Geometrie. Seitdem hat sich die Mathematik immer weiter weg von der bildlichen Darstellung, hin zu symbolischen Notationen entwickelt. Aber mit den Besonderheiten, die Mandelbrot entdeckte, konnte er durch den Zugriff auf die Spitzentechnologie von IBM in Sachen Computergrafik einen neuen und faszinierenden Blick auf das Chaos ermöglichen.

Die genaue Formulierung der Mandelbrot-Menge ist etwas umständlich, obwohl die Regeln für die Konstruktion einfach sind. Im Zentrum steht eine Reihe komplexer Zahlen. Dies sind Zahlen, die eine gewöhnliche „reelle" Zahl, wie 1,3524, mit einer „imaginären" Zahl (eine reelle Zahl multipliziert mit der Quadratwurzel von -1) kombinieren. Die Quadratwurzel von -1 hat in der realen Welt keinen Wert, denn es gibt nichts, das mit sich selbst multipliziert -1 ergibt (1 x 1 = 1 und -1 x -1 = 1). Doch Mathematiker machen schon seit mehreren Jahrhunderten von diesem Konzept

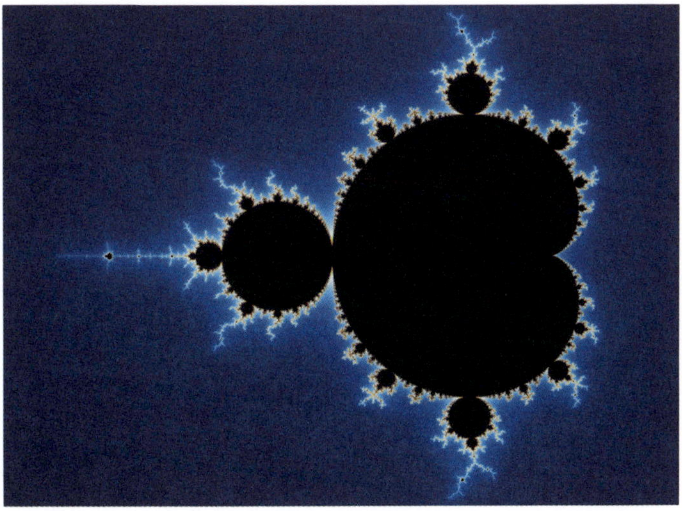

→
Mandelbrot-Menge
Überblicksdarstellung der gesamten Mandelbrot-Menge. Durch Vergrößern entsteht eine Vielfalt dramatischer, selbstähnlicher Gebilde.

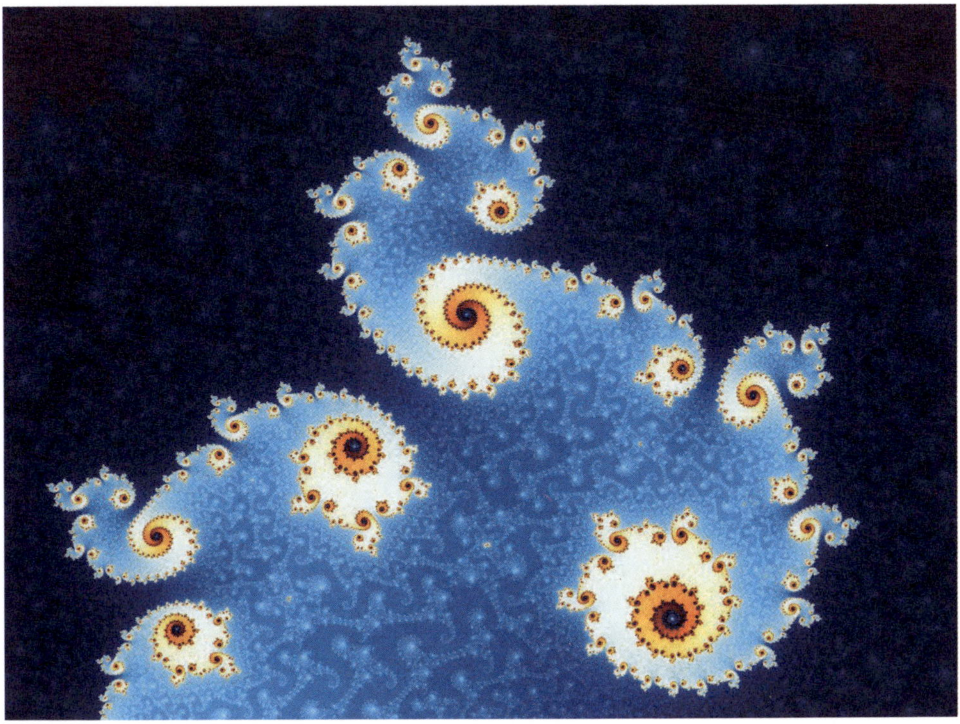

Details der Mandelbrot-Menge
Jede Vergrößerung eines kleinen Ausschnitts der Mandelbrot-Menge ergibt eine Vielfalt an Strukturen.

Gebrauch; sie bezeichnen die imaginäre Einheit mit *i*. Wenn man *i* mit sich selbst multipliziert, ergibt das -1. Anfangs waren imaginäre Zahlen kaum mehr als eine mathematische Kuriosität, aber bald erkannte man, dass die Kombination einer reellen Zahl und einer imaginären Zahl wie 1,316 + 2,64*i* einen Punkt in einer zweidimensionalen Ebene darstellen konnte. Diese sogenannten komplexen Zahlen eignen sich ideal zur Darstellung von Formen, die sich im Laufe der Zeit entwickeln, wie etwa Wellen; so erlangten sie unschätzbaren Wert für Physiker und Ingenieure.

Die Mandelbrot-Menge ist eine Menge komplexer Zahlen, die wie die Schneeflocke und das Sierpiński-Dreieck iterativ erzeugt werden, allerdings durch einen etwas komplizierteren mathematischen Prozess. Das Ergebnis des Prozesses ist eine Reihe von Punkten, die ausgedruckt dann die klassischen Bilder von Mandelbrot-Mengen ergeben. Eine Möglichkeit, die Menge zu berechnen, besteht darin, einen beliebigen Punkt in der komplexen Ebene zu nehmen, dann den zugehörigen Wert zu quadrieren und zum Ausgangswert zu addieren und diesen Prozess fortgesetzt zu wiederholen. Wenn das Ergebnis ins Unendliche strebt, gehört der Punkt nicht zur Menge – wenn es endlich bleibt, dagegen schon. So verflüchtigt sich zum Beispiel 0,4 + 0,1*i* ins Unendliche und gehört damit nicht zur Mandelbrot-Menge; dagegen schwingt sich 0,3 + 0,1*i* nach einigen Iterationen auf einen kleinen endlichen Wert ein und befindet sich damit in der Menge. Punkte, die zur Menge gehören, springen in einer chaotischen Abfolge hin und her, die immer im Endlichen bleibt.

Die ursprünglichen Mengen erzeugen Schwarzweißbilder, aber die wirklich schönen Bilder der Mandelbrot-Menge, die man sich an die Wände hängt, sind mehrfarbig. Mathematisch haben die Farben keine große Bedeutung, sie dienen hauptsächlich dazu, die Muster attraktiver zu gestalten. Der entscheidende Faktor, ob ein Punkt in der Menge enthalten ist oder nicht, ist ja das Ergebnis einer wiederholten mathematischen Operation (Quadrieren eines Werts und anschließendes Addieren zum ursprünglichen Wert). Mehrfarbige Mandelbrot-Mengen spiegeln lediglich die Anzahl der Iterationen wider, die erforderlich waren, um einen Zielwert zu erreichen. Erfreulicherweise führt die selbstähnliche Natur der Mandelbrot-Menge auf den gleichen Faktor wie die Feigenbaum-Konstante (siehe S. 119), die man bei der Periodendopplung entdeckt hat. Jede der „Blasen", die in verschiedenen Ebenen der Menge zu finden sind, ist beispielsweise genau 1/4,669-mal so groß wie die jeweils vorherige.

Feigenbaum-Konstante
Wie erwähnt, ist die Feigenbaum-Konstante eine Naturkonstante, etwa 0,2142, die die Größenänderung des Faktors widerspiegelt, der die Periodendopplung verursacht.

Das fraktale Universum

„Die fraktale Geometrie wird Ihre Sicht der Dinge grundlegend verändern. Es ist gefährlich weiterzulesen. Sie laufen Gefahr, Ihre kindliche Sicht von Wolken, Wäldern, Blumen, Galaxien, Blättern, Federn, Felsen, Gebirgen, Sturzbächen, Teppichen, Steinen und vielen anderen Dingen zu verlieren. Nie wieder wird Ihre Vorstellung von all dem ganz dieselbe sein."
Michael Barnsley, geb. 1946

Fraktale Natur
Aufgrund der Art und Weise, wie sie entstehen, hat eine Reihe von natürlichen Phänomenen ein annähernd fraktales Erscheinungsbild. Am bekanntesten sind vielleicht einige Arten von Pflanzen, insbesondere immergrüne Bäume und Farne, bei denen Selbstähnlichkeit zwischen einem Zweig und der Pflanze als Ganzes besteht. Ein anspruchsvolleres Beispiel sind Gebirgszüge und Wolken, die wie Küstenlinien zuweilen fraktale Formen ausbilden, wobei Ränder und Kanten beim Heranzoomen immer neue Details offenbaren. Sogar ein scheinbar glattes reales Objekt offenbart bei hoher Vergrößerung fraktale Kanten.

Diese fraktale Erscheinungsform macht sich die Software für visuelle Effekte zunutze, indem der bei Computerspielen verwendete Programmcode mit Fraktalen beim Aufbau von Landschaften und Wolkengebirgen arbeitet. Das Ergebnis ist eine beeindruckend realistisch aussehende Landschaft, die aus einem kleinen Teil des Programms generiert wird.

Vielleicht die visuell beeindruckendste aller natürlichen fraktalen Formen tritt bei einem Verwandten des Blumenkohls auf, dem

Romanesco
Der Romanesco (*Brassica oleracea*, auch Türmchenkohl genannt) zeigt eine ausgeprägte selbstähnliche Struktur.

Romanesco. Diese bemerkenswerte Kohlart zeigt eine so dramatisch deutliche selbstähnliche Struktur, dass man sie eher für computer-generiert als für das Produkt natürlichen Wachstums halten könnte. Obwohl der Romanesco nicht ausdrücklich zitiert wurde, gehörte er wahrscheinlich zu den Inspirationen, die einer der wenigen praktischen Anwendungen außerhalb computergenerierter Landschaften und kunstvoller Designs zugrunde lagen: der Bildkompression.

Fraktale Bildkompression

Heute fast schon in Vergessenheit geraten, durchlebte die Computer-Industrie in den 1990er-Jahren eine schwerwiegende Speichermedienkrise. Der Bedarf an Speicherplatz für Computerdaten (insbesondere, als Digitalkameras in Gebrauch kamen) wuchs viel schneller als die Festplattenkapazität. Ein Hauptgrund war die rapide wachsende Auflösung von Computergrafiken, was zur Folge hatte, dass diese Bilder immer mehr Speicherplatz einnahmen. Die rasante Digitalisierung von Bildern und die digitale Fotografie stellten die Branche vor ein ernstes Problem.

Zu jener Zeit war es durchaus üblich, dass Computer Komprimierungssoftware ausführten, um mehr Daten in das gleich große Festplattenlaufwerk zu packen, und obwohl diese Software geschickt im Hintergrund arbeitete, ohne dass der Benutzer davon etwas mitbekam, verlangsamte sie andere Programme, weil sie Zeit zum Komprimieren und Dekomprimieren der Daten benötigte. Idealerweise brauchte man also eine Möglichkeit, Bilder so weit wie möglich zu komprimieren, sie auf kleinstem Raum zu speichern und sie trotzdem extrem schnell dekomprimieren zu können. Die Zeit, ein Bild zunächst einmal zu komprimieren, stellte ein geringeres Problem dar, denn dies war ja nur einmal nötig. Hier glänzte für kurze Zeit die fraktale Kompression.

Ursprünglich 1987 von dem englischen Mathematiker Michael Barnsley entwickelt, wurde die fraktale Bildkompression ab etwa 1992 verfügbar. Das Verfahren suchte nach Selbstähnlichkeit in Bildern, um die fraktale Natur realer Objekte für die Komprimierung der Daten zu nutzen. Die Software konnte Bilder – insbesondere solche mit natürlichen Merkmalen – viel stärker als herkömmliche Techniken auf das gleiche Detailniveau komprimieren, allerdings auf Kosten einer langen Verarbeitungszeit für die anfängliche Komprimierung.

Für kurze Zeit sah es danach aus, als würde die fraktale Bildkompression zur neuen Norm. Sie kam in einigen Computerspielen und in Microsofts bahnbrechender CD-ROM-Enzyklopädie *Encarta* zum Einsatz. Letztere hatte erheblichen Anteil am Niedergang gedruckter Enzyklopädien, bevor Wikipedia auftauchte. Doch schon bald machte eine neue Festplattentechnologie die fraktale Komprimierung überflüssig. Die JPEG-Komprimierung erwies sich als völlig ausreichend für die Aufgabe, und sie war schneller in der Nutzung. Ein JPEG-Bild nimmt möglicherweise zehnmal so viel Speicherplatz ein wie ein fraktal komprimiertes Bild bei gleicher Qualität, doch bei ausreichendem Speicherplatz spielt das keine Rolle. Fraktale Bildkompression kam und ging, aber das Chaos, im erweiterten Sinn, blieb. Nichts verdeutlicht dies mehr, als ein Blick auf das Versagen traditioneller Vorhersagemethoden – und zwar in Gebieten, wo das Versagen weitaus schlimmer ist als bei der Wetterprognose.

5
Börsencrashs und Superhits

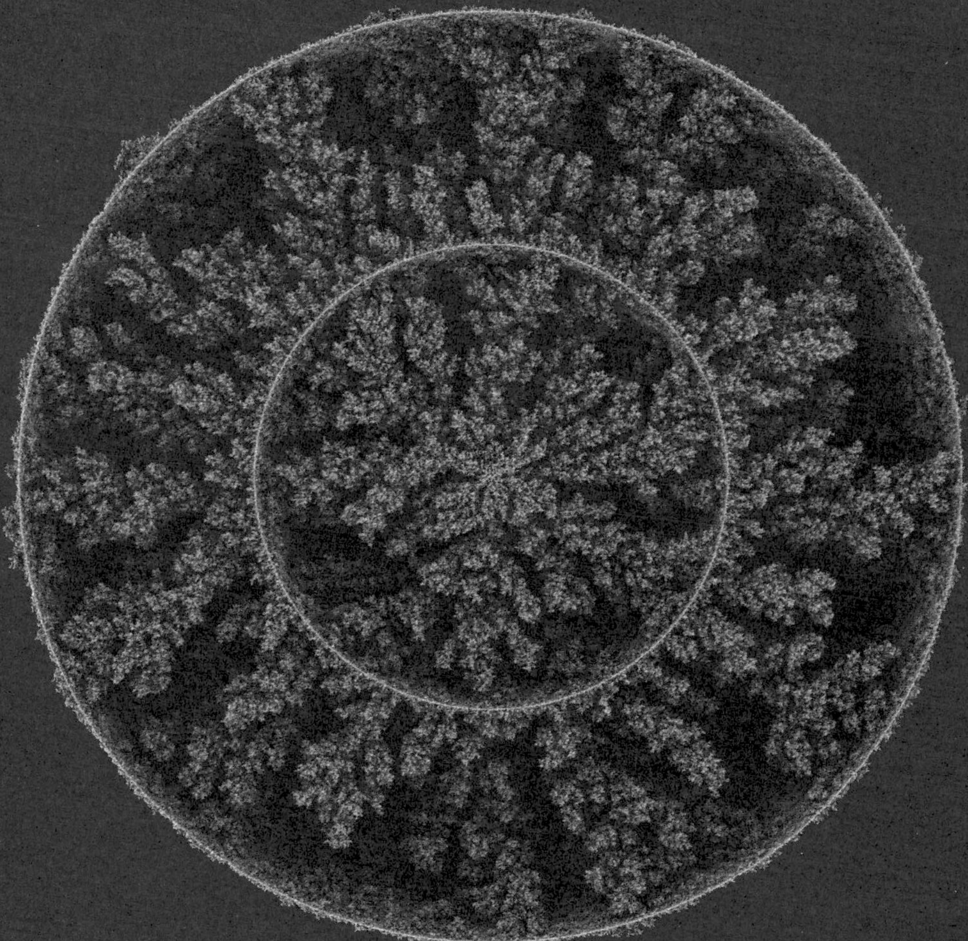

Wahrscheinlichkeit missverstehen

„Die Hölle hat eine spezielle Abteilung für Studenten der Wahrscheinlichkeit. In dieser Abteilung gibt es viele Schreibmaschinen und viele Affen. Jedes Mal, wenn ein Affe auf einer Schreibmaschine herumhämmert, schreibt er zufällig eines von Shakespeares Sonetten."
Bertrand Russell, 1872–1970

Mit Shakespeare Possen treiben
Der große englische Philosoph Bertrand Russell hat prägnant die alte Idee zusammengefasst, dass eine Horde Affen in einem Raum voller Schreibmaschinen, auf deren Tasten sie zufällig herumhämmern, mit ausreichend Zeit die Werke von Shakespeare reproduzieren würden. Dieses Zitat wird zum Teil verwendet, um unser fehlerhaftes Verständnis für die Natur von Zufälligkeit zu illustrieren. Man bitte nur jemanden, eine lange zufällige Buchstabenfolge zu tippen, und derjenige wird dazu neigen, weit weniger Wiederholungen von Buchstaben oder Beinahe-Wörter innerhalb der Zeichenfolge zu produzieren, als es die reine Zufälligkeit tatsächlich erfordern würde. Der gesunde Menschenverstand ermutigt uns zu Missbrauch und falscher Interpretation von Wahrscheinlichkeit.

Um fair zu sein, stellt dieser traditionelle Raum voller Affen, der älter als Computer und Zufallsgeneratoren ist, nicht gerade den besten Weg dar, um eine zufällige Folge von Buchstaben zu produzieren, aber wie erwähnt, ist es durchaus möglich, eine solche Zeichenfolge zu erzeugen. Betrachten wir nur die erste Zeile eines der bekanntesten Sonette von Shakespeare, Sonett 18: „Shall I compare thee to a summers day?" Schreibt man alles in Großbuchstaben und ignoriert alle Satzzeichen, kommt man mit 27 Zeichen aus (26 Zeichen im Alphabet plus 1 Leerzeichen). Die

Chance für einen echt zufälligen „Raum-voller-Affen-Simulator", ein S zu erzeugen, beträgt also 1 zu 27. Das ist nicht schlecht. Die Chance, ein SH zu produzieren, beträgt 1 zu 27 × 27 oder 1 zu 729. Dies ist zugegebenermaßen relativ unwahrscheinlich für einen Versuch, ein Buchstabenpaar zu tippen; andererseits sollte man bedenken, dass SH genauso wahrscheinlich auftaucht wie jede andere Kombination aus zwei Buchstaben.

Im Prinzip erscheint also die Vermutung, dass Affen irgendwann Shakespeare tippen könnten, realistisch. Die Chance, diese erste Zeile hinzubekommen, beträgt jedoch 1 zu 27^{37}, denn die Sonettzeile besteht inklusive Leerzeichen aus 37 Zeichen. Das ist ungefähr 1 zu 10^{53} – eine 1 gefolgt von 53 Nullen. Man vergleiche das mit der Chance, eine der größten US-Lotterien zu gewinnen, die typischerweise ungefähr 1 zu 3×10^{8} beträgt. Genau diese Zeile durch zufälliges Tippen zu erhalten, ist ein ziemlich unwahrscheinliches Ergebnis. Natürlich gibt es immer Menschen, die die Lotterie gewinnen, und im Prinzip könnten auch die Affen diesen Satz produzieren – aber es ist lächerlich unwahrscheinlich. Mit 1000 Affen, die in großzügigen 10 Sekunden 37 Zeichen eingeben, würde es durchschnittlich $9{,}1 \times 10^{50}$ Sekunden dauern, also etwa 3×10^{43} (30 Millionen Billionen Billionen Billionen) Jahre. Russell betonte in seinem Kommentar über die Hölle, wie sehr das Gleichnis von den Affen und den Schreibmaschinen die Wahrscheinlichkeit des Alltags verkennt. Chaos birgt für den Unvorsichtigen das gleiche Risiko; auch dort scheint Wahrscheinlichkeit einen vernünftigen Weg zu weisen, etwas zu verstehen, aber wenn man ins Detail geht, wird man vermutlich in die Irre geführt.

Wettbüro versus Kasino

Wie bereits erwähnt, sind die Ursprünge des Wahrscheinlichkeitsbegriffs eng mit dem Glücksspiel verbunden, bei dem die Wahrscheinlichkeit für ein bestimmtes Ergebnis durch die Eintrittswahrscheinlichkeit bestimmt wird (faire Bedingungen vorausgesetzt). So können wir zum Beispiel vernünftigerweise eine 1-zu-2-Gewinnchance beim Werfen einer Münze, eine 1-zu-6-Chance beim Würfeln und eine 1-zu-13-Chance für das Ziehen

POLLING PLACE
VOTE

←
Wahlchancen
Anders als die unvorhersagbare Zufälligkeit eines Münzwurfs gründen sich die Quoten für den Gewinner einer Wahl auf dem Versuch, das Ergebnis eines chaotischen Prozesses vorherzusagen.

einer bestimmten Karte (abgesehen von Farben) aus einem 52er-Pack Spielkarten erwarten. Wenn wir die 0 ignorieren, bei der immer das Kasino gewinnt, besteht auch beim Roulette eine 1-zu-2-Chance, Rot oder Schwarz richtig zu erraten oder eine Chance von 1 zu 36, korrekt auf eine bestimmte Zahl zu setzen.

Abgesehen vom Glücksspiel im Kasino oder von Lotterien, wo es für jedes bestimmte Ergebnis eine spezifische Wahrscheinlichkeit gibt, weil es durch einen Zufallsprozess erzeugt wird, hängen die meisten Wetten von den Quoten ab, die das Wettbüro oder der Buchmacher anbieten. Man ist leicht versucht zu glauben, man habe es mit der gleichen Art von Übung zu tun, weil ja wieder Chancen auf ein bestimmtes Ergebnis angeboten werden – sei es das Ergebnis eines Pferderennens oder einer Wahl –, aber in Wirklichkeit ist das, was von einer Zufälligkeit ähnlicher Art bestimmt zu sein scheint, ein Versuch, das Ergebnis von etwas zu erraten, das in der Regel ein chaotisches System darstellt. Deshalb boten Buchmacher zum Beispiel überraschend gute Quoten für diejenigen, die bereit waren, auf Donald Trump als Gewinner der Präsidentenwahl zu wetten, oder darauf, dass das Vereinigte Königreich die Europäische Union verlässt. Die Quoten spiegelten nicht die wahren Wahrscheinlichkeiten für das Auftreten dieser Ereignisse wider, sondern vielmehr einen fehlgeschlagenen Versuch, Systemen eine Wahrscheinlichkeit zuzuschreiben, die im Kern chaotisch waren.

Umfragezirkus
Umfragen und Studien gehören zum modernen Alltag. Fortwährend werden wir mit Umfrageergebnissen konfrontiert, mit hochgerechneten Zahlen, die die Gesamtbevölkerung widerspiegeln sollen. Statt uns also zum Beispiel mitzuteilen, dass von 1000 über das Internet befragten US-Bürgern 50 Prozent eine bestimmte Sache unterstützen, erzählt man uns vielleicht, dass 166 Millionen Amerikaner (die Hälfte der amerikanischen Bevölkerung 2021) diesen Standpunkt teilen. Dies ist das Ergebnis der Verwendung von Wahrscheinlichkeit und Statistik, mit deren Hilfe man anhand einer Stichprobe Rückschlüsse auf eine breitere Bevölkerung zieht.

Das größte Problem bei diesem Ansatz ist sicherzustellen, dass die Stichprobe wirklich repräsentativ ist – und selbst dann können noch Probleme auftauchen, entweder, weil die Stichprobe zwar repräsentativ ist, nicht aber die Messgrößen (wir erläutern das in Kürze) oder weil das System ausreichend chaotisch ist, sodass der probabilistische Ansatz mit Stichproben einfach nicht gut genug funktioniert, um ein Ergebnis vorherzusagen.

Demografie
Untersuchung einer Bevölkerung und ihrer charakteristischen Merkmale; die Zusammensetzung einer bestimmten Bevölkerung – von ihren Ethnien bis zur Bildung.

Beginnen wir mit einer repräsentativen Stichprobe, in der die gewählte Messgröße nicht repräsentativ ist. Ein gutes Beispiel dafür ist das System der öffentlichen Bibliothekstantieme im Vereinigten Königreich. Darunter versteht man einen Vergütungsmechanismus, den es in einer Reihe von Ländern gibt, um Autoren eine geringe Gebühr zukommen zu lassen, wenn eines ihrer Bücher aus einer Bibliothek ausgeliehen wird – so ähnlich wie Spotify Musikern jedes Mal einen sehr kleinen Betrag zahlt, wenn einer ihrer Tracks gestreamt wird. Spotify ist ein modernes Big-Data-System, das also Informationen zu jedem einzelnen Stream sammelt. Die Bibliothekstantieme erfasst dagegen nur eine Auswahl von Bibliotheken, die repräsentativ sein sollen, was ihren Bestand und die Demografie ihrer Leserschaft angeht, und rechnet die Ergebnisse auf das Gesamtsystem (in diesem Fall das Land) hoch.

Dies wäre in Ordnung, wenn alle Bücher in allen Bibliotheken gleich attraktiv wären. Angenommen, ich schreibe ein Buch über meine Heimatstadt. Dann wird dieses Buch weitaus mehr aus Bibliotheken in dieser Stadt ausgeliehen als aus anderen. Wenn eine der Bibliotheken meiner Stadt nicht zu der (relativ kleinen) Menge der ausgewählten Bibliotheken gehört, wird mein Buch nicht auftauchen. (Andersherum werden die Ausleihzahlen meines Buchs stark übertrieben sein, wenn eine der Bibliotheken meiner Heimatstadt in der Stichprobe ist.) Die für die Stichprobe ausgewählten Bibliotheken sind repräsentativ für britische Bibliotheken, wenn man alle Ausleihen berücksichtigt, aber diese Messgröße ist für die Unterklasse von Büchern zu lokalen Themen nicht repräsentativ.

Was die Stichprobenentnahme aus einem chaotischen System angeht, hat man keine Probleme, solange es um ein Thema geht, zu dem Meinungen relativ stark ausgeprägt sind. Wenn Sie mich fragen, ob ich lieber Fleisch oder Tofu esse, gebe ich eine sehr klare Antwort, die wahrscheinlich auch nicht durch Argumente zu beeinflussen ist. Wenn Sie mich jedoch fragen, für welche politische Partei ich wahrscheinlich stimmen werde, ist das Ergebnis weitaus stärker von einer Reihe Einflussfaktoren bestimmt: die momentane Parteienpolitik, wer mein lokaler Vertreter sein könnte, was ich von den Führern der verschiedenen Parteien halte, und noch mehr – ein klassisches chaotisches Gemenge. Dies gilt nicht für jeden – manche Wähler stimmen reflexartig und immer auf die gleiche Weise ab, ganz gleich, wie gut oder schlecht die verschiedenen Optionen sind. Aber für die Menge der Wechselwähler, die in vielen Ländern anwächst, ist die Natur dieses chaotischen Systems ausschlaggebend.

Unabhängig von der Art des untersuchten Systems wird es immer Probleme geben, es sei denn, die Stichprobe ist für die Gesamtbevölkerung repräsentativ – und das ist äußerst schwer zu ermitteln. Die einzige Art von Umfrage, die nicht schon eine Vorauswahl trifft, ist eine erzwungene. Bei freiwilligen Umfragen (das sind so ziemlich alle außer Volkszählungen und Abstimmungen in einigen Ländern) wird die Stichprobe oft schon durch den Mechanismus der Durchführung der Umfrage verzerrt. So werden zum Beispiel die meisten heutigen Umfragen online durchgeführt. Das schafft eine tendenzielle Verzerrung im Hinblick auf Alter, technische Erfahrung etc. der Teilnehmer. Ebenso neigen Umfragen, die per Telefon oder als Straßeninterview durchgeführt werden, dazu, eine bestimmte Bevölkerungsgruppe auszuwählen. Sogar die Tageszeit, zu der eine solche Umfrage stattfindet, hat einen Einfluss. Und das ist nur das Potenzial der Beeinflussung durch die Mittel der Informationsbeschaffung. Die Größe der Stichprobe hat ebenfalls Auswirkungen – viel zu viele sozialwissenschaftliche Studien, beispielsweise, basieren auf einer zu kleinen Teilnehmerzahl, sodass die Ergebnisse nicht vertrauenswürdig sind. Auch die Art und Weise, wie die Fragen formuliert sind, kann das Ergebnis beeinflussen – selbst die anderen Fragen im Umfeld einer Frage können das. Und so geht es weiter.

Umfrageunternehmen und Wissenschaftler, die Studien durchführen, versuchen, solche Verzerrungen zu beseitigen – dies bedeutet jedoch, die echten Ergebnisse auf eine Weise zu verändern, die die Daten repräsentativer machen sollen. Zum einen kann dies zu einer Täuschung führen (die echten Umfrageergebnisse waren möglicherweise völlig andere als die berichteten); zum anderen eröffnet dieses Vorgehen die Möglichkeit bewusster oder unbewusster Manipulationen, da der Prozess unweigerlich subjektiv ist. Umfragen und kleine Studien mögen häufig die einzige Option darstellen – und manchmal sind sie auch besser als nichts – aber uns sollte viel klarer sein, wie ungenau sie wirklich sind.

Schauen wir uns einige spezifische Bereiche genauer an, in denen Chaos in die Irre führen kann, angefangen bei den Finanzmärkten, Aktien und Anteilen.

Markt spielen

„Ich sage den Leuten immer, Investieren sollte langweilen, nicht aufregen. Investieren sollte eher so sein, wie Farbe beim Trocknen oder Gras beim Wachsen zuzuschauen. Wer Spannung will, geht am besten mit Bargeld nach Las Vegas."
Paul Samuelson, 1915–2009

Das gefährliche „weil"
Die „Mainstream-Medien" haben in letzter Zeit erhebliche Kritik von Politikern geerntet. In Wirklichkeit ist ein Großteil dieser Kritik fehl am Platz, aber selbst das unvoreingenommenste Nachrichtenmedium läuft Gefahr, Fehler zu machen, wenn es um Naturwissenschaften und Mathematik geht, umso mehr, als relativ wenige Journalisten einen mathematischen oder naturwissenschaftlichen Hintergrund haben. Worüber Journalisten immer wieder stolpern, sind die Begriffe Korrelation und Kausalität.

Korrelation bedeutet, dass sich zwei verschiedene Dinge zur gleichen Zeit oder auf die gleiche Weise ändern, während Kausalität bedeutet, dass das eine das andere verursacht. Wir haben eine natürliche Tendenz, anzunehmen, dass Korrelation Kausalität impliziert. Aber es könnte genauso gut reiner Zufall sein, es könnte sogar sein, dass die Kausalität entgegengesetzt zu unserer Annahme wirkt (also B verursacht A statt A verursacht B), oder es könnte einen dritten Faktor geben, der beide Beobachtungen verursacht, statt dass eine die andere beeinflusst.

Wie wichtig es ist, nicht von der Gleichheit von Korrelation und Kausalität auszugehen, illustrieren einige der bizarren Korrelationen, die Tyler Vigen, Student der Harvard Law School, auf seiner Internetseite www.tylervigen.com einstellt.

Korrelation versus Kausalität
Rein statistisch ist die Anzahl Menschen, die sterben, weil sie sich in ihren Bettlaken verheddern, stark mit dem Käsekonsum korreliert – es gibt aber keinen kausalen Zusammenhang.
(Quelle: Tyler Vigen)

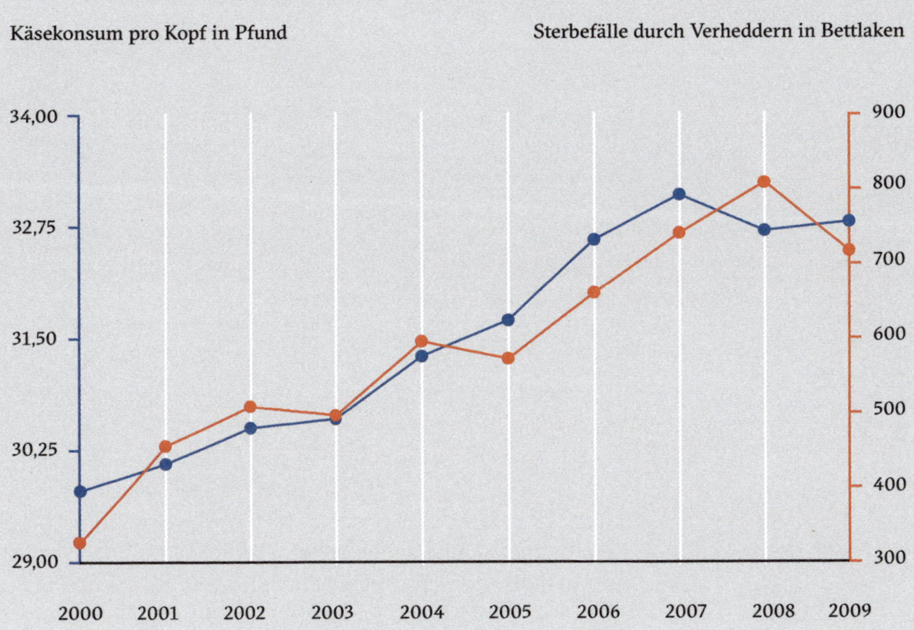

Vigen zeigt zum Beispiel, dass es eine sehr starke Korrelation zwischen Autofahrern, die bei Zusammenstößen mit Eisenbahnen getötet werden, und Rohölimporten aus Norwegen gibt. Hier spricht nichts für eine Kausalität, aber bei weniger unwahrscheinlichen Kombinationen nehmen wir gern an, es gebe einen Kausalzusammenhang, einfach deshalb, weil Dinge zusammen passieren.

Solche Annahmen tauchen regelmäßig in den Nachrichten auf, oft in Zusammenhang mit Aktienkursen, wo man etwa behauptet, Aktien eines Technologieunternehmens seien z. B. „aufgrund einer Urheberrechtsklage" gefallen. In Wirklichkeit wissen wir nur, dass es eine Korrelation zwischen den beiden Ereignissen gibt. Solche Umstände sind zu einem ähnlichen Zeitpunkt wie die Änderung des Aktienkurses aufgetreten. Niemand kann sich einer Kausalität sicher sein. Alles, was man sagen kann, ist: Es gab eine Ankündigung und zu einem ähnlichen Zeitpunkt fiel der Aktienkurs. Das Wort „weil" ist kaum jemals gerechtfertigt.

Modellverhalten

Der Nobelpreisträger Paul Samuelson, dem die Bemerkung zugeschrieben wird, dass Investieren langweilig sein sollte, schrieb 1965 eine Arbeit mit dem Titel „Proof that properly anticipated prices fluctuate randomly" (Beweis, dass rational erwartete Kurse zufällig schwanken). Er wollte wohl die Leser davon abhalten, Kursbewegungen zu prognostizieren, was einfach eine Form des Glücksspiels wäre, und stattdessen nach nachhaltigem Wachstum in einem Aktienpaket zu suchen. Es gibt jedoch einen kleinen Haken in diesen Worten „zufällig schwanken".

Üblicherweise lehrt die sogenannte neoklassische Ökonomie ihre Studenten, dass Volkswirtschaften über eine Art inhärente Eigenstabilität verfügen. Natürlich gibt es zufälliges Rauschen, aber die Vorstellung herrscht vor, dass alle großen Schwankungen durch die „unsichtbare Hand" des Marktes nivelliert werden. Die unsichtbare Hand wurde im 18. Jahrhundert von dem schottischen Ökonomen Adam Smith eingeführt, um zu beschreiben, wie Eigennutz unbeabsichtigt zu umfassenderen vorteilhaften Ergebnissen führt. Wie Mandelbrot gezeigt hat, ist das Verhalten von Marktpreisen nicht wirklich zufällig, sondern entspringt der Unvorhersehbarkeit eines chaotischen Systems, und in einem solchen System kennzeichnen plötzliche Sprünge das Verhalten, und nicht die zugrunde liegenden Trends.

→
Börsenmakler
Trotz zahlreicher Versuche, probabilistische Voraussagen zu machen, verhalten sich Kursbewegungen chaotisch.

Nur wenige Systeme repräsentieren Chaos besser als der moderne Aktienmarkt. Obwohl der Kauf und Verkauf von Aktien ein einfacher Vorgang ist, enthält das System eine breite Palette wechselwirkender Faktoren. Einzelne Händler, externe Einflüsse, all die anderen Faktoren, die Nachrichtenmedien gerne für die Bewegungen an der Börse verantwortlich machen, sind vorhanden und wirken aufeinander ein. Um die Dinge noch zu verschlimmern, betragen die Zeiträume für dramatische Änderungen des Systems aufgrund der Natur des modernen elektronischen Handels nur noch Sekundenbruchteile.

Trotz vieler Modelle des Aktienmarktes, die mit althergebrachter Wahrscheinlichkeit arbeiten, kann die Realität stark von Anfangsbedingungen abhängen und zu extrem schnellen Abweichungen von der Erwartung führen, wobei häufig Rückkopplungsschleifen auftreten, die das Ergebnis beschleunigen. Als anschauliches Beispiel dafür gilt der sogenannte „Blitz-Crash" im Jahr 2010, bei dem der US-Aktienmarkt innerhalb einer guten halben Stunde mehr als eine Billion Dollar an Wert verlor. Börsenhandelssoftware, die für schnelle Verkaufsentscheidungen sorgen sollte, die auf dem fußten, was in der vorausgegangenen Minute passiert war, geriet in eine gefährliche positive Rückkopplungsschleife. Jedes Wahrscheinlichkeitsmodell zur Vorhersage der Aktienmarktentwicklung würde durch die extreme Plötzlichkeit eines solchen Absturzes über den Haufen geworfen.

Rückkopplung

„Die vier kostspieligsten Wörter im Englischen sind ‚this time it's different' (Diesmal ist es anders)."
Sir John Templeton, 1912–2008

Warum so negativ?
Wenn die Märkte die Wirtschaft in etwa im Gleichgewicht halten sollen (wie von der neoklassischen Ökonomie angenommen), müssen die Wechselbeziehungen innerhalb der Wirtschaft von negativen Rückkopplungen dominiert werden. In der Praxis gibt es jedoch mehrere positive Rückkopplungsschleifen in jedem Wirtschaftssystem. Diese treten bei einer Boom- oder einer Pleitephase klar zutage – zum Beispiel in der Dotcom-Blase zwischen 1995 und 2000. In einer Boomphase entwickeln bestimmte Aktien eine besondere Dynamik. Weil Händler sehen, dass diese Aktien gekauft werden, springen sie auf den Zug auf.

Es gibt auch menschliche Parallelen zu der elektronischen positiven Rückkopplungsschleife im Blitz-Crash, die durch die weitaus größere Vernetzung angetrieben wird, als das früher im Markthandel der Fall war. Dank Social Media und anderer elektronischer Kommunikationsmittel im Zwischenmenschlichen treten nun viel eher Netzwerkeffekte dort ein, wo Interaktion zwischen Investoren zu einer Bewegung in eine Richtung wird, verstärkt durch positives Feedback, was zum finanziellen Äquivalent eines Marktschreiers führt.

Ein extremes Beispiel für ein gefährliches positives Feedback ist der Ansturm auf eine Bank. Das Gleichgewicht der Bank ist von einem gewissen Maß an Vertrauen zwischen Kunden und Bank abhängig. Wenn das Vertrauen wegbricht, weil sich die Nachricht verbreitet, die Bank befinde sich in Schwierigkeiten, fangen die Leute an, ihre Einlagen abzuziehen. Das führt dazu, dass der Aktienkurs der Bank weiter sinkt, was wiederum noch mehr

Menschen motiviert, ihr Geld abzuheben, weil sich das Gefühl breitmacht, dass die Bank bald nicht mehr in der Lage sein wird, Bargeld auszugeben. Sowohl die Liquidität der Bank als auch ihr Aktienkurs trudeln parallel in den Untergang.

Warum geben Ökonomen dann weiterhin vor, Märkte seien natürliche, selbstkorrigierende, stabile Umgebungen? Eine Vermutung lautet, dass es viel mit Wirtschaftsprofis zu tun habe, die ihre gut bezahlten Jobs behalten wollten. Wenn sie bereit wären zuzugeben, dass Volkswirtschaften chaotische Systeme sind, in denen man unmöglich brauchbare Vorhersagen treffen kann, außer sehr kurzfristige, würde es zu einem Vertrauensverlust und schwindender Bereitschaft, sie ernst zu nehmen, kommen. Ökonomen haben immer behauptet, Wirtschaft sei eine Wissenschaft, aber wenn das so ist, dann gleicht dieses Festhalten an der unsichtbaren Hand einer Physik, die immer noch versuchte, mit einem 200 Jahre alten Verständnis an die Erklärung des Universums heranzugehen, obwohl man längst um Quantentheorie und Relativitätstheorie weiß.

Sierpiński-Aktien

Der kanadische Mathematiker David Orr weist auf eine faszinierende Ähnlichkeit zwischen Börsencrashs und dem Sierpiński-Dreieck hin, das wir auf S. 137 kennengelernt haben. Obwohl wir die übliche Wahrscheinlichkeit und die Normalverteilung nicht verwenden können, um vorherzusagen, wie sich Aktienkurse verhalten werden, spiegelt die Art chaotischer Bewegung, die man an der Börse beobachtet, doch ein sogenanntes Potenzgesetz wider. Dies besagt, dass es auf jeder Skala größerer Änderungen, wie zum Beispiel einem Crash, in der Regel etwa ein Drittel weniger an Ereignissen der nächstniedrigeren Skala gibt.

Potenzgesetz
Bei einem Potenzgesetz, wie dem für die Gravitation, ist eine Größe eine Potenz (zum Beispiel ein Quadrat oder eine dritte Potenz) einer anderen.

Insofern sind plötzliche Abstürze eher wie die Leerstellen in einem Sierpiński-Dreieck verteilt. Auf jeden massiven Kurssturz kommen ungefähr dreimal so viele Kursstürze der halben Größe, etwa neunmal so viele Abstürze von einem Viertel der Größe, und so weiter. Wenn sich die Größe der Änderung halbiert, gibt es ungefähr dreimal so viele Ereignisse.

NASDAQ-Index während der Dotcom-Blase
Zwischen 1995 und 2005 schwang sich der NASDAQ-Index zu neuen Höhen auf und brach dann mit dem Kollaps der Dotcom-Blase dramatisch ein.

Man beachte, dass man es hier mit einem klassischen Beispiel von chaotischem Verhalten zu tun hat: Es gibt eine klare selbstähnliche Struktur in den Daten, doch hilft die Kenntnis dieser Struktur kein bisschen dabei, vorherzusagen, was als Nächstes geschehen wird. Und die Potenz, mit der man arbeiten muss, könnte sich mit Leichtigkeit von einer Episode zur nächsten mit der Art der betroffenen Unternehmen ändern. Interessanterweise ähnelt diese Potenzgesetz-Verteilung stark einem natürlichen Vorkommen von Schocks, nämlich bei einem Erdbeben – allerdings verdoppelt statt verdreifacht sich hier die Anzahl der Ereignisse, wenn man ihre Stärke halbiert – und insoweit erinnert diese Ähnlichkeit an die weitläufige Anwendbarkeit der Feigenbaum-Konstante.

Von Experten zu Bestsellern

„Ein Bestseller ist das vergoldete Grab eines mittelmäßigen Talents."
Logan Pearsall Smith, 1865–1946

Politische Verwirrung
Wie schon erwähnt, hatten Umfragen (und Buchmacher) anscheinend Probleme damit, die Ergebnisse politischer Entscheidungen in den letzten Jahren vorherzusagen. Allgemeiner gesagt, hatten politische Experten größere Schwierigkeiten mit einem System, das zunehmend chaotisch wurde. Eine wichtige Rolle spielt dabei die Veränderung des Wahlverhaltens, weg von traditionellen sozioökonomischen und Parteilinien. Gruppierungen haben sich verändert und sind zersplittert – die ideale Situation für Chaos, das aus dem unerwarteten Zusammenspiel von Teilsystemen entsteht.

Zweifellos hat das Erstarken von Social Media und anderen Online-Kommunikationsformen daran großen Anteil. Wo traditionell politische Einflüsse eher auf Herkunft, Arbeitsplatz und die Massenkommunikation politischer Parteien beschränkt gewesen sind, gibt es jetzt weit mehr Möglichkeiten für Informationen, in sozialen Blasen zu zirkulieren und so zu verstärken, was zuvor relativ unwichtige Faktoren gewesen sein könnten. Das führte zu Ergebnissen, die Experten als etwas überrascht haben, das sich von einem stark strukturierten System, in dem sich traditionelle Wahrscheinlichkeiten auszahlten, zu einem chaotischen gewandelt hat, in dem Ergebnisse auftreten, die man zuvor für unmöglich gehalten hat.

Auf Gold aus sein
Im Gegensatz zum politischen Umfeld hat das System, das einen Bestseller oder einen Number-One-Hit hervorbringt, schon immer eine bedeutende chaotische Komponente gehabt, wobei die gleichen Faktoren, wie Social Media und andere Online-

Umgebungen (insbesondere Amazon) diesen chaotischen Aspekt nur noch stärker zentralisiert haben. Wenn wir Bestseller als Beispiel nehmen, dann ist das wohl ein weit weniger gut verstandenes chaotisches System als ein gut erforschtes, wie das Wetter.

Es mag zwar klare Faktoren geben, die zum Erfolg eines Buches beitragen – was man ihm an Marketing und Sichtbarkeit mitgibt, Medien- und Social-Media-Berichterstattung, verfügbares Einkommen der Zielgruppe, veränderte Einstellungen zum Lesen und mehr – es handelt sich dennoch um ein komplexes System, das das Agieren der Verlage, Buchhandlungen und Käufer beinhaltet, wofür weit weniger Daten verfügbar sind als beim Wetter, und wo die bekannten Beziehungen weit weniger offensichtlich sind als beispielsweise die Gravitationswechselwirkung beim Drei-Körper-Problem (siehe S. 58).

Das Ergebnis wurde durch die Verfügbarkeit von E-Books noch komplexer, weil diese eine viel größere Flexibilität der Preisgestaltung ermöglichen; dazu kommen die Wechselwirkungen mit großen neuen Systemen, zum Beispiel Onlinehändler wie Amazon. Angenommen, ein E-Book-Preis liegt bei €4,99 und wird vorübergehend auf 99 Cent reduziert. Die konventionelle Ökonomie würde eine Vorhersage über die Auswirkungen eines solchen Preisverfalls auf den Umsatz ermöglichen. Aber im Amazon-Ökosystem ist die Preisänderung nur ein kleiner Teil der interagierenden Faktoren. Wegen der Reduzierung erscheint das Buch vielleicht nur in einer speziellen Abteilung für Sonderangebote. Die dadurch bewirkte Zunahme im Absatz könnte das Verkaufsranking des E-Books verbessern und ihm so mehr Sichtbarkeit auf der Website verschaffen, womit in einer positiven Rückkopplungsschleife eine weitere Steigerung des Umsatzes erreicht würde. Plötzlich könnte eine geringfügige Änderung von enormer Bedeutung sein – aber auf völlig unvorhersehbare Weise.

Damit soll nicht gesagt sein, dass jedes Buch unabhängig von seiner Qualität zum Bestseller werden kann (obwohl es auch dafür Beispiele gibt, wie etwa *Fifty Shades of Gray* (dt. *Geheimes Verlangen*), das trotz vieler Verrisse zu einem Riesenerfolg wurde), sondern vielmehr, dass es fast unmöglich ist, einen Bestseller vorherzusagen, weil es keine klare, einfache Beziehung zwischen einem bestimmten Faktor und dem großen Erfolg gibt. Und das gilt trotz der Versuche, Big Data einzusetzen, um genau diese Art von Vorhersage zu treffen.

Big Data

„Man kann die Mathematik mit einer wunderbaren Mühle vergleichen, die das Mahlgut so fein mahlt, wie man möchte; dennoch hängt das, was man herausbekommt, davon ab, was man hineingegeben hat, und genauso, wie die beste Mühle der Welt aus Erbsenschoten kein Weizenmehl machen kann, ergeben seitenweise Formeln, die auf unsicheren Daten beruhen, keine belastbaren Ergebnisse."
Thomas Huxley, 1825–1895

Ist groß wirklich schön?
Wir leben in einem Zeitalter von Big Data und haben unübertroffene Möglichkeiten, große Datenmengen zu nutzen, oft in nahezu Echtzeit, und sie zu analysieren. Einige würden das für die Lösung aller Probleme von Umfragen und Studien halten, frei nach dem Motto: Vergessen Sie den Versuch, anhand einer Stichprobe auf das Ganze zu schließen, wenn Sie es mit chaotischen Systemen zu tun haben, geben Sie einfach alle Daten ein. Wahrscheinlich hat der erste Versuch mit Big Data in Form einer Volkszählung die Computerrevolution erst angestoßen. Eine Volkszählung versucht, eine Momentaufnahme von allen Menschen in dem System, das untersucht wird, zu machen, aber zum Zeitpunkt der US-Volkszählung im Jahr 1890 dauerte es so lange, alle Daten zu verarbeiten, dass die Gefahr bestand, mit der Aufgabe nicht fertig zu werden, bevor die nächste Volkszählung im Jahr 1900 anstand.

Die Rettung brachte die *Tabulating Machine Company* mit einem Lochkartensystem, das der amerikanische Erfinder Herman Hollerith entwickelt hatte. Seine Geräte sortierten einfach nur elektromechanisch bestimmte Karten aus – und doch sollte aus seiner Firma der Computerhersteller IBM hervorgehen, und seine auf Lochkarten basierenden Datenverarbeitungssysteme wurden zu Vorläufern ihrer computergestützten Äquivalente.

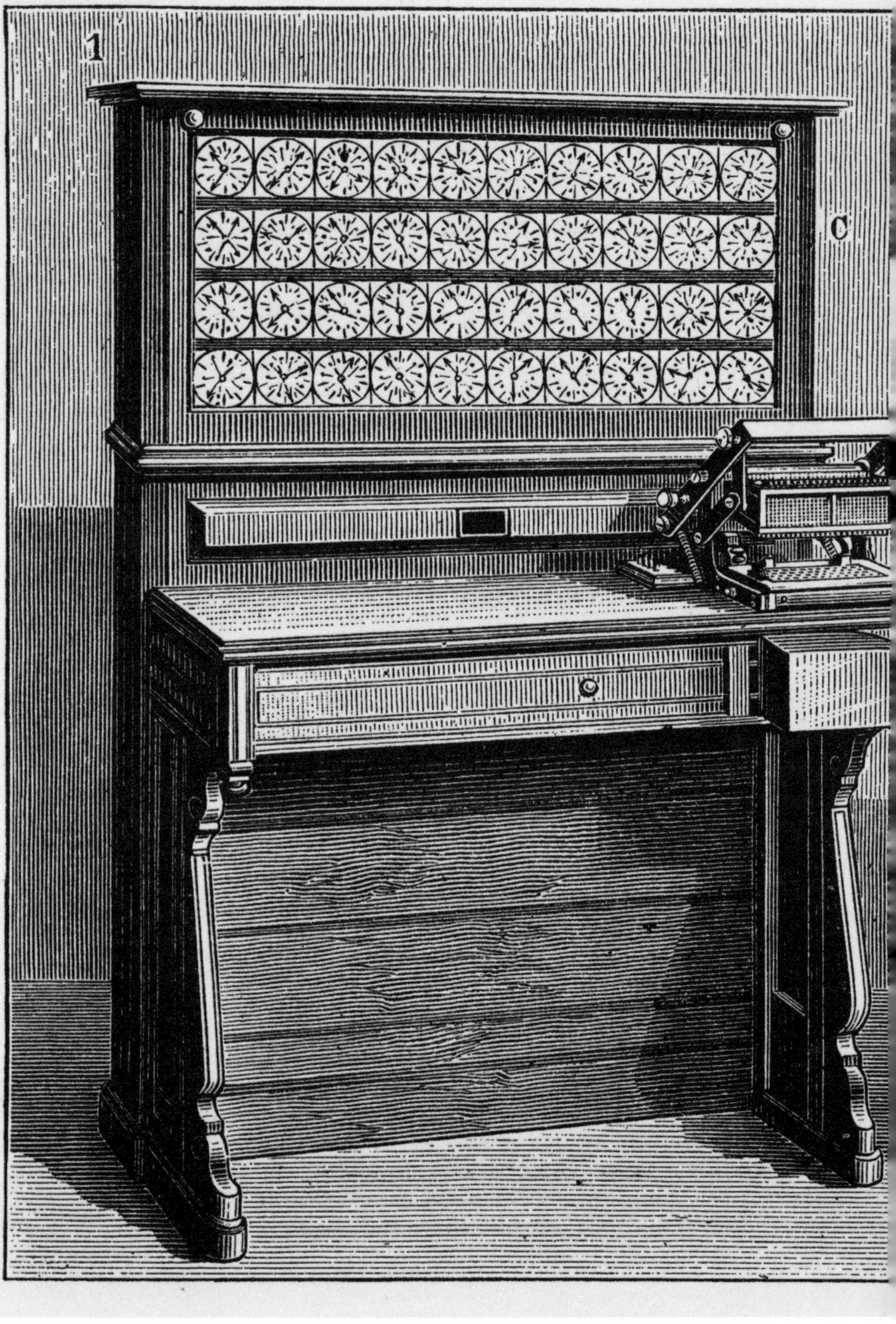
1
C

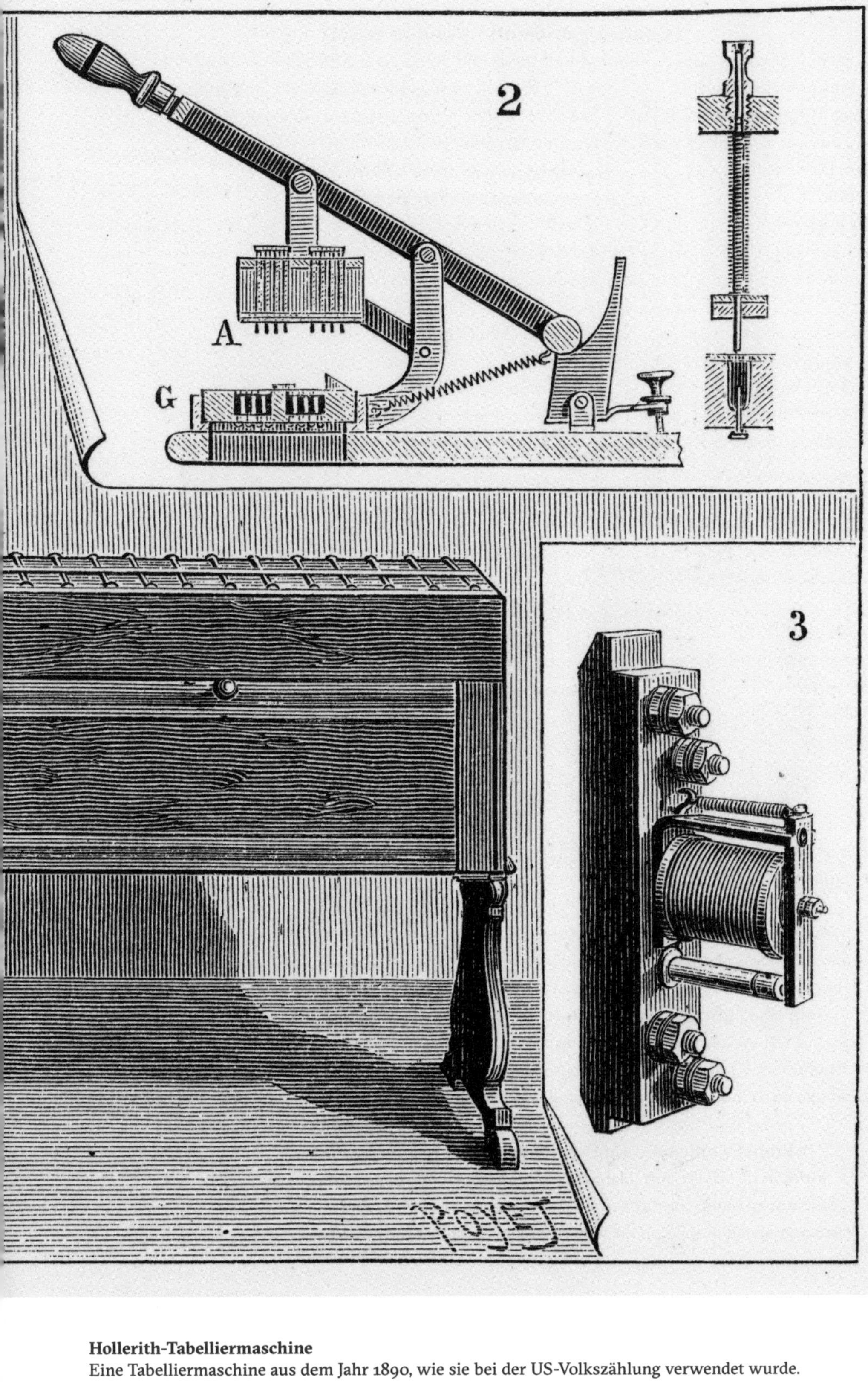

Hollerith-Tabelliermaschine
Eine Tabelliermaschine aus dem Jahr 1890, wie sie bei der US-Volkszählung verwendet wurde.

Big Data in der modernen Bedeutung sollte erst im 21. Jahrhundert entstehen, als Unternehmen und Organisationen große Datenmengen über Menschen und ihre Handlungen zu sammeln und zu verarbeiten begannen – und als die Software langsam klug genug wurde, diese Daten ohne menschliches Eingreifen zu bearbeiten. Oft ist dabei künstliche Intelligenz (KI) oder „maschinelles Lernen" beteiligt, sodass nicht mehr Menschen die Regeln für die Bearbeitung der Daten vorgeben, sondern der Computer Beziehungen und Verbindungen selbsttätig erkennt.

Im Prinzip ist dies ein Segen. Wir bemühen uns bekanntlich, chaotische Systeme zu verstehen – mit denen wir es fast immer zu tun haben, wenn Menschen beteiligt sind. (Das klingt sarkastisch, aber gemeint ist nicht, weil das Leben der Menschen chaotisch ist, sondern weil es so viele wechselwirkende Faktoren gibt, die unser Handeln beeinflussen.) Warum also sollten wir nicht eine künstliche Intelligenz den Überblick über das Geschehen suchen und Vorhersagen für uns machen lassen? Man hat es versucht, angefangen bei der Prüfung der Kreditwürdigkeit bis hin zur Vorhersage von Verbrechen. Es gibt jedoch ernsthafte Probleme mit diesem Ansatz.

Erkennen setzt Verstehen voraus

Zwei klassische Probleme, die auftreten, wenn man KI-Systemen ermöglicht, eine riesige Datenmenge zu durchforsten und Vorhersagen daraus abzuleiten, sind erstens, dass KI-Systeme nicht verstehen, was sie tun, und zweitens, dass sie zur Überanpassung neigen. Leicht wird man durch den Begriff „künstliche Intelligenz" getäuscht. KI-Systeme sind *nicht* intelligent. Sie finden Muster und nutzen sie aus – was sicherlich zu den Werkzeugen gehört, die auch Intelligenz nutzt – aber die KI-Systeme haben kein Verständnis dafür, was sie tun.

Ein gute's Beispiel ist der Versuch, KI zur Bilderkennung einzusetzen. Menschen sind extrem gut darin, zu erkennen, was auf einem Bild zu sehen ist – aber Maschinen sind es von jeher nicht. KI-Systeme scheinen über eine dieser menschlichen Fähigkeit ähnliche zu verfügen. Sagen wir, die Bilderkennungssoftware soll Bilder mit einem Paar Skier darin auswählen. Es ist sehr schwierig, genau anzugeben, wie ein Paar Skier aussieht, wenn es unter beliebigen Winkeln gesehen wird. Aber für maschinelles Lernen müssen wir das auch nicht tun. Stattdessen zeigen wir dem System Millionen von Fotos und sagen ihm, auf welchen Skier zu sehen sind. Mit der Zeit wird das System immer besser im Erkennen von Skiern. Zumindest scheint es so.

→
Automatisches Fahren
Das Bild, das sich ein selbstfahrender PKW macht, hängt davon ab, wie zuverlässig er Verkehrsschilder erkennt.

Der Haken ist, dass wir gar nicht wissen, mit welchen Mitteln das System die Skier identifiziert. Es wählt lediglich die richtigen Bilder aus den Fotos aus, die wir ihm gezeigt haben. Wenn wir dann aber anfangen, das System zu benutzen, wählt es, wann immer wir ihm ein Foto mit Schnee im Hintergrund zeigen, dieses Foto aus und behauptet, es seien Skier in der Aufnahme. Weil die überwiegende Mehrzahl der Fotos von Skiern, die der Maschine in der Lernphase gezeigt wurden, auch Schnee zeigten – und ein ausgedehntes

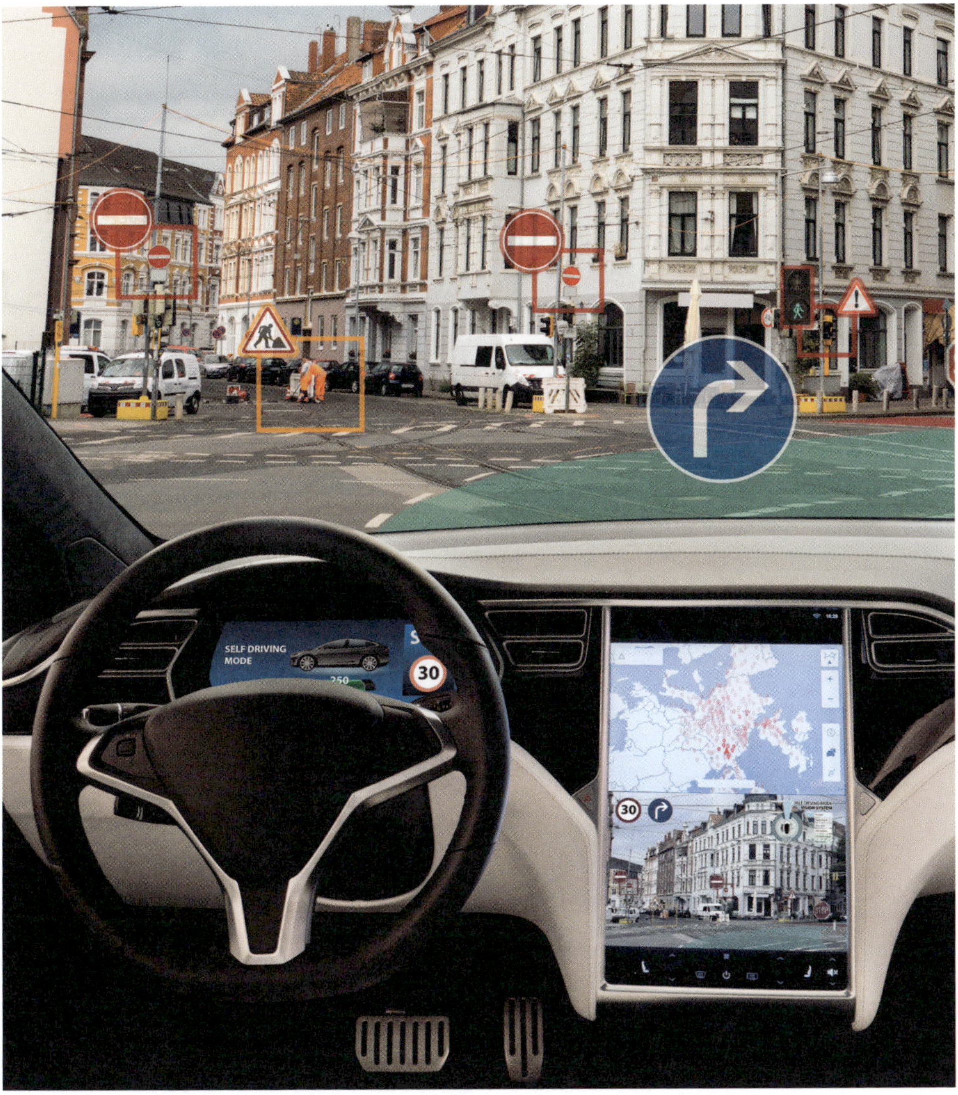

Schneefeld viel leichter zu erkennen ist als ein Paar Ski – hat es in Wirklichkeit die ganze Zeit nur nach Schnee gesucht.

Schlimmer noch, konnten Programmierer zeigen, dass man ein KI-Bilderkennungssystem immer mit etwas täuschen kann, das für das menschliche Auge vernachlässigbar ist. Ein besorgniserregendes Beispiel stammt aus dem Bereich des autonomen Fahrens. Man kann einen kleinen Aufkleber auf einem Stoppschild anbringen, der für das menschliche Auge nur eine unwesentliche Störung darstellt. Das selbst fahrende Auto aber liest das Schild dann als Zeichen für eine Geschwindigkeitsbegrenzung. Einem solchen System die Fähigkeit zu verleihen, auf der Grundlage seiner eigenen Entscheidungen zu handeln, gibt Anlass zur Besorgnis.

Wie schon erwähnt, ist es leicht, Korrelationen zu finden, die keinen Sinn ergeben. Bei ausreichend vielen Daten wird man zwangsläufig einige zufällige Korrelationen auffinden. Aber in großen Datenmengen zu fischen, ist genau das, was Big-Data-KI-Systeme tun. Und weil Maschinen im Gegensatz zu uns nicht verstehen, was sie tun, können sie auch nicht bemerken, dass der scheinbare Zusammenhang, den sie entdeckt haben, unsinnig ist.

Besser als die Wirklichkeit
Prognostiker haben ein Problem. Normalerweise gehen sie von früheren Daten aus und versuchen, diese in die Zukunft zu extrapolieren. Begründet wird dies so: Dies ist früher passiert, ich sollte daraus ableiten können, was als Nächstes passiert. Leider verhält sich die Realität selten nett und ohne Sprünge. Selbst nicht chaotische Daten haben „Ausreißer" – Exemplare, die vorübergehend von der Norm abweichen –, während chaotische Daten, wie erwähnt, weitaus extremere Sprünge machen. Das gehört zur Natur eines chaotischen Systems.

Beim Versuch, die Umrisse früheren Geschehens zu ermitteln, um es in die Zukunft zu projizieren, besteht, wie man seit Langem weiß, die Gefahr einer „Überanpassung" – das heißt, mithilfe jedes einzelnen Datums ein Modell zu entwickeln, das exakt diesen Datensatz generieren kann. Damit ist das Modell derart festgelegt, dass es immer nur das gleiche Ergebnis reproduzieren kann. In der Praxis muss ein Modell weniger gut zu den Daten passen, wenn es in der Lage sein soll, die Zukunft vorwegzunehmen; typischerweise kommt es mit einer relativ kleinen Anzahl von Variablen aus.

Sich selbst überlassen, kann ein auf maschinellem Lernen basierendes System jedoch die Daten schnell wild überfrachten und

Überanpassung
Die schwarze Linie ist eine sinnvolle Position für die Grenze zwischen schwarzen und weißen Punkten. Würde man die Linie an jeden einzelnen Punkt anpassen (rote Linie), erhielte man eine Darstellung, die nur mit diesem speziellen Datensatz funktioniert.

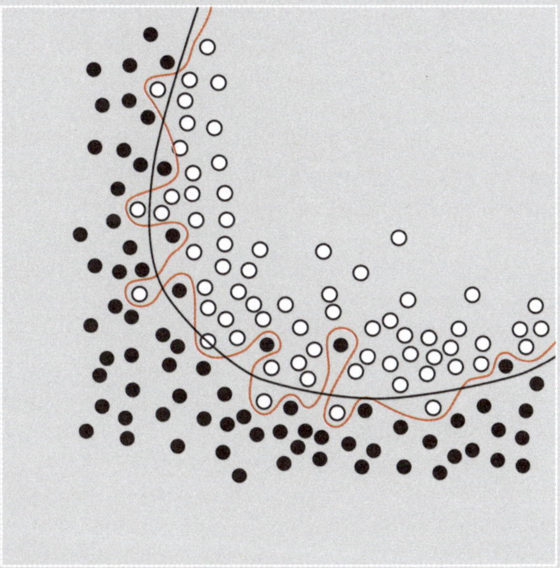

eine große Anzahl von Parametern erzeugen, die keine Grundlage in der Realität haben, es ihm aber dennoch ermöglichen, seine Trainingsdaten – die Daten, aus denen es gelernt hat – zu reproduzieren. Damit wird ein solches System tendenziell für jede Anwendung unbrauchbar, die außerhalb des Datensatzes liegt, auf den es trainiert wurde. Natürlich versuchen Entwickler solcher Systeme, dies zu verhindern, doch der springende Punkt beim maschinellen Lernen ist ja, dass man den Systemen nicht vorschreibt, wie sie ihre Arbeit erledigen sollen.

Zurück zu den Bestsellern

Wie erwähnt, haben Verlage keine Möglichkeiten, herauszufinden, wie das chaotische System, das aus Buchkäufern besteht, auf einen neuen Titel reagieren wird. Doch in einem Buch mit dem Titel *The Bestseller Code* haben der amerikanische Gelehrte Matthew Jockers und der Verleger Jodie Archer behauptet, es sei möglich, mithilfe von KI und Big Data den potenziellen Erfolg von Büchern vorherzusagen. Die Autoren behaupten, ihr System könne „lesen, erkennen und Tausende von Merkmalen in Tausenden von Büchern durchsuchen" – und das ist genau das Rezept für Überanpassung und die Erzeugung zufälliger Korrelationen. Die Autoren behaupten nicht, dass ihr System gute Literatur herausfiltert – es geht nur um den potenziellen Umsatz. Und zweifellos würde es einige „Me-Too" Bücher identifizieren, die auf einer Bestsellerliste gut abschneiden könnten. Aber aus der Liste von Themen, die ein Autor nach dem Jockers-Archer-Modell meiden sollte, geht klar hervor, dass der Ansatz ernsthafte Probleme hat. Um einen Bestseller nach diesem System zu schreiben, sollte ein Autor zum Beispiel Fantasy, ausgesprochen britische Themen, Sex und die Beschreibung von Körpern vermeiden. Womit, um einmal einiges zufällig herauszugreifen, *Game of Thrones* und der *Herr der Ringe* keine potenziellen Bestseller wären, von Charakteren wie James Bond oder Harry Potter sowie Krimis ganz zu schweigen. Der Ansatz kann vielleicht relativ sichere Titel erzeugen – aber solchen Regeln zu folgen, bringt sicherlich keine großartigen, einzigartigen Romane oder den nächsten großen Verkaufsschlager hervor. So funktioniert Chaos nicht.

Alles in allem gibt es also ernsthafte Bedenken hinsichtlich KI-Systemen, die unser Leben beeinflussen können und Entscheidungen auf Faktoren stützen, die möglicherweise niemandem mit gesundem Menschenverstand sinnvoll erscheinen. Von daher überrascht es nicht, dass viele Regierungen vorsichtig sind und nach Wegen zum Schutz der Öffentlichkeit suchen, indem sie Nutzer solcher Systeme dazu auffordern, Transparenz einzubauen. Aber das ist leichter gesagt als getan.

Transparenz
Weil ein auf maschinellem Lernen basierendes KI-System seine eigenen Regeln aus einer Fülle von Daten ableitet, kann es extrem schwierig sein, eine logische Erklärung für seine Entscheidung anzugeben. Damit ein KI-System transparent ist, muss es einen logischen Prozess erzeugen, dem ein Mensch folgen kann.

Wenn ein auf maschinellem Lernen basierendes System eine Entscheidung trifft, können die Faktoren, auf deren Grundlage es die Entscheidung trifft, oft verworren und ohne offensichtliche Logik dahinter sein. Noch ist fraglich, ob die Forderung nach Transparenz und dem Offenlegen von Entscheidungen dazu führt, dass KI-Systeme entweder ganz aufgegeben werden oder ob sie, was wahrscheinlicher ist, mehr eingebaute Komplexität zur Folge hat, die die Systeme in die Lage versetzen, logische Gründe für Entscheidungen zu konstruieren. Diejenigen, die in der Branche arbeiten, beschweren sich manchmal, dass der Gesetzgeber die Technologie nicht verstehe – aber damit unterstreichen die Technologen nur das Problem, dem wir alle gegenüberstehen. Solange die Technologie nicht so funktioniert, dass sie auch Erklärungen bereitstellen kann, ist sie es, die versagt.

Was aus Chaos entsteht

„Wissenschaft ist der Versuch, der chaotischen Mannigfaltigkeit der Sinneserlebnisse ein logisch einheitliches gedankliches System zuzuordnen."
Albert Einstein, 1879–1955

Chaos ist nicht immer chaotisch
Bevor das Wort „Chaos" in den 1970er-Jahren seine mathematische Definition erhielt, hatte es lediglich die ursprüngliche Bedeutung, die Einstein im obigen Zitat anspricht: ein zufälliges, oft gefährlich formloses Durcheinander. Es wäre wirklich besser gewesen, wenn diejenigen, die den Begriff für eine mathematische Definition benutzt haben, sich ein anderes Wort ausgedacht hätten, weil es sehr schwierig ist, den Begriff von seiner ursprünglichen Bedeutung zu trennen. Natürlich darf man bei Chaos auch an ein anarchisches Durcheinander denken. Doch meistens ist es das nicht.

Man denke nur kurz an die ursprüngliche Entdeckung von Lorenz. Das Wetter kann durchaus im üblichen Sinne chaotisch sein. Aber oft ist es das nicht. Stellen Sie sich einen ruhigen blauen Himmel oder auch Dauerregen aus einer geschlossenen Wolkendecke vor. Auch dieses ist, mathematisch gesehen, chaotisch – aber es zeigt nicht notwendigerweise die Attribute von Chaos in seinem üblichen Alltagssprachgebrauch und ebenso wenig die ursprüngliche Bedeutung als Leere in der griechischen Mythologie.

Wie bereits erwähnt, haben chaotische Systeme häufig Attraktoren – Inseln der Ruhe, die von einer Vielzahl von Anfangspunkten aus relativ leicht zu erreichen sind. Der Weg dorthin mag völlig unvorhersehbar und geradezu verrückt variabel sein, aber das Ziel ist alles andere als ungeordnet. Ebenso können chaotische Systeme mit einem überraschend hohen Grad an Übereinstimmung in etwas übergehen, das geradezu als Antithese des Chaos angesehen werden könnte: Synchronizität.

Spontane Synchronizität

Erfreulicherweise ist Synchronizität, wie Chaos, ebenfalls ein Wort, das im technischen Sinne nicht ganz seiner Bedeutung im allgemeinen Sprachgebrauch entspricht. Es fühlt sich an (das ist nicht genau die gebräuchliche Bedeutung), als würde es einen Zustand der Synchronisation bedeuten. Ein System, das Synchronizität zeigt, verfügt also über eine Regelmäßigkeit in etwas Zeitabhängigem wie beispielsweise einer Bewegung, die sich über einen Teil oder das gesamte System erstreckt. In Wirklichkeit wurde der Begriff von dem Schweizer Psychologen Carl Jung geprägt, um Ereignisse zu beschreiben, die zeitlich zusammenfallen und miteinander in Beziehung zu stehen scheinen, ohne dass eine Kausalität offensichtlich wäre. (Das wäre dann Zufall, Carl.)

Nach dieser Definition geht es bei Synchronizität also um Korrelation ohne Kausalität. Jung benutzte als Beispiel das chinesische Orakelsystem, das *I Ging*. Dieses scheint gelegentlich aussagekräftige Vorhersagen aufgrund von zufälligen Übereinstimmungen zu machen, ohne dass es einen Kausalmechanismus gäbe. Chaos kann zu einer anderen Spielart von Synchronizität führen, die mehr Sinn ergibt – geradezu eine Umkehrung von Jung –, bei der ein Kausalzusammenhang *vorhanden ist*, der aber, aufgrund der chaotischen Natur des Systems, nicht offensichtlich ist.

Eines der ersten chaotischen Systeme, denen wir begegnet sind, war das Doppelpendel (siehe S. 40). Eine andere Pendelart, das sogenannte gekoppelte Pendel, zeigt, wie Chaos synchronisierte Aktionen erzeugen kann. Dabei hängen zwei gleich lange Pendel an der gleichen Befestigung. Wenn eines der Pendel gestartet wird, überträgt sich die Schwingung allmählich auf das andere Pendel, dann zurück auf das erste und so weiter. Wenn sich beide bewegen, synchronisieren sich ihre Bewegungen. Dies hat der niederländische Wissenschaftler Christiaan Huygens als Erster an einer Pendeluhr beobachtet.

Dabei handelte es sich keineswegs um eine zufällige Entdeckung. Im 17. Jahrhundert hatten Schiffsnavigatoren große Probleme mit der Längengradbestimmung, also der Position in Ost-West-Richtung auf der Erdoberfläche. Der Breitengrad lässt sich relativ leicht aus dem Sonnenstand am Mittag ableiten, aber die Bestimmung des Längengrades machte eine genaue Bestimmung der Zeitdifferenz zwischen der aktuellen Position und einem

→
I Ging
Eine Seite aus einer gedruckten Kopie des *I Ging* aus der Song-Dynastie (960–1279).

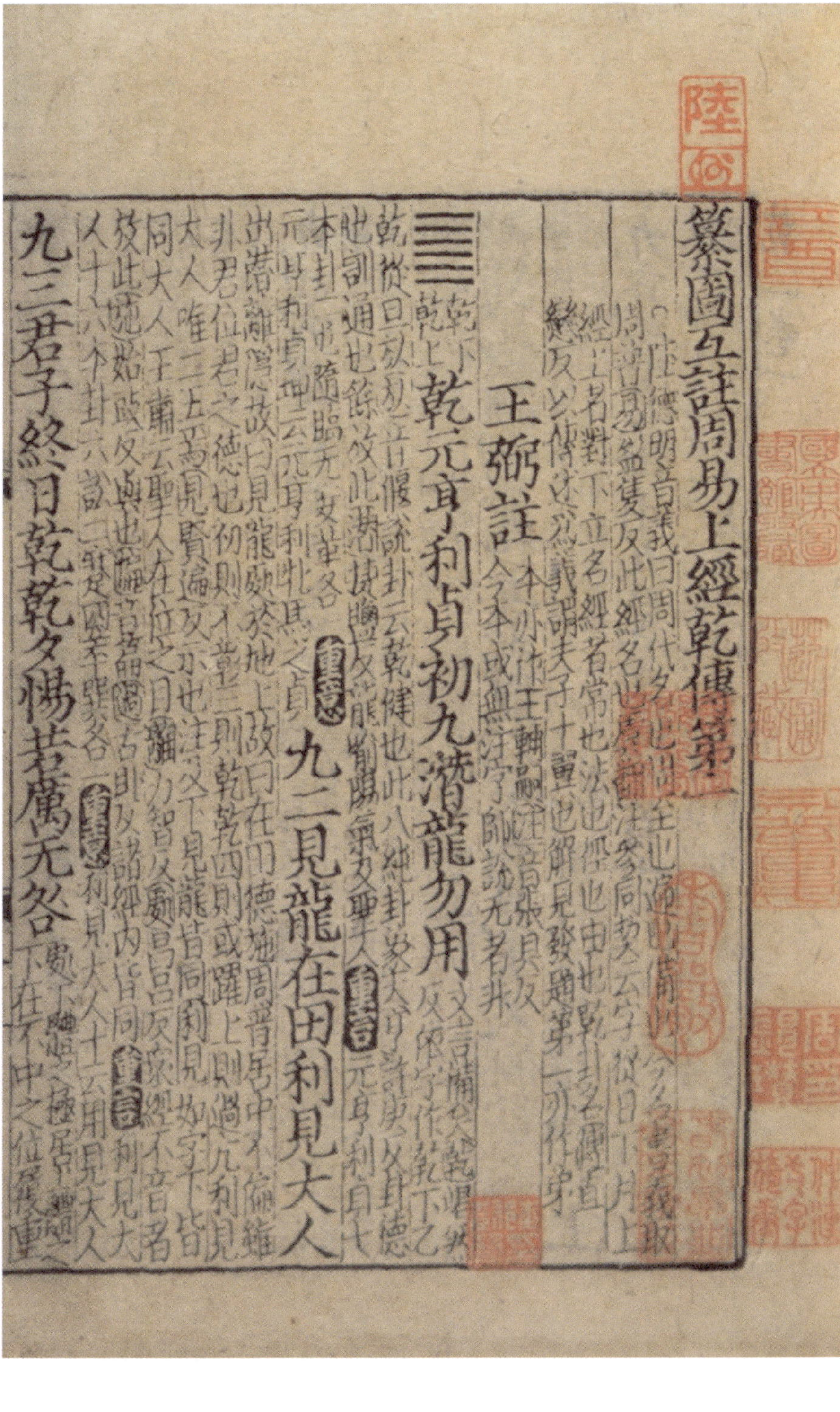

纂圖互註周易上經乾傳第一

王弼註

乾元亨利貞初九潛龍勿用

九二見龍在田利見大人

九三君子終日乾乾夕惕若厲无咎

Synchronisierte Pendel
In Huygens' Experiment synchronisierten sich die Pendel zweier Uhren, die am selben Holzbalken befestigt waren, gegensinnig.

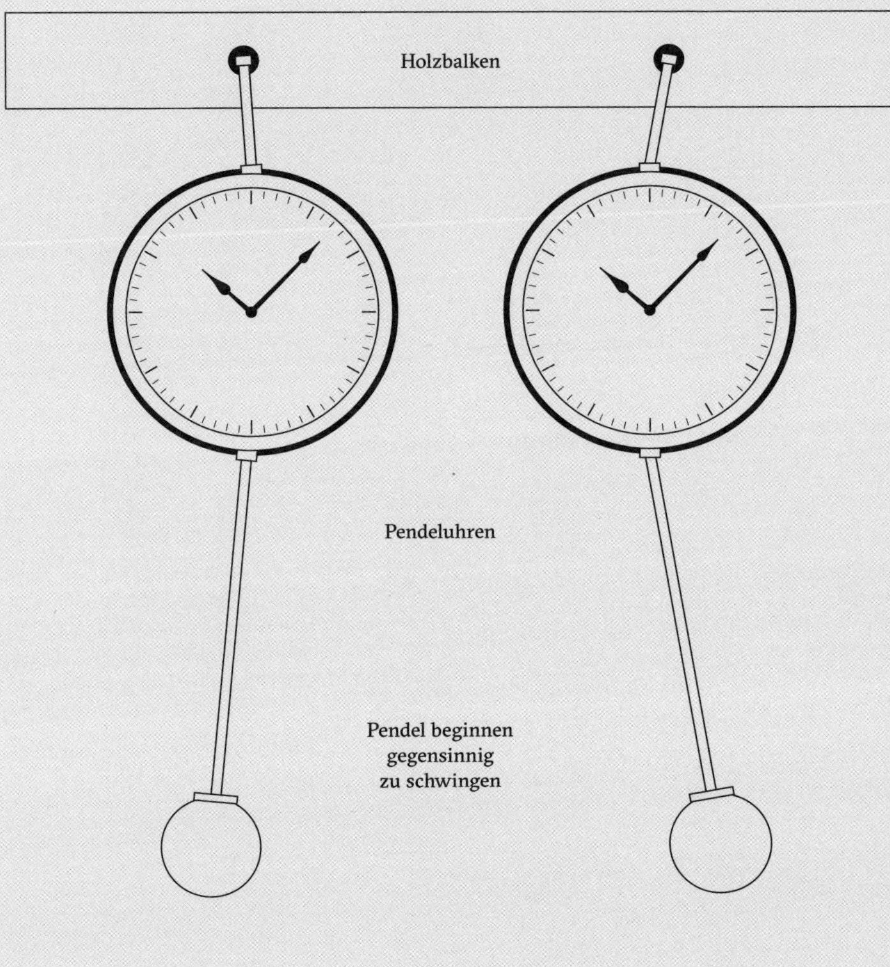

bekannten Punkt auf der Erde notwendig. In Zusammenarbeit mit dem schottischen Wissenschaftler Alexander Bruce wollte Huygens untersuchen, ob seine neu erfundenen Pendeluhren auch bei bewegter See funktionierten; er sorgte dafür, dass ein Paar Pendeluhren auf einem Schiff nach Westafrika aufgestellt wurden.

Zur Sicherheit gab es zwei Uhren – falls eine durch die heftige Bewegung der Wellen gestoppt werden sollte, könnte sie leicht auf die Zeit der anderen zurückgesetzt werden. Wie sich herausstellte, erwies sich der Versuch als ineffektiv, obwohl es keine Stürme gab und der erste Versuch erfolgreich gewesen war. Zum einen gingen die Uhren nicht genau genug und zum anderen reagierten sie so empfindlich auf die Bewegung des Schiffes, dass sie durchaus beide zugleich zum Stillstand kommen konnten. Aber bei dem Versuch, sie anders anzubringen, entdeckte Huygens, dass sich zwei Uhren, die am selben Balken befestigt wurden, synchronisieren würden; sie schwangen dann nach etwa einer halben Stunde im Gleichtakt, wenn auch gegenläufig.

Dieser Effekt wurde im Laufe der Jahre mehrmals wiederentdeckt und im 19. Jahrhundert fand man als einleuchtende Erklärung, dass durch den Balken Energie zwischen den beiden Pendeln übertragen wurde, und zwar zunächst auf chaotische Weise, so lange, bis sie genau gegenläufig schwangen – ihre Ausschläge sich also gegenseitig spiegelten; danach war der Energieaustausch zwischen den Pendeln im Gleichgewicht.

Neuere Forschungen haben weitere bemerkenswerte Aspekte der Pendelsynchronisation aufgedeckt. Im Jahr 2002 baute James Pantaleone, Physiker an der University of Alaska, einen Versuch mit zwei Metronomen auf – solche kopfstehenden Pendel verwendet man, um einen regelmäßigen Takt für ein Musikstück vorzugeben –, die auf einem Holzbrett über einem Paar Mineralwasserdosen standen, was zu einer unaufwendigen und erfrischenden Demonstration des von Huygens entdeckten Effekts hätte führen sollen. Stattdessen geschah etwas Seltsames.

Die Metronome synchronisierten sich zwar – aber schließlich nicht im spiegelverkehrten Takt, sondern sie bewegten sich beide in die gleiche Richtung. Weitere Experimente an der Technischen Universität Eindhoven in den Niederlanden zeigten, dass das Geheimnis nicht in den Getränkedosen lag, sondern im relativ geringen Gewicht des Verbindungsbrettes. Bei einem leichten Verbindungsbalken synchronisieren sich die Pendel in die gleiche

Richtung, bei einem schweren Balken in entgegengesetzten Richtungen. Man stellte fest, dass die Energie nicht hin und her wanderte, sondern die Bewegungen der Pendel mit der leichten Verbindung sich letztendlich so koppelten, als seien die Pendel miteinander verbunden.

Monde, Glühwürmchen und Brücken

Ein ähnlicher Effekt erzeugt ein so bekanntes Phänomen, dass wir selten darüber nachdenken; aber wenn man es bemerkt, kann es einem rätselhaft vorkommen. Der Mond wendet uns immer die gleiche Seite zu. Er hat gar keine „dunkle Seite", wie zum Beispiel von Pink Floyd suggeriert – auf die andere Seite des Mondes trifft genauso viel Sonnenlicht wie auf die zugewandte Seite. Aber zur Erde zeigt immer die gleiche Seite. Da der Mond unseren Planeten umkreist, gibt es dafür nur eine einzige Erklärung: Die Rotationsgeschwindigkeit des Mondes ist gerade groß genug, um die Veränderungen zu kompensieren, die zu erwarten wären, wenn er um uns herumläuft.

Dies scheint ein bemerkenswerter Zufall zu sein – und das wäre auch bemerkenswert, wenn es tatsächlich Zufall wäre. Es ist jedoch ein weiteres Beispiel für Synchronizität. Der Mond und die Erde sind keine perfekten Kugeln. Hauptsächlich weil die Anziehungskraft der Erde auf die der Erde zugewandte Mondseite deutlich größer ist, wird diese Seite ein wenig in Richtung Erde gestreckt. Das wirkt sich ähnlich aus wie bei einem Würfel, der auf einer Seite ein zusätzliches Gewicht hat. Wenn ein gewichteter Würfel geworfen wird, zeigt er mit größerer Wahrscheinlichkeit die Seite, die dem Gewicht gegenüber liegt. Ganz ähnlich erfährt die Seite des Mondes, die sich zur Erde wölbt, einen größeren Zug in Richtung Erde, wenn sich der Mond dreht. Im Laufe der Zeit wurde die Eigendrehung des Mondes durch diesen Zug auf eine Geschwindigkeit gebracht, die eine Seite immer in Richtung unseres Planeten hält.

Ein weiteres Beispiel für Synchronizität in der Natur ist die Tatsache, dass einige Glühwürmchenarten ihr Aufglühen synchronisieren, und zwar nicht absichtlich, sondern wegen ihrer Wechselwirkung innerhalb eines chaotischen Systems.

Eines der besten Beispiele für eine solche spontane Synchronizität ereignete sich, als die Londoner Millennium Bridge eröffnet wurde. Dabei handelt es sich um eine stählerne Hängebrücke, die zwischen der St. Pauls Kathedrale und der Tate Gallery die Themse überquert, und sie wurde, wie der Name schon sagt, zum Eintritt ins neue Jahrtausend gebaut. Als die Brücke zum

Dämpfvorrichtung
Mechanische Hilfsmittel, die plötzliche Bewegungen absorbieren, z. B. Stoßdämpfer bei Autos.

ersten Mal geöffnet wurde, war sie eine, nun ja, Laufkatastrophe. Obwohl es sich um eine große, solide Struktur handelt, schwang sie so wild hin und her, als die Menschen sie überquerten, dass es schwierig war, hinüberzugelangen. Schon wenige Stunden nach der Öffnung musste sie geschlossen werden.

Das Problem der Brücke konnte durch Dämpfvorrichtungen behoben werden, die das unerwünschte Verhalten stoppten. Die eigentliche Ursache für das unkontrollierte Schwingen lag im Auftreten einer synchronen Bewegung als Folge der chaotischen Anregungen durch die vielen Fußgänger. Dies unterscheidet sich von dem alten Bild von Soldaten, die beim Überqueren einer Brücke ihren Gleichschritt unterbrechen müssen, falls sie mit derselben Frequenz marschieren, mit der die Brücke natürlicherweise vibriert. Dabei ist die Bewegung, die auf die Brücke übertragen wird, eine Auf- und Ab-Bewegung. Doch diese Menschen auf der Milleniums Bridge gingen nicht im Gleichschritt. Sie gingen normal und dabei schwankt man natürlich von einer Seite zur anderen. Aus dem Chaos, das aus der Brückenüberquerung so vieler Menschen erwuchs, entwickelte sich Synchronizität: Wenn mehr Leute in die eine Richtung schwankten als in die andere, verursachte das eine kleine Seitwärtsbewegung des Brückenbodens. Dies brachte andere Menschen unbewusst dazu im gleichen Takt zu schwanken, womit sie den Effekt verstärkten.

Chaos kann also Erwartungen zuwiderlaufen. Und wir haben schon gesehen, welche Probleme entstehen, wenn man versucht, das Verhalten chaotischer Systeme unter Verwendung der traditionellen Mathematik der Zufälligkeit vorherzusagen. Wie kann uns also die Chaostheorie bei praktischen Anwendungen von Vorteil sein? Es ist eine Sache, sich des Chaos bewusst zu sein, und eine andere, es zu nutzen.

Synchrone Glühwürmchen
Glühwürmchen im Smoky Mountains National Park, Tennessee, blinken synchron.

6
Das Chaos zähmen

Turbulente Zeiten

„Wenn ich in den Himmel kommen sollte, erhoffe ich Aufklärung über zwei Dinge: Quantenelektrodynamik und Turbulenz. Was den ersten Wunsch betrifft bin ich ziemlich zuversichtlich."
Horace Lamb, 1849–1934
(eine Variante wird auch Werner Heisenberg, 1901–1976, zugesprochen)

Die Achterbahn des Vielfliegers

Nur wenige Flugreisende schätzen den Moment, wenn die Stimme des Kapitäns über die Gegensprechanlage verkündet, dass das Flugzeug kurz vor dem Eintritt in Turbulenzen stehe und jeder bitte seinen Sicherheitsgurt anlegen möge. Es ist eine Sache, in zehn Kilometern Höhe reibungslos dahinzugleiten, und eine andere, sich in einem ratternden und klappernden Flugzeug zu befinden, das wie ein Spielzeug in den Händen eines Kindes schwankt und zittert. Noch schlimmer sind Luftlöcher, wenn das Flugzeug plötzlich wie ein außer Kontrolle geratener Aufzug abstürzt.

Es gibt etwas, das Sie beruhigen sollte, wenn Sie jemals auf einem Flug in Turbulenzen geraten: Noch nie ist ein großes Passagierflugzeug aufgrund von Turbulenzen abgestürzt (kleinere schon). Aber viele Menschen wurden dabei schon verletzt, entweder durch Gegenstände, die aus Schließfächern fielen oder, in Extremfällen, wenn sie nicht angeschnallt waren und aus dem Sitz geflogen sind. Aber am nervigsten an Turbulenzen dürfte die Tatsache sein, dass sie zu den am wenigsten verstandenen Aspekten der Physik gehören. Lange fanden Physiker das zutiefst frustrierend, doch inzwischen haben sie erkannt, woran es liegt: Turbulenzen sind ein charakteristisches Merkmal chaotischer hydrodynamischer oder fluider Systeme.

Luft ist ein Fluid, und die Turbulenzen, die ein Verkehrsflugzeug erfährt, werden durch plötzliche Luftbewegungen verursacht, typischerweise, wenn benachbarte Atmosphärenregionen deutlich unterschiedliche Temperaturen haben, wodurch kräftige Luftströme entstehen. Die Bewegung von Fluiden wird durch eine Reihe von Gleichungen beschrieben, die als Navier-Stokes-Gleichungen bekannt sind, nach dem französischen Ingenieur Claude-Louis Navier und dem irischstämmigen englischen Physiker George Stokes. Die Namensgebung bedeutet nicht, dass die beiden zusammengearbeitet haben, sondern ist aus einer ungewöhnlichen Kombination von Beiträgen zum Thema hervorgegangen.

Navier formulierte die Gleichungen 1822 (Stokes war da gerade drei Jahre alt), aber er scheint sie eher irrtümlich richtig formuliert zu haben. Navier verstand die zugehörige Physik nicht, und ihm war nicht klar, dass er es mit Reibung zwischen flüssigen Atomen oder Molekülen zu tun hatte – doch seinen Gleichungen gelang es irgendwie, dies richtig darzustellen. Stokes' Name wird angehängt, weil er 1845, nach Naviers Tod, die Physik richtig einarbeitete und die gleichen Gleichungen ableitete, diesmal auf einer soliden wissenschaftlichen Grundlage.

In ihrer allgemeinen Form handelt es sich bei diesen Gleichungen um nichtlineare partielle Differentialgleichungen: Solche Gleichungen sind so komplex, dass man sie nur in relativ einfachen Fällen vollständig lösen kann. Der „nichtlineare" Teil ist ein starker Hinweis darauf, dass Chaos auftreten wird, denn er verweist auf Mathematik, bei der das Ergebnis nicht in einer einfachen Beziehung zum Input, also den Anfangsbedingungen steht. Turbulenz entsteht, wenn unterschiedliche Teile des Fluids, zum Beispiel einer Flüssigkeit, zu unterschiedlichen Zeitpunkten unterschiedlich schnell beschleunigt werden, sodass sich die Flüssigkeit nicht als glattes Ganzes oder in einer geordneten Lage von Schichten bewegt (was als laminare Strömung bekannt ist), sondern so, dass kleine Flüssigkeitselemente sich auf unvorhersehbare Weise in verschiedene Richtungen bewegen.

→

Tragflächenwirbel
Wenn die Tragflächenenden eines Flugzeugs die Luft teilen, rufen sie Turbulenzen hervor, was in den Kondensstreifen sichtbar wird, in denen der Luftdruckabfall zur Kondensation von Wasserdampf führt.

Herzflimmern

Leider, und das wird allmählich ein gängiges Phänomen, hilft uns das Verständnis des Chaos zu erklären, warum Turbulenz auftritt, aber es stellt uns keine Instrumente zur Verfügung, ihr Verhalten besser vorherzusagen. Es gibt Modelle für turbulente Strömungen, die die Navier-Stokes-Gleichungen vereinfachen (zum Beispiel wird über die Zeit gemittelt, um den Einfluss zeitlicher Variationen in der Beschleunigung zu verringern) oder die das Fließverhalten rechnerisch simulieren, doch sind solche Modelle nicht in der Lage, das chaotische Ergebnis eines spezifischen turbulenten Ereignisses anzugeben. Nichtsdestotrotz helfen sie, zu verstehen, was passiert; dies kann durchaus nützlich sein, beispielsweise, wenn die Turbulenz im Herzen auftritt.

Sogenannte Herzgeräusche werden in der Regel durch Turbulenzen im Blutfluss innerhalb des Herzens hervorgerufen; beispielsweise bei einer Herzklappenverformung, wodurch das Blut nicht mehr glatt an der Klappe vorbeifließt. So entstehen Wirbel und Strömungen, die der Patient wahrnimmt und die auch außerhalb zu hören sind.

Tolle Tragflächen

Nehmen wir noch einmal ein Flugzeug als drittes Beispiel für Turbulenz. Es passiert häufig, dass ein Flugzeug am Anfang der Startbahn ankommt und dort noch, sehr zum Ärger der Passagiere, ein paar Minuten warten muss. Das Flugzeug vor ihnen hat zwar schon abgehoben, und doch müssen sie sich noch gedulden. Wenn ein Flugzeug gerade gestartet ist, hinterlässt es wahrscheinlich Turbulenzen, die den Start der nachfolgenden Maschine gefährlich instabil machen können; deswegen muss das folgende Flugzeug warten.

Turbulenz entsteht dadurch, dass die Tragflächenenden die Luft zerschneiden. Sobald die Maschine Fahrt aufgenommen hat, üben die relativ schmalen Spitzen der Tragflächen einen starken Druck auf die Luft unmittelbar vor ihnen aus; dadurch entstehen starke Scherkräfte, was lokale Turbulenz hervorruft, die sich ihrerseits als seitlich abdriftende Luftwirbel zeigt. Daher haben moderne Flugzeuge in der Regel Einbauten in den Tragflächen, die solche Effekte möglichst kleinhalten.

In einigen Fällen wird die Turbulenz durch den Einsatz sogenannter Winglets reduziert. Das sind kleine, senkrecht abstehende Erweiterungen der Tragflächenenden. (Wobei „klein" hier ein relativer Begriff ist. Die Winglets einer großen Passagiermaschine sind größer als ein Mensch.) Ein Winglet zerschneidet

den Wirbel, bevor er sich richtig ausbilden kann. Das verkürzt nicht unbedingt die Wartezeiten auf der Startbahn, sondern hilft deswegen, weil Wirbel Zug auf die Tragflächen ausüben (und als zusätzliches Plus erhöht das Winglet auch den Auftrieb). Moderne Großflugzeuge ohne Winglets verfügen über speziell geformte Tragflächenenden, um Wirbel zu zerstören.

Im Fall der Turbulenz an den Tragflächen hilft das Verständnis des Chaos bei Dingen, die man durch die Luft bewegen möchte. Es gibt aber auch eine unheimlichere Möglichkeit, bei der das Studium des Chaos hilfreich sein kann.

Turbulenzminderung durch Winglets
Vergleich der Wechselwirkung zwischen Luft und Tragflächenenden, mit und ohne Winglets. Das Winglet (rechts) reduziert die Entstehung von Wirbeln erheblich.

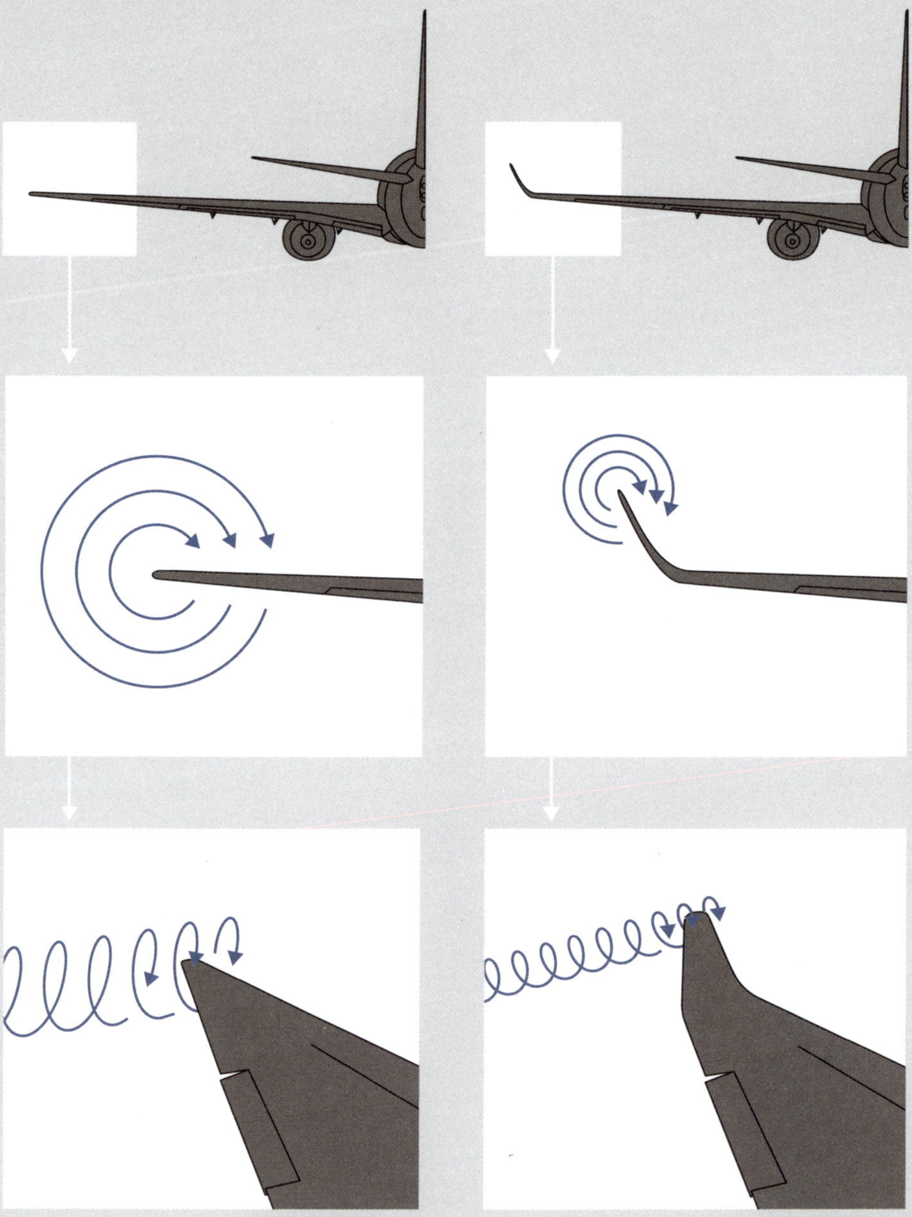

Bedrohung aus dem Weltraum

„Die Frage ist, ob wir begreifen können, warum Kometen den Tod von Herrschern und künftige Kriege anzeigen können, wie Philosophen behaupten."
Albertus Magnus, ca. 1200–1280

Das Ende der Dinosaurier
Die Tatsache, dass Menschen überhaupt existieren, ist zumindest teilweise auf ein katastrophales Ereignis zurückzuführen, das vor rund 65 Millionen Jahren geschah und dem Chaos zuzuschreiben ist. Die Halbinsel Yucatán im Golf von Mexiko wurde von einem Felsbrocken mit 10 Kilometern Durchmesser (die Schätzungen variieren) getroffen, der mit einer Geschwindigkeit von etwa 20 Kilometern pro Sekunde auf die Erde prallte. Die dabei freigesetzte Energiemenge war enorm – etwa fünf Milliarden Mal so hoch wie die Energie der Atombombe, die im Zweiten Weltkrieg auf Hiroshima abgeworfen wurde. Im Umkreis von Hunderten von Kilometern um die Einschlagstelle dürfte alles Leben vernichtet worden sein – aber weitaus wichtiger, muss die dabei aufgewühlte riesige Wolke aus Asche und Staub die Atmosphäre jahrelang verdunkelt haben; das führte zu einem weltweiten Temperaturrückgang und ließ die Dinosaurier aussterben, wodurch unsere anpassungsfähigen Säugetiervorfahren erst weiter gedeihen konnten.

Es war nicht das erste Mal, dass die Erde von einem Asteroiden oder einem Kometen getroffen wurde – und es war auch nicht das letzte Mal, auch wenn es seitdem keine Auswirkungen dieses Ausmaßes gegeben hat. Es ist schwierig festzustellen, wo auf der Erde solche Einschläge aufgetreten sind, weil tektonische Aktivität, die Ozeane und lebende Organismen die Erdoberfläche allmählich verändern und die Überreste einer solchen Kollision verbergen. Der Chicxulub-Krater im Golf von Mexiko mit einem

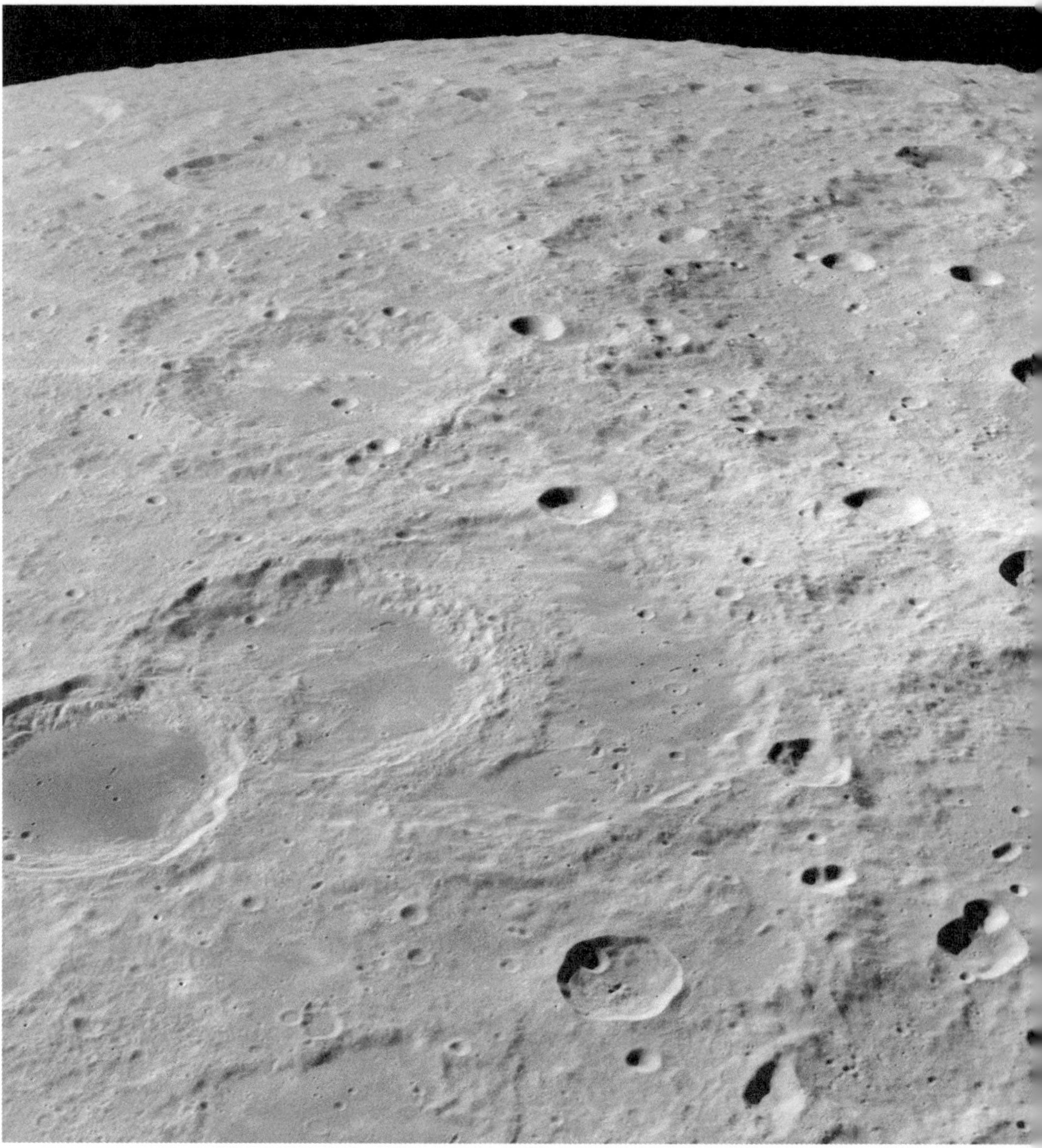

Die zernarbte Mondoberfläche
Weil tektonische Aktivität und der Einfluss lebender Organismen fehlt, sind die Narben der Einschlagkrater auf dem Mond viel deutlicher zu sehen als auf der Erde.

Durchmesser von rund 200 Kilometern, der durch den Einschlag entstand, wurde erst 1978 bei Ölbohrungen entdeckt, denn er ist weitgehend verborgen. Aber wenn man sich den Mond anschaut, wo solche Einschläge meist sichtbar bleiben, dann sieht man das Ergebnis eines über Milliarden von Jahren anhaltenden Bombardements aus dem Weltraum.

Das Tunguska-Ereignis
Druckwellen der Explosion in der Nähe des Flusses Podkamennaya Tunguska in Sibirien waren noch in Washington D.C. nachweisbar. In der Literatur ist alles Mögliche dafür verantwortlich gemacht worden – von einer Landung Außerirdischer bis zu einem Mini-Schwarzen-Loch.

Solange es geschichtliche Aufzeichnungen gibt, ist es auf der Erde zu nur relativ kleinen Kollisionen mit extraterrestrischem Material gekommen. Am berühmtesten ist vielleicht der Körper, möglicherweise Teil eines Kometen, der 1908 über dem Tunguska-Flusstal in Russland explodierte. Zum Glück war die Region weitgehend unbewohnt, immerhin maß das Objekt über 45 Meter im Durchmesser und entwurzelte Bäume im Umkreis von 30 Kilometern. Das spektakulärste Beispiel in neuerer Zeit fand auch in Russland statt – der Meteor, der 2013 in der Nähe von Tscheljabinsk zerbrach. Er war zwar deutlich kleiner und explodierte bereits in der Atmosphäre, setzte aber immer noch die Energie einer beachtlichen Atomwaffe frei.

Wir können nicht voraussagen, wann es soweit sein wird, aber irgendwann in der Zukunft wird es eine weitere katastrophale Kollision geben.

Vorwarnung

Die Dinosaurier hatten keine Chance, sich auf das Geschoss vorzubereiten. Aber wir, mit unserem Verständnis von Physik und Teleskopen mit großer Reichweite, schon. Das Chaos sorgt allerdings dafür, dass wir es nicht einfach haben werden. Wie erwähnt, führen schon nur drei wechselwirkende Körper zu einem Gravitationsproblem, das wir nicht exakt lösen können. Wenn ein Himmelskörper entdeckt wird, der möglicherweise auf Kollisionskurs ist, können wir zwar seine zukünftige Bahn berechnen, aber mehr nicht. Zum Beispiel wird ein Asteroid, der sich anscheinend in einer sicheren Umlaufbahn im Gürtel zwischen Mars und Jupiter befindet, durch die anderen Asteroiden um ihn herum und die Sonne beeinflusst – aber auch durch die bedrohliche Nähe des Jupiters. Die Gravitation des Riesenplaneten kann die Umlaufbahn eines Asteroiden ganz allmählich ändern und ihn schließlich in eine völlig andere Richtung katapultieren. Und bei dem Versuch, das zukünftige Ergebnis dieser Änderungen vorherzusagen, stoßen wir auf die Schwierigkeiten, die das Chaos mit sich bringt.

Bei Kometen, die sich nicht auf einfachen Bahnen innerhalb einer festen Region des Sonnensystems bewegen, liegen die Verhält-

Asteroiden im Sonnensystem
Asteroiden des Sonnensystems findet man hauptsächlich in zwei Himmelsregionen: im sogenannten Asteroidengürtel zwischen Mars und Jupiter sowie im Bereich der sogenannten Trojaner, die durch die Gravitationswechselwirkung zwischen Sonne und Jupiter auf Umlaufbahnen um den Planeten gehalten werden.

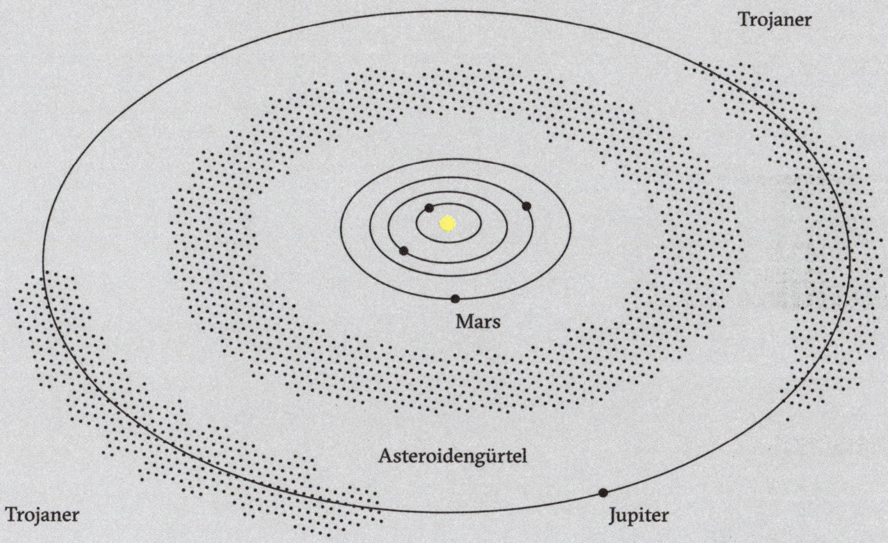

→
Potenziell gefährliche Asteroiden
Die Umlaufbahnen der bis 2013 identifizierten, mehr als 1400 Asteroiden, die wenigstens 140 Meter Durchmesser haben und deren Umlaufbahnen in einem Umkreis von 7,5 Millionen Kilometern von der Erde entfernt liegen.

nisse noch schwieriger. Viele stürzen in großer Entfernung zu den Hauptplaneten in Richtung Sonne und geraten dabei womöglich in den Einflussbereich einiger massereicher Körper, die ihre langgestreckten Umlaufbahnen eventuell drastisch verändern. Die Lage wird noch dadurch kompliziert, dass Kometen eigene Raketenmotoren ausbilden können. Wenn sie durch die Sonne aufgeheizt werden, können Wasser und andere flüchtige Stoffe, aus denen sie bestehen, verdampfen und wie ein Raketenmotor einen Strahl aus Gas und Staub ausstoßen, der den Kometen vom Kurs abbringt.

Natürlich können wir die Umlaufbahnen wiederkehrender Kometen in den meisten Fällen weit im Voraus berechnen. Bekanntlich sagte Newtons Zeitgenosse Edmond Halley die Rückkehr des nach ihm benannten Kometen erfolgreich vorher, auch wenn das Ereignis erst nach seinem Tod zu beobachten war. Aber andere Kometen können sich nach vielen relativ stabilen Umlaufbahnen gerade etwas zu weit in eine andere Richtung bewegen und plötzlich vom Kurs abkommen.

Wie immer in der Mathematik des Chaos zaubert unser Wissen um das chaotische Verhalten eines Systems keinen Mechanismus zum Lösen der Gleichungen aus dem Hut oder erlaubt uns eine perfekte Vorhersage, was passieren wird. Aber die gleiche Art Stichprobenansatz, der sich so erfolgreich bei Wetterprognosen einsetzen lässt, kann auch genutzt werden, um verschiedenen Flugbahnen potenziell gefährlicher Asteroiden und Kometen Wahrscheinlichkeiten zuzuordnen. Zumindest kann man in den Fällen, in denen ein potenzieller Einschlagskörper der Erdumlaufbahn zu nahekommt, auf diese Möglichkeit zurückgreifen.

Spaceguard

Zum Glück gibt es einen losen Zusammenschluss von Organisationen und Observatorien, die unter dem Titel *Spaceguard* arbeiten. Spaceguard ist ein internationaler Zusammenschluss, der unter Führung der Vereinigten Staaten den Himmel nach sich nähernden Körpern absucht, die zu „Erdnahen Objekten" (NEO nach dem englischen „near-Earth-objects") werden könnten – das sind solche, die der Erde so nahkommen, dass sie ein erhebliches Kollisionsrisiko darstellen.

Eines der Spaceguard-Systeme, das *Panoramic Survey Telescope and Rapid Response System* in Maui auf Hawaii, entdeckte 2017 jenes seltsame zigarrenförmige Objekt 'Oumuamua, das in Richtung Sonnenumlauf weiterflog, aber nie in die Nähe einer riskanten Umlaufbahn kam. Wegen seiner ungewöhnlichen Form

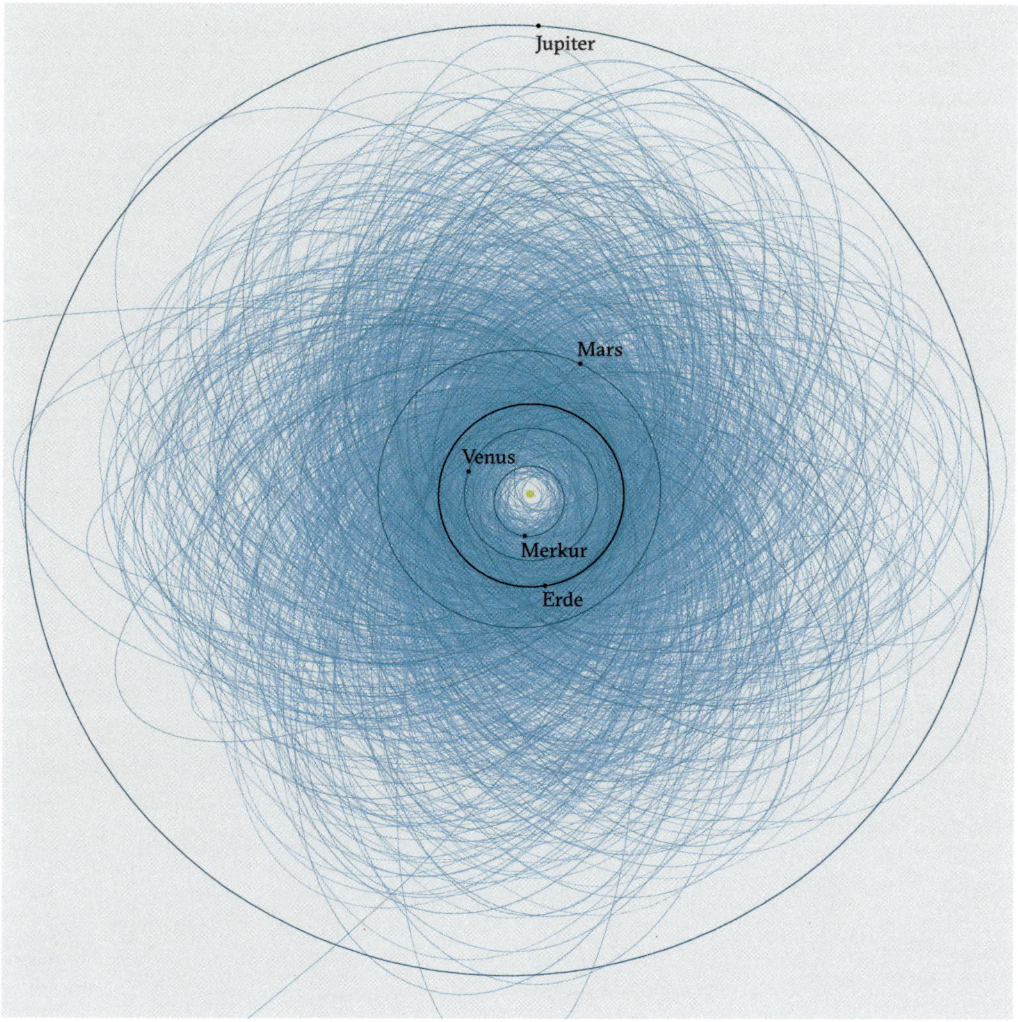
Jupiter
Mars
Venus
Merkur
Erde

wurde spekuliert, 'Oumuamua könnte eine Art Raumschiff sein, aber nichts in seinem Verhalten, das während des gesamten Vorbeiflugs verfolgt wurde, deutete darauf hin, dass es sich um etwas anderes handelte als Weltraummüll.

Obwohl man sich bei einem herannahenden Objekt nie über seine Flugbahn sicher sein kann, besagt die Grundidee von Spaceguard, dass alle Nationen früh genug alarmiert würden, um Gegenmaßnahmen zu ergreifen, falls das Risiko dies rechtfertigen sollte. Diese könnten darin bestehen, das Objekt mit einer Hochgeschwindigkeitssonde zu entern und Steuermotoren auf dem anfliegenden Körper zu platzieren, um seine Bahn geringfügig zu korrigieren, oder sogar darin, es mit Bomben zu zerstören; Letzteres wäre allerdings ein besonders riskantes Manöver, weil die Trümmer des explodierten Asteroiden oder Kometen immer noch die Erde treffen und großen Schaden anrichten könnten, wenn man nicht sehr sorgfältig vorgeht. Die NASA plant derzeit Tests für ein Asteroiden-Abfangraumfahrzeug namens DART, das die Umlaufbahn des erdnahen Asteroiden Didymos durch einen Zusammenstoß verändern soll.

Eigentlich würde man erwarten, dass der Zweck eines solchen Versuchs, die Bahn des anfliegenden Objekts zu ändern, darin besteht, es seitwärts abzulenken, aber tatsächlich käme man in der Regel mit sehr geringfügigen Änderungen aus, die den potenziellen Einschlagkörper entweder verlangsamen oder beschleunigen. Man bedenke, dass die Erde kein ruhendes Ziel darstellt. Unser Heimatplanet bewegt sich mit hoher Geschwindigkeit durch den Weltraum – mit rund 107 000 Kilometer pro Stunde relativ zur Sonne. Wenn ein Objekt auf Kollisionskurs mit der Erde sich nähert, aber nur etwas verlangsamt oder beschleunigt wird, ist die Erde nicht mehr auf dem Kollisionspunkt, wenn es dort ankommt.

Auch wenn Chaos verhindert, dass Spaceguard einen hundertprozentigen Schutz bietet, ermöglicht das Wissen um ein mögliches chaotisches Verhalten des Systems immerhin, vorbereitet zu sein.

Chaotische Geheimnisse

„In der Natur unendlichem Geheimnis
les' ich ein wenig."
William Shakespeare, 1564–1616

Verborgene Botschaften
Seitdem Information schriftlich weitergegeben werden, sucht man nach Wegen, sie vor neugierigen Blicken zu verbergen. Im Großen und Ganzen gibt es dafür drei Methoden: Verstecken der Nachricht, häufig in Sichtweite, sodass nur diejenigen sie lesen können, die wissen, wie man sie findet; Verwendung eines Codes, mit dem Wörtern oder Sätzen eine völlig andere Bedeutung als üblich gegeben wird; oder mit einer Verschlüsselung, indem die Bestandteile einer Nachricht (normalerweise, aber nicht immer, sind das Buchstaben und andere Zeichen) durch andere äquivalente Bestandteile nach bestimmten mathematischen Regeln ersetzt werden.

Einige der ältesten Methoden funktionieren nach der ersten Methode – und sie kann immer noch eine der effektivsten sein, weil es überhaupt keine offensichtliche Botschaft gibt. Eine frühe (wenn auch zeitraubende) Methode bestand darin, dem Boten oder der Botin den Kopf zu rasieren, die Nachricht auf die Kopfhaut zu schreiben und zu warten, bis die Haare wieder nachgewachsen waren; so blieb der Text verborgen, bis die Haare wieder abgeschnitten wurden. Eine etwas schnellere Methode besteht in einer Reihe Bücher in einem Regal, die so angeordnet sind, dass bestimmte Buchstaben auf den Buchrücken eine Nachricht bilden. Wenn man nicht weiß, dass die Bücher auf diese Weise Information transportieren, ist es praktisch unmöglich, die übermittelte Botschaft zu entdecken.

Codes sind recht häufig vom Militär und Geheimdiensten verwendet worden, wenn es um die Übermittlung einiger weniger

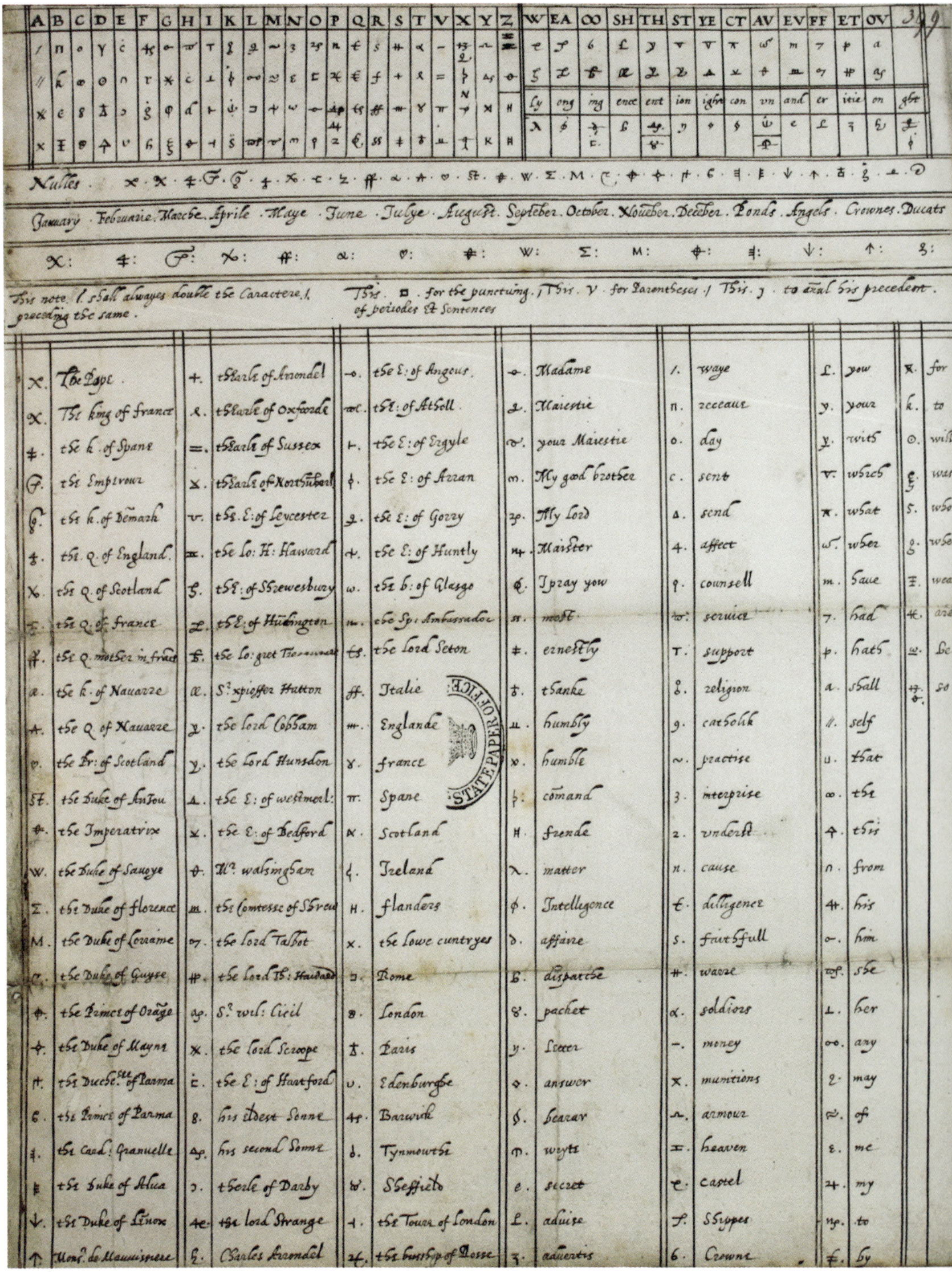
A B C D E F G H I K L M N O P Q R S T V X Y Z
W EA OO SH TH ST YE CT AV EV FF ET OV
ly ong ing ence ent ion ight con vn and er itie on ght
Nulles
January . Februarie . Marche . Aprile . Maye . June . Julye . August . September . October . November . December . Ponds . Angels . Crownes . Ducats
This note. I shall alwayes double the Caractere, preceding the same.
This . for the punctuing of periodes & Sentences
This . for Parentheses
This . to anul his precedent.
The Pape
The king of france
the k. of Spane
the Emprour
the k. of Denmark
the Q. of England
the Q. of Scotland
the Q. of france
the Q. mother in france
the k. of Nauarre
the Q. of Nauarre
the Pr: of Scotland
the Duke of Anjou
the Imperatrix
the Duke of Sauoye
the Duke of florence
the Duke of Lorraine
the Duke of Guyse
the Prince of Orange
the Duke of Mayne
the Duchesse of Parma
the Prince of Parma
the Card: Granuelle
the Duke of Alua
the Duke of Lenox
Monr. de Mauuissiere
the Earle of Arundel
the Earle of Oxforde
the Earle of Sussex
the Earle of Northumberl
the E: of Leycester
the lo: H: Haward
the E: of Shrewesbury
the E: of Hutingdon
the lo: great Treasurer
Sr. xpoffer Hatton
the lord Cobham
the lord Hunsdon
the E: of westmerl:
the E: of Bedford
Mr. walsingham
the Comtesse of Shrew
the lord Talbot
the lord H: Haward
Sr. wil: Cicil
the lord Scroope
the E: of Hartford
his eldest Sonne
his second Sonne
the Erle of Darby
the lord Strange
Charles Arundel
the E: of Angous
the E: of Atholl
the E: of Argyle
the E: of Arran
the E: of Gowry
the E: of Huntly
the b: of Glasgo
the Sp: Ambassador
the lord Seton
Italie
Englande
france
Spane
Scotland
Ireland
flanders
the lowe cuntryes
Rome
London
Paris
Edenburghe
Barwick
Tynmouth
Sheffield
the Tower of London
the bushop of Rosse
Madame
Maiestie
your Maiestie
My good brother
My Lord
Maister
I pray you
most
ernestly
thanke
humbly
humble
comand
frende
matter
Intelligence
affaire
dispatche
pachet
letter
answer
bearar
wryte
secret
aduise
aduertis
waye
receaue
day
sent
send
affect
counsell
seruice
support
religion
catholik
practise
interprise
underst
cause
dilligence
faithfull
warre
soldiors
money
munitions
armour
heaven
castel
shippes
Crowne
yow
your
with
which
what
when
haue
had
hath
shall
self
that
the
this
from
his
him
she
her
any
may
of
me
my
to
by
for
to
will
was
who
when
wear
are
be
so
STATE PAPER OFFICE

←
Königin Marys Schlüssel
Der Schlüssel, den Mary, Königin von Schottland, während ihrer Gefangenschaft (ca. 1586) benutzte, kombiniert einfache Ersetzungen mit speziellen Symbolen für häufig gebrauchte Wörter und „Leer-Symbole", die keinerlei Information transportieren und nur zur Verschleierung hinzugefügt sind.

einfacher Konzepte ging. So könnte beispielsweise das Wort HALLO in einem Codebuch mit der Bedeutung „Treffen uns in Smith's Bar in Washington am Freitag um 20 Uhr" aufgeführt werden. Ein Satz, der das Wort HALLO enthält, könnte frei verfügbar, ja sogar online gestellt sein: Ohne das Codebuch wäre der Code nicht zu knacken. Es könnte alles Mögliche bedeuten. Ohne Zugang zum Codebuch können jedoch auch diejenigen, die es verstehen sollen, nichts damit anfangen. Außerdem besteht immer das Risiko, dass eine Kopie des Codebuchs weitergegeben und der Code damit verraten wird.

Im Gegensatz dazu benötigt man bei der Verschlüsselung kein Codebuch, nur einige Regeln. Sender und Empfänger müssen sich lediglich über die Regeln einig sein. Die einfachste Form ist die Ersetzung von Zeichen durch eine feste Verschiebung im Alphabet – man spricht dann von einer Caesar-Verschlüsselung. Wenn die Regel beispielsweise lautet, im Alphabet zwei Buchstaben nach rechts zu rücken, wird aus dem Wort HALLO JCNNQ. Einfache Verschlüsselungen wie diese sind sehr leicht zu knacken. Anspruchsvollere Chiffrierungen verwenden einen Schlüssel (oft ein Wort oder einen Satz), der der Nachricht „hinzugefügt" wird, wobei der Zahlenwert jedes Buchstabens verwendet wird. Wenn also zum Beispiel der Schlüssel KOMPLEX lautet, würde man das H von HALLO um 11 (die Position von K im Alphabet) Buchstaben verschieben, womit es zu S wird, das A um 15 (O), sodass es zu P wird und so weiter. Dies hat zur Folge, dass aufeinanderfolgende Buchstaben nicht gleich verschlüsselt werden – im HALLO-Beispiel würden sich die beiden Ls normalerweise nicht in den gleichen verschlüsselten Buchstaben ändern.

Die beste Verschlüsselung benutzt ein sogenanntes One-Time-Pad, bei dem der Schlüssel nur ein einziges Mal verwendet wird und aus einer Reihe vollkommen zufälliger Zeichen besteht. Dies macht auch die verschlüsselte Nachricht völlig zufällig und es ist unmöglich, die Verschlüsselung mit herkömmlichen Methoden zu knacken. Das Problem besteht dabei darin, dass der Zufallsschlüssel weiterhin sowohl an Absender als auch Empfänger der Nachricht ausgegeben werden muss und dabei abgefangen werden kann.

Chaotische Schlüssel

Die derzeit im Internet verwendete Verschlüsselung umgeht dieses Problem durch Verwendung eines öffentlich-privaten Schlüsselsystems. Das ist eine spezielle Art der Verschlüsselung, bei der verschiedene Schlüssel zum Verschlüsseln und Entschlüsseln einer Nachricht verwendet werden. Der *Ver*schlüsselungsschlüssel ist öffentlich zugänglich, sodass jeder, der eine Nachricht senden möchte, sie verschlüsseln kann; aber nur die Empfänger haben den *Ent*schlüsselungsschlüssel, also nur sie können lesen, was geschrieben wurde. Diese Methode kann man knacken, aber wenn der private Schlüssel groß genug ist, wird das mathematisch so aufwendig, dass die Entschlüsselung ohne diesen Schlüssel durch Computer normalerweise Jahrhunderte dauerte. Dagegen kommen verstärkt Verschlüsselungen mit den echten Zufallswerten der Quantenphysik in Gebrauch, um Schlüssel an verschiedenen Orten gleichzeitig zu erzeugen; allerdings ist das von einer breiten Anwendung noch weit entfernt.

Für eine benutzerfreundliche, aber schwer zu knackende Verschlüsselung sind beständige Anstrengungen erforderlich, da immer neue Technologien auf dem Vormarsch sind, mit denen man die bestehenden Verfahren leichter aushebeln kann. Seit etwa 1989 werden erhebliche Anstrengungen unternommen, um die Unvorhersehbarkeit des Chaos als Verschlüsselungsmöglichkeit zu nutzen. In einigen Fällen hat man versucht nachzuahmen, wie ein chaotisches System herumspringt, um Pseudozufallszahlen (die man dann als Schlüssel einsetzt) zu erzeugen, die ausreichend fälschungssicher sind, um als Einmalschlüssel zu taugen.

Der große Vorteil der Verwendung chaotischer Funktionen gegenüber einem herkömmlichen Einmalschlüssel besteht darin, dass man nicht mehr eine lange Zahlenreihe als Schlüssel an Sender und Empfänger übermitteln muss, sondern lediglich die chaotische Funktion, das Verfahren – was für sich genommen unbrauchbar wäre – und einige wenige Parameter zur Auswahl der Startwerte für die Funktion. Ohne diese Startwerte ist es praktisch unmöglich, die erzeugte Zeichenfolge zu reproduzieren. In der Regel ist das Ergebnis eine Reihe langer Zahlen zwischen 0 und 1, die dadurch den Schlüssel ergeben, dass man beispielsweise die am weitesten rechts stehenden Ziffern jeder durch die chaotische Funktion erzeugten Zahl nimmt und aneinanderreiht.

Obwohl diese Zahlen sehr zufällig zu sein scheinen – und je mehr Dezimalstellen verwendet werden, desto schwieriger wird es, das System zu knacken –, gibt es Bedenken, sowohl, was den strengen Beweis der Sicherheit des Ansatzes angeht, als auch die Zeit zum Verschlüsseln und Entschlüsseln – der Prozess ist ziemlich langsam, weil er aufwendige Berechnungen erfordert. Ein weiteres Problem ist, dass die Methoden für die chaotische Verschlüsselung oft von Mathematikern oder Physikern entwickelt wurden, die keine Erfahrung damit haben, die Stärke einer Verschlüsselung zu überprüfen. Wenn Kryptografiespezialisten das Ergebnis in die Hände bekommen, dringen sie nicht selten relativ leicht zur Nachricht vor.

Ein Bereich, in dem besonderes Interesse an der Verwendung von Chaos für diesen Zweck bestand, ist die Bildverschlüsselung. Gute Bildverschlüsselung erfordert einen extrem großen Schlüssel und mit chaotischen Methoden kann man aus einer relativ kleinen Menge an Informationen einen Schlüssel beliebiger Länge erzeugen. Bilder werden in der Regel entweder durch zufälliges Ändern der Farbwerte einzelner Pixel verschlüsselt oder durch Austauschen von Pixeln mit zufällig ausgewählten Positionen. In beiden Fällen wurde eine Reihe von chaotischen Algorithmen eingesetzt, um geeignete pseudozufällige Änderungen zu generieren – aber Kryptografieexperten können die Verschlüsselung dennoch häufig knacken. Es besteht kein Zweifel, dass Chaos hervorragende Verschlüsselungsmethoden bieten *könnte*; das Problem besteht offenbar darin sicherzustellen, dass ein bestimmter Ansatz ausreichend sicher ist. Die Mathematik, mit der man das überprüfen könnte, stößt auf die üblichen Probleme mit dem Chaos.

Algorithmus
Eine Abfolge logischer Befehle zur Ausführung einer Aufgabe. In der Regel, aber nicht notwendigerweise, in Form eines Computerprogramms.

Verkehrschaos

„Stau entsteht durch Fahrzeuge, nicht durch die Menschen darin."
Jane Jacobs, 1916–2006

Es ist einfach nicht zu verstehen
Wer regelmäßig Auto fährt, kennt die frustrierende Unlogik und Unvorhersagbarkeit von Staus. Auf der Autobahn kann man lange Zeit in einer Verkehrsstörung festsitzen – aber wenn sich der Verkehr dann wieder in Bewegung setzt, scheint es keinen Grund für den Stau gegeben zu haben. Und wenn sich der Verkehr langsam im Stop-and-go-Modus bewegt, erscheint es fast unvermeidlich so, als würden immer die anderen Spuren schneller vorankommen, ganz gleich, auf welcher man sich gerade befindet.

Dies ist ein rein psychologischer Effekt und besonders dann wirksam, wenn man sich zwischen zwei Fahrspuren befindet. Denn dann nimmt man die Bewegung anderer Autos, die sich vorwärtsbewegen, deutlicher wahr als die Bewegung auf der eigenen Spur. Es hilft auch nicht, wenn eine der anderen Fahrspuren blockiert ist, sie scheint sich dennoch schneller zu bewegen als die eigene Fahrspur, da sich alle Fahrzeuge der anderen Spur irgendwann auf die eigene einfädeln müssen.

Wie sich dagegen Staus in dichtem Verkehr bilden, ist grundsätzlich schwierig vorherzusagen und zu analysieren, weil die Struktur des Staus chaotisch wird. In vielerlei Hinsicht ähnelt der Verkehrsfluss in einer Straße einer Flüssigkeit in einem Rohr. Unter normalen Umständen ist der Fluss laminar (geschichtet), doch kann sich eine Art Turbulenz ausbilden, sodass das Gesamtsystem chaotisch wird und infolgedessen abrupte Geschwindigkeitsänderungen auftreten, was zum Stau führt, weil die Fahrer überreagieren und sich Abbremswellen nach hinten fortpflanzen.

→
Verkehrsstau
Stau auf dem Long Beach Boulevard, einem Freeway bei Commerce, Kalifornien.

Schmetterlinge auf Rädern

Eine Folge der chaotischen Natur, die sich in Verkehrsströmen manifestieren kann, ist eine Art Schmetterlingseffekt. Ein einzelner Autofahrer kann plötzlich etwas Unerwartetes tun – zum Beispiel unvermittelt die Spur wechseln, was andere Fahrzeuge zum Abbremsen oder Ausweichen zwingt. Die vorausfahrenden Bremslichter bringen die nachfolgenden Autofahrer dazu, ebenfalls zu bremsen, und so setzt sich eine Kaskade von Abbremsmanövern nach hinten fort.

Diese Fähigkeit der Fahrer, auf Signale zu reagieren, ist für sicheres Fahren durchaus unerlässlich, verleiht dem normalen Fließverhalten aber eine zusätzliche Komplexität, was chaotisches Verhalten wahrscheinlicher macht. Dadurch ähneln Verkehrsströme mehr einer Art nichtnewtonscher Flüssigkeit, die viel dickflüssiger wird oder sich sogar unter Druck verfestigen kann, zum Beispiel mit Wasser vermischtes Puddingpulver oder Maisstärke. So wie solche Flüssigkeiten, neigt eine eng aufeinander „klebende" Gruppe von Autos dazu, sich zu „verdicken" und den Fluss auf der Autobahn zu verlangsamen. Aus diesem Grund können manchmal, entgegen aller Intuition, Fahrzeuge in einem bestimmten Straßenabschnitt besser vorwärtskommen, wenn sie mit geringer, aber konstanter Geschwindigkeit fahren, als wenn sie schneller fahren, dafür aber regelmäßig stark abbremsen müssen.

Nichtnewtonsche Flüssigkeit
Newton setzte voraus, dass die Viskosität (Fließwiderstand oder Zähigkeit) einer Flüssigkeit sich unter Druck nicht veränderte. Manche Flüssigkeiten, wie nicht tropfende Farbe oder Ketchup, werden aber unter Druck weniger fließfähig, und wieder andere, wie Senf, können sich unter Druck sogar verfestigen.

Leider hat der Echtzeit-Charakter des Verkehrsmanagements zur Folge, dass normalerweise nicht genug Zeit ist, eine Ensemble-Vorhersage wie in der Meteorologie durchzuführen; daher ist das Wissen um den chaotischen Charakter des Verkehrsflusses nicht gerade besonders hilfreich dabei, einen Stau aufzulösen. Folglich verfolgt man tendenziell mehr Ad-Hoc-Ansätze. Dagegen hat sich im Umgang mit Tierpopulationen das Wissen um eine chaotische Komponente als sehr hilfreich erwiesen, da deutlich längere Zeitspannen für Maßnahmen zur Verfügung stehen.

Die Population gerät außer Kontrolle

„Eine unkontrollierte Bevölkerung wächst in geometrischer Progression, ihre Lebensgrundlage nur proportional. Wer sich ein wenig mit Zahlen auskennt, sieht den enormen Unterschied zwischen erster und zweiter Potenz."
Thomas Malthus, 1766–1834

Fibonaccis Kaninchen
Es gibt eine Zahlenfolge, die häufig in der Natur auftaucht, die sogenannten Fibonacci-Zahlen. Sie beginnt mit einem Paar, danach ist jede folgende Zahl die Summe der beiden vorhergehenden. Die Folge beginnt also so: 1, 1, 2, 3, 5, 8, 13, 21, 34, 55 … Die erste bekannte Erwähnung dieser faszinierenden Abfolge stammt aus einem indischen Text über Mathematik aus der Zeit um 200 v. Chr. Aber erst im 13. Jahrhundert machte der italienische Mathematiker Leonardo von Pisa, besser bekannt unter seinem Spitznamen Fibonacci (eine Kurzform von „Sohn des Bonacci" in Italienisch), ein westliches Publikum damit vertraut.

Fibonacci schrieb sein *Liber Abaci* (Das Buch der Berechnung) im Jahre 1202, und er besprach darin diese Folge, die später seinen Namen tragen sollte. Er verfasste dieses Buch hauptsächlich, um arabische Mathematik in Europa bekannt zu machen, wozu auch die Verwendung der Zahlensymbole indischen Ursprungs gehörte, die man heute normalerweise arabische Ziffern nennt. Diese enorme Verbesserung der römischen Ziffern erreichte den Westen nicht zum ersten Mal, doch war wohl die Zeit reif, dass der Ansatz durch Fibonaccis Buch weite Verbreitung fand. Aus unserer Sicht ist der wichtigste Inhalt an dieser Stelle jedoch Fibonaccis sehr vereinfachte Betrachtung einer Population von Zuchtkaninchen.

Fibonaccis Kaninchen
Die grauen Kaninchen im Diagramm stellen Kaninchenjunge dar, die schwarzen geschlechtsreife.

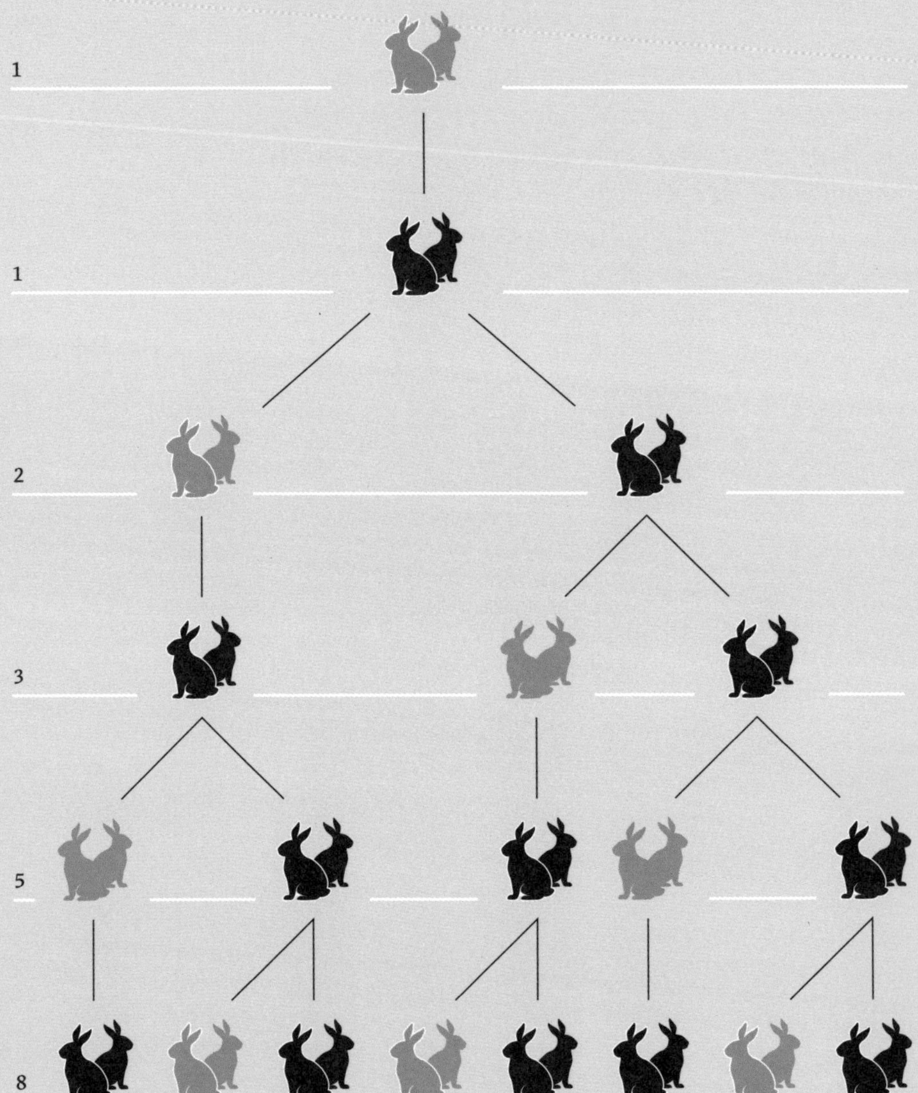

Fibonacci bediente sich eines grundlegenden Bevölkerungsmodells, das von einem einzelnen Paar Kaninchenjungen ausging. In seinem Modell brauchen Kaninchen einen Monat, um geschlechtsreif zu werden, und ein erwachsenes Kaninchenpaar produziert nach einem Monat ein weiteres Kaninchenpaar (ein Männchen und ein Weibchen). So geht das Monat für Monat weiter. Es sterben keine Kaninchen. Zu Beginn der Berechnung hat man also ein Paar Kaninchenjunge. Am Ende des ersten Monats sind diese beiden geschlechtsreif und produzieren Nachkommen; diese werden aber erst einen Monat später geboren. Ab dann hat man zwei Paar Kaninchen. Am Ende des dritten Monats wirft das erste Paar wieder und das zweite Paar ist geschlechtsreif. Zu diesem Zeitpunkt gibt es drei Paare (zwei erwachsene Paare und ein Paar Jungtiere). Am Ende des vierten Monats produzieren die beiden erwachsenen Paare Nachkommen und das dritte Paar wird geschlechtsreif. Also gibt es jetzt fünf Paare (drei erwachsene Paare und zwei Jungenpaare). Damit lautet die Folge bisher; 1, 1, 2, 3, 5… und so geht es in bester Fibonacci-Manier weiter.

Realistische Kaninchen

Die Fibonacci-Serie taucht regelmäßig in der Natur auf. Zum Beispiel kann sie sich aufgrund der sequentiellen Art und Weise, wie eine Pflanze wächst, in der Anordnung von Blütenblättern oder Samen widerspiegeln. Wo sie sich in der Realität jedoch nicht zeigt, sind Tierpopulationen. Dies liegt unter anderem daran, dass die Bevölkerung schnell unkontrollierbar groß werden würde – die Folge hat kein Ende, ihre Glieder werden immer größer und wachsen immer schneller in Richtung Unendlichkeit. Das liegt teilweise daran, dass in dem Modell keine Tiere sterben, aber auch ein explosives Bevölkerungswachstum ist unrealistisch, weil die Wechselwirkungen zwischen den Tieren untereinander und zwischen den Tieren und ihrer Umwelt weitaus komplexer sind, als das Modell beinhaltet.

Auch nach Berücksichtigung dieser Faktoren ging man lange Zeit davon aus, dass sich Bevölkerungszahlen erwartungsgemäß verhielten. Abgesehen von drastischen Umwelteinflüssen (verrücktes Wetter, ein Krankheitsausbruch und dergleichen) war die Erwartung, dass eine Bevölkerung im Großen und Ganzen soweit anwachsen würde, wie es die Umwelt erlaubt, um sich dann auf einer Art Gleichgewichtswert einzupendeln. Aber wie bereits zu ahnen, bemerkte der australische Wissenschaftler Robert May in den 1970er-Jahren, dass etwas Seltsames passiert, wenn die Geschwindigkeit des Bevölkerungswachstums von einer Beobachtungsperiode zur nächsten ein bestimmtes Niveau erreicht.

Bei relativ geringen Wachstumsraten läuft alles erwartungsgemäß ab. Die Bevölkerung wächst allmählich, bis sie die sogenannte Tragfähigkeit erreicht – im Endeffekt die maximale Bevölkerung, die in der speziellen Umwelt längerfristig überleben kann. Eine relativ einfache Gleichung, die dies beschreibt, veröffentlichte 1845 der belgische Mathematiker Pierre-François Verhulst. Aber May fand heraus, dass etwas Seltsames passierte, wenn die Wachstumsrate für den untersuchten Zeitraum auf das Dreifache oder mehr eingestellt wurde. Anstatt stetig zu wachsen, bis ein Plateau erreicht war, begann die Bevölkerungszahl zwischen einem hohen und einem niedrigen Wert hin- und herzuspringen. Als May die Wachstumsrate schrittweise erhöhte, bewegten sich die Werte von dieser Zweiteilung der Endzustände, als Bifurkation bekannt, weg zu Sprüngen zwischen vier, acht und mehr Zuständen. Das erinnert an die Verdopplung des tropfenden Wasserhahns (siehe S. 117). Und bei einer Wachstumsrate von knapp unter 3,57 schienen die Bevölkerungswerte auf einmal völlig zufällig herumzuspringen. Das war klassisches chaotisches Verhalten. (Tatsächlich wurde dieser Begriff „Chaos" erstmals in einer Veröffentlichung der amerikanischen Mathematiker James Yorke und Tien-Yien Li, die den May-Effekt untersuchten, im mathematischen Sinn verwendet.)

Dieser Weg in chaotisches Verhalten, der sich im Beispiel aufgrund der Wechselwirkungen zwischen verschiedenen Faktoren ergibt, die die Bevölkerungsgröße beeinflussen, muss von allen Wissenschaftlern, die sich mit dem Thema Populationsdynamik befassen, berücksichtigt werden. (In der Populationsdynamik geht es um die Veränderungen in der Anzahl von Organismen eines bestimmten Typs in einer bestimmten Umgebung.) Wie üblich, erlaubt die Chaosmathematik auch hier keine spezifischen Prognosen (eher macht sie klar, dass dies unmöglich ist), sie weist aber darauf hin, dass man, wenn eine Bevölkerungszahl plötzlich und unerwartet abstürzt, nicht annehmen muss, dies sei das Resultat einer neuen und drastischen Auswirkung der Außenwelt: Es könnte einfach nur (mathematisches) Chaos in Aktion sein. Außerdem kann man Wahrscheinlichkeitsaussagen für das Wachstum treffen, indem man viele Variationen in den Anfangsbedingungen durchspielt.

Modelle
Ein ganz wichtiges Werkzeug wissenschaftlichen Arbeitens ist das Erstellen von Modellen. Das ist die Abbildung realer Phänomene auf mathematische Strukturen. Heute werden Modelle in der Regel am Computer entworfen und enthalten häufig Simulationen, bei denen zufällig ausgewählte Stichproben von Verteilungen genommen werden, die die untersuchte Population darstellen.

Chaos in der Bevölkerungsentwicklung gehört zum Alltag, aber das letzte Beispiel für das Wirken von Chaos entdecken wir erst an der vordersten Front der technologischen Entwicklung: Quantenchaos und sein Wirken in elektronischen Geräten.

Quantenchaos

„Oft genug ist gesagt worden, dass von allen vorgeschlagenen Theorien die Quantentheorie die verrückteste ist. Und manche meinen, das einzige, das für die Quantentheorie spreche, sei der Umstand, dass sie zweifellos richtig sei."
Michio Kaku, geb. 1947

1 + 1 = 3
Die heutige Welt wäre ohne Elektronik nicht lebensfähig – ob man nun ans Smartphone in der Hosentasche oder den Computer denkt, der die Versorgung des Supermarkts mit Lebensmitteln regelt. Elektronik gehört für uns einfach dazu. Und doch beruhen elektronische Geräte komplett auf Quantenphysik. Während einige verrückte Aspekte von Naturwissenschaft und Mathematik nur wenig Einfluss auf den Alltag haben, ist die Quantenphysik mit ihrer eingebauten Zufälligkeit konstanter Alltagsbegleiter. Es gibt Schätzungen, nach denen 35 Prozent des Bruttosozialprodukts der Industrieländer indirekt von der Quantenphysik abhängt.

Wie erwähnt, ist die Welt der Quanten in vielerlei Hinsicht das genaue Gegenteil von Chaos. Im Kern beider steckt zwar der Zufall, doch während das Chaos grundsätzlich deterministisch, aber unmöglich vorherzusagen ist, sind Quanteneffekte probabilistisch, doch können die Wahrscheinlichkeiten mit großer Genauigkeit berechnet werden. Allgemein gesprochen, erwarten wir von elektronischen Geräten, dass sie immer gleich funktionieren – obwohl das doch in mancherlei Hinsicht überrascht. Einzelne Quantenteilchen sollten (und sie tun es auch) merkwürdige Dinge tun. Es liegt nur an der schieren Fülle der Elektronen

→
Visualisierung der Wellenfunktion eines Rydberg-Atoms
Die Wellenfunktion beschreibt die Wahrscheinlichkeit, das Elektron an einem bestimmten Ort vorzufinden. In diesem Fall ist das Elektron auf ein Niveau weit oberhalb seines üblichen Levels katapultiert worden.

in einem elektrischen Strom, dass Computer keine Resultate wie *1 + 1 = 3* ausspucken. Nichtsdestoweniger können sich Quantenphysik und Chaos in manchen Fällen zusammentun und überraschende Ergebnisse hervorbringen.

Chaos im Mikromaßstab

Die meisten uns vertrauten chaotischen Systeme sind „Makrosysteme" – so groß, dass wir sie unmittelbar sehen und mit ihnen wechselwirken können. Dennoch hängt auch alle Mechanik im Sichtbaren von der Quantenphysik ab, und unter Umständen kann man chaotische Effekte auch in Quantenprozessen finden.

Die am besten untersuchten Forschungsfelder liegen wohl in den elektromagnetischen Spektren, die Elektronen produzieren, wenn sie zwischen Energieniveaus im Atom springen. Wenn Materie zu glühen anfängt – man stelle sich ein Stück Metall im Hochofen vor, dessen Farbe von Dunkelrot über Orange und Gelb schlussendlich in Weiß übergeht –, werden die Elektronen durch die Wärme auf höhere Energieniveaus gehoben, fallen dann aber zurück auf niedrigere Level. Jedes Elektron gibt beim Sprung auf ein niedrigeres Energieniveau diese Energie als Photon, ein Lichtquant, ab. Wenn man aber einige Atome mit Elektronen in ungewöhnlich hohen Energieniveaus (sogenannte Rydberg-Atome) in ein elektrisches Feld bringt, wird das Strahlungsspektrum chaotisch, ein unerwartetes Resultat.

Das liegt daran, dass die höheren Energieniveaus immer enger beieinanderliegen, sodass sie nahezu kontinuierlich werden; das ermöglicht den gleichen Typ chaotischer Ergebnisse wie bei „normaler" Materie. Chaotisches Verhalten kann auch auftreten, wenn sich Elektronen durch eine Ansammlung von Atomen bewegen – wechselwirken sie mit einem Atom, können sie zeitweilig eingefangen werden, und die Zeit ihrer Bindung an das Atom ist offenbar chaotisch, da sich die möglichen Entwicklungswege des Elektrons verzweigen wie bei der „Bifurkation" in chaotischen Prozessen.

Quantenchaos taucht aber nur unter seltenen Umständen auf, wird also wohl kaum Einfluss auf das Funktionieren Ihres Smartphones haben. Im nächsten Kapitel werden wir aber eine breitere Perspektive einnehmen, die aus einem Verständnis von Chaos hervorgeht, das ganz andere Ergebnisse hervorbringen kann: Komplexität.

7
Komplexität und Emergenz

Komplexe Systeme

„In der Wissenschaft geht es ebenso wie in der Kunst um das Ordnen von Komplexität."
Lancelot Whyte, 1896–1972

Einfaches Chaos ist nicht alles
Bisher haben wir chaotische Systeme betrachtet, in denen die Interaktion zwischen verschiedenen Komponenten zu komplexen und unvorhersehbaren Ergebnissen führt. Die Systeme selbst brauchen aber nicht komplex zu sein. Denken Sie zum Beispiel an das Doppelpendel oder das Drei-Körper-Problem. Ihre Bestandteile sind sehr einfach, aber das resultierende Verhalten des Systems ist überraschend komplex. Chaos gehört jedoch zu einem umfassenderen Bild komplexer Systeme, bei denen es keine zentrale Kontrollinstanz gibt, das Zusammenspiel einzelner Teile des Systems aber im Ergebnis zu oft überraschenden Resultaten führt.

Wie erwähnt, können wunderschöne Muster wie die Darstellungen der Mandelbrot-Menge als Ergebnis eines chaotischen Systems entstehen. Eine größere Komplexität ist häufig durch Emergenz charakterisiert, bei der neue Fähigkeiten durch die Wechselwirkung zwischen Komponenten erzeugt werden: Durch Emergenz wird das Ganze mehr als die Summe seiner Teile. Im Folgenden werden wir sehen, dass sich Systeme ohne äußere Kontrolle oder Anstoß von außen selbst organisieren. Wie bei destruktiveren chaotischen Systemen der Fall, ist das Ergebnis selten vorhersehbar, da immer auch noch eine Sensitivität gegenüber kleinen Änderungen der Anfangsbedingungen besteht.

Komplexität kann man auf viele unterschiedliche Arten mathematisch und naturwissenschaftlich definieren. Wo sich Dinge ändern (wie in den meisten Systemen), kann man die Komplexität eines Systems als die Detailgenauigkeit verstehen, die erforderlich ist, um alle möglichen Endzustände zu beschreiben. Bei einem nicht-komplexen System – zum Beispiel einem Ball, der einzig unter dem Einfluss der Erdschwerkraft und Vernachlässigung des Luftwiderstands geworfen wird – kommt man mit einer sehr einfachen Formel aus, um Voraussagen darüber zu treffen, wie sich der Ball verhält und wo man ihn zu einem späteren Zeitpunkt antreffen wird. Doch bei einem komplexen System lassen die Wechselwirkungen der Systemkomponenten im weiteren Verlauf so viele Entwicklungsmöglichkeiten zu, dass es sehr schwierig würde, alle Folgen ohne eine gewaltige Menge an Information zu beschreiben.

Ein wichtiges Merkmal vieler realer komplexer Systeme ist die sogenannte Selbstorganisation.

Selbstorganisierende Systeme
Selbstorganisation gilt als typisch für komplexes Systemverhalten, weil sie kompliziert klingt, aber in Wirklichkeit kann sie durch sehr einfache Faktoren, ohne jeglichen äußeren Eingriff oder Plan, entstehen.

Ein einfaches Beispiel ist das, was passiert, wenn man heißes Wasser über eine gewachste Rampe ablaufen lässt. Zunächst wird sich das Wasser ohne erkennbares Muster über die Oberfläche verteilen, aber schon nach kurzer Zeit wird das Wachs bevorzugt an Stellen mit kleinen Unterschieden in der Dicke der Wachsschicht zu schmelzen beginnen. Haben sich erst einmal Kanäle im Wachs gebildet, verstärken sie sich selbst. Je mehr heißes Wasser durch einen Kanal abläuft, desto tiefer wird er und umso mehr Wasser führt er ab. Auf der Wachsoberfläche baut sich ein Muster auf. Dieses Muster ist durch die unebene Wachsoberfläche verursacht, aber man könnte weder vorhersagen, wo die Kanäle sich bilden, noch genau das gleiche Muster ein zweites Mal erzeugen. Ein ähnlicher Effekt kann an sandigen Küsten auftreten, wo sich selbstorganisierte Rinnsale im Sand ausbilden.

Ein weiteres schönes Beispiel geben faszinierende Organismen, die man umgangssprachlich als Schleimpilze bezeichnet, obwohl sie nicht zu den Pilzen zählen. Es handelt sich um einzellige Organismen, die einen Großteil ihrer Existenz damit verbringen, sich isoliert, ohne Interaktion zwischen individuellen Zellen, fortzubewegen. Wenn jedoch nicht viel Nahrung zur Verfügung steht, beginnen die Zellen mancher Schleimpilzarten, sich miteinander zu verbinden und eine emergente Struktur zu bilden, die das Aussehen eines mehrzelligen Organismus haben kann. Der Schleimpilzkomplex kann bemerkenswerte Formen hervorbringen und sich zielgerichtet bewegen, ohne dass der kollektive

Ein sich selbst strukturierendes System
Diese bei Ebbe von Rinnsalen erzeugte Zeichnung im Sand ist eine selbstorganisierende Struktur.

→
Schleimpilze
Obwohl es sich um einzellige Organismen ohne Nervensystem und feste Form handelt, können Schleimpilze komplexe pflanzenähnliche Formen annehmen.

Organismus ein Gehirn oder ein Nervensystem hätte. Weil das System jedoch selbstorganisiert ist, kann es diese erstaunlichen Formen ausbilden.

Ein ähnliches, aber weitaus komplexeres Geschehen spielt sich in Gehirnen (wie dem menschlichen) ab. Auch wenn für den Aufbau eines menschlichen Körpers, beispielsweise, ein vorgegebener „Plan" in Form von DNA vorliegt und es Möglichkeiten gibt, durch externe Prozesse auf die DNA einzuwirken, gibt diese Blaupause allein nicht vor, wie die Neurone im Gehirn im Einzelnen verbunden werden sollen. Diese Verbindungen zwischen Neuronen, Axone genannt, erlauben den Nervenzellen über Schaltstellen, die sogenannten Synapsen, miteinander in Wechselwirkung zu treten; sie sind für Gedächtnis und Denkfähigkeit verantwortlich und machen so jeden Menschen zu der Person, die er ist. Und doch ist diese Struktur nicht von vornherein vorgegeben. Die innere Ausgestaltung des Gehirns ist ein weiteres komplexes, selbstorganisierendes System. Tatsächlich gilt das menschliche Gehirn als das komplexeste System, das derzeit bekannt ist.

Diese Komplexität bildet sich aufgrund der schieren Anzahl der Verbindungen in diesem speziellen selbstorganisierenden System aus. Man geht von mindestens 100 Billionen Synapsen im menschlichen Gehirn aus – vielleicht sogar bis zu 1000 Billionen. Darin drückt sich die Gestaltungskraft von Konnektivität aus. Erhöht man die Anzahl der Komponenten eines Systems, vergrößert sich die Anzahl der Möglichkeiten, sie miteinander zu verbinden, dramatisch. So gibt es in einem System mit 10 Komponenten, die paarweise verbunden sind, 45 Verbindungen; bei 100 Komponenten sind es bereits 4950, bei 1000 Komponenten 499 500 Verbindungen – und wenn man zu 1 Million Komponenten kommt, sind es schon 499 999 500 000 Verbindungen. Unser Gehirn hat aber fast 90 Milliarden Neurone.

Genau wie das heiße Wasser, das über Wachs läuft, bilden sich die neuronalen Bahnen im Gehirn im Lauf der Zeit dynamisch aus – und genauso wie beim Muster im Wachs gilt: Sobald eine stabile Verbindung hergestellt ist, wird sie mit größerer Wahrscheinlichkeit verwendet, und diese Verwendung führt dazu, dass sie noch gängiger wird. Anders als beim Wachs ist dieser Prozess jedoch umkehrbar. So wie die Verstärkung bei häufiger Verwendung werden nicht ausreichend genutzte Pfade schwerer zugänglich.

Ein letztes Beispiel für diese Art Selbstorganisation ist ein isoliertes Ökosystem. In einer bestimmten Region bilden verschiedene Tiere und Pflanzen und die physische Umgebung

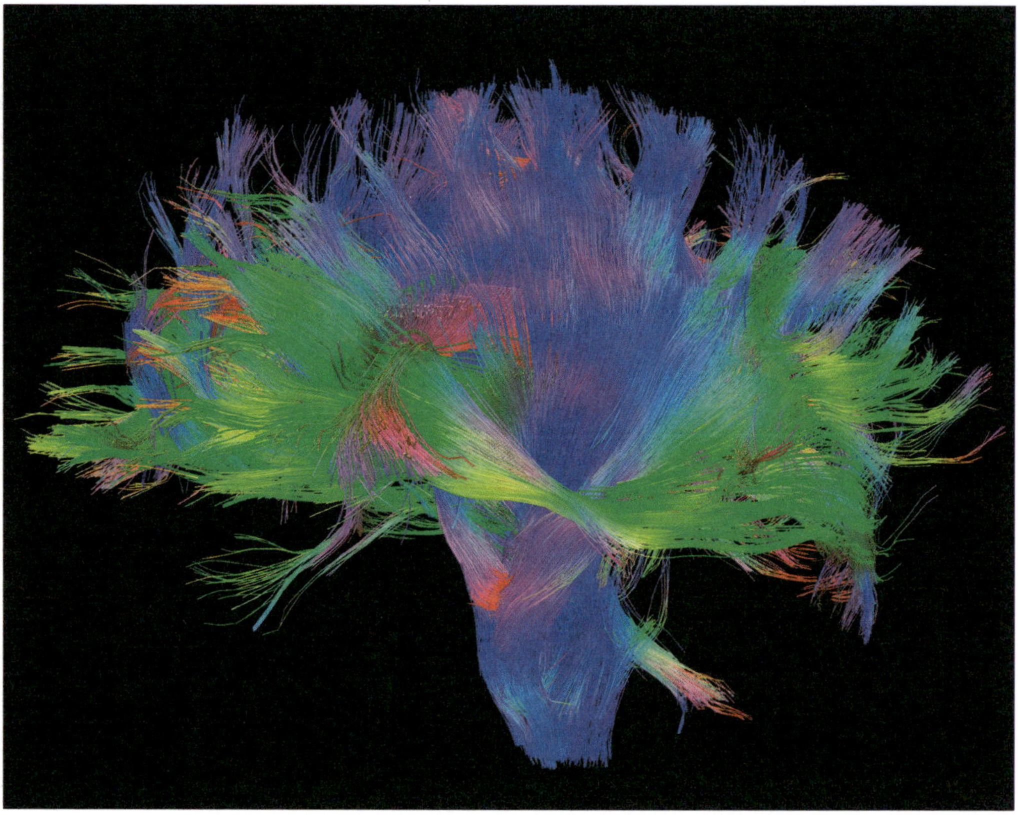

ein komplexes System, das auch in diesem Fall normalerweise ohne äußere Eingriffe auskommt und sich stattdessen auf der Grundlage der Wechselwirkung zwischen seinen Komponenten organisiert. Deshalb kann es so schwierig sein, vorherzusagen, zu welchem Ergebnis die Einführung einer neuen Art in eine Region führt. Man denke zum Beispiel an das Chaos (sowohl wörtlich als auch mathematisch), das die Einschleppung des dort nicht heimischen Kaninchens nach Australien verursachte. Die Tiere erwiesen sich als dermaßen invasiv und zerstörerisch, dass ein 530 Kilometer langer, kaninchensicherer Zaun gebaut wurde, um Kaninchen aus Queensland fernzuhalten. Zudem versuchte man es mit biologischer Kriegsführung gegen diese Spezies, indem man die Myxomatose (eine Viruserkrankung) in die Kaninchenpopulation einbrachte.

← **Die Architektur der Weißen Substanz** Die diffusionsgewichtete Magnetresonanztomografie erlaubt eine Rekonstruktion der Nervenbahnen im Gehirn (hier farbig dargestellt); zusammen mit der Grauen Substanz (den Zellkörpern) bildet die Weiße Substanz eine komplexe, selbstorganisierende Struktur.

Chaos sorgt für Selbstorganisation

Man könnte meinen, dass eine solche ungerichtete Fähigkeit zur Selbstorganisation das diametrale Gegenteil von Chaos wäre – aber in Wirklichkeit entsteht Selbstorganisation typischerweise aus dem Chaos. In unserem ersten, einfachen Beispiel, bei dem Wasser über eine mit Wachs überzogene Rampe gegossen wird, ist die anfängliche Bewegung des Wassers chaotisch. Es scheint geradezu so, als wäre die Unvorhersagbarkeit des Chaos notwendig, damit Selbstorganisation entstehen kann.

Ein eindrucksvolles Beispiel für Emergenz aus dem Chaos ist jedem bekannt, der Bilder von Jupiter gesehen hat – der Große Rote Fleck. Auf den ersten Blick scheint die Bezeichnung „groß" für diesen rötlichen Tupfer auf der gigantischen Oberfläche des Gasriesen reichlich übertrieben. Aber allzu leicht vergisst man die Größenskala, auf der sich Jupiter bewegt: Er ist weniger ein großer Planet als vielmehr ein kleiner, wenn auch gescheiterter Stern. Die Erde würde mit Leichtigkeit in den Großen Roten Fleck passen. Das Seltsame aber ist, dass sich der Fleck schon seit Hunderten von Jahren dort befindet. Warum ist das seltsam? Weil die sichtbare „Oberfläche" des Jupiters nicht fest ist. Es handelt sich um einen Gasriesen. Die scheinbare Oberfläche ist eine brodelnde Mischung chaotischer Bewegung in den Gasen, aus denen Jupiter besteht.

Ursprünglich glaubte man, bei Jupiters Rotem Fleck handele es sich um einen Sturm, der sich in diesen Gasen aufgebaut hatte, so etwas wie ein planetarer Hurrikan. Doch wenn dies der Fall wäre, wie könnte der Fleck dann so lange Bestand haben? Stürme kommen und gehen, das ist ihre Natur. Auf der Erde halten sie selten länger als ein paar Tage und (zum Glück) nicht Hunderte Jahre.

Erst mit der Entwicklung der Chaostheorie erkannte man, dass der Große Rote Fleck kein Hurrikan war, sondern ein Beispiel für die chaotische Bewegung der Oberfläche, die eine selbstorganisierte Insel relativer Ruhe ermöglicht. Als ein besseres Modell für die Art von fluider Bewegung, die auf lange Sicht ein Phänomen wie den Fleck erzeugen könnte, erwiesen sich die relativ stabilen Strömungen in der Erdatmosphäre und den Meeren. Sie gleichen weniger einem Hurrikan, als eher einem Jetstream oder einem „Wasserförderband" wie dem Golfstrom, das zwar in Intensität und genauer Lage von Jahr zu Jahr leicht variieren kann, aber doch konsistente Langzeitbewegungen der Flüssigkeit in vorhersehbare Richtungen ausführt.

Großer Roter Fleck
Die dramatisch wirkende Region selbstorganisierter Stabilität auf Jupiter ist größer als die Erde.

Emergenz

„Ein Großteil des Universums braucht keine Erklärung. Elefanten zum Beispiel. Sobald Moleküle gelernt haben, zu konkurrieren und andere Moleküle nach ihrem Vorbild hervorzubringen, werden Elefanten und ähnliche Dinge zu gegebener Zeit die Landschaft bevölkern."
Peter Atkins, geb. 1940

Statistische Emergenz
Es gehört zwar noch nicht zum schulischen Lehrstoff, aber Emergenz ist ein typisches Phänomen in komplexen Systemen. In der herkömmlichen Naturwissenschaft eignet sich vielleicht am ehesten die statistische Physik der Gase als Vergleich.

Vielleicht erinnern Sie sich aus dem naturwissenschaftlichen Unterricht an eine Reihe von „Gasgesetzen", die das Zusammenspiel von drei grundlegenden Eigenschaften eines Gases betreffen: Volumen, Temperatur und Druck. So besagt zum Beispiel das Boylesche Gesetz, dass sich der Druck eines Gases umgekehrt proportional zu seinem Volumen verhält (erhöht man den Druck, wird das Volumen kleiner), während das Gay-Lussacsche Gesetz feststellt, dass das Volumen eines Gases zu seiner Temperatur proportional ist.

Dieses Verhalten eines Gasvolumen entsteht spontan aus der zufälligen Interaktion einer riesigen Anzahl von Gasmolekülen, die sich alle mit unterschiedlichen Geschwindigkeiten in alle möglichen Richtungen bewegen und fortwährend mit anderen Gasmolekülen und den Wänden des Behälters kollidieren. Aus dieser chaotischen Bewegung ergeben sich die vorhersagefesten Regelmäßigkeiten der Gasgesetze. Hier ist Emergenz statistisch begründet. Anhand der Geschwindigkeitsverteilung der Moleküle und der Dichte des Gases lassen sich die Gesetze ableiten. Allerdings erfordert Emergenz in der Regel eine anspruchsvollere Erklärung. Nehmen wir als Beispiel das Leben selbst.

Mehr als die Summe seiner Teile

Denken Sie einen Moment an sich. Sie sind ein lebendiges Wesen mit Bewusstsein. Sie bestehen komplett aus Atomen, etwa 7×10^{27} insgesamt. Sonst ist da nichts in Ihrem Körper. Diese Atome sind weder lebendig noch haben sie Bewusstsein. Leben und Bewusstsein sind beides emergente Eigenschaften des Systems, das Sie sind.

Emergenz bedeutet, wie Peter Atkins es zusammenfasst, dass das Ganze mehr ist als die Summe seiner Teile. Einen lebenden Organismus macht mehr aus als eine Ansammlung von Atomen oder Zellen. Daran ist nichts Mystisches – es ist eine einfache physikalische Tatsache. Damit Sie ein Mensch sind, müssen Ihre Atome (oder Zellen) miteinander in einem äußerst komplexen System interagieren – und aus dieser Wechselwirkung entsteht etwas Neues, das zu weit mehr fähig ist als eine bloße Ansammlung einzelner Zellen oder Atome.

In einem lebenden Organismus haben wir es mit extremer Komplexität zu tun, doch selbst auf einfachem Niveau können komplexe Strukturen aus der Interaktion zwischen benachbarten Komponenten eines Systems entstehen. Man denke zum Beispiel an die wunderschönen, komplexen Formen von Schneeflocken. Diese filigranen, sechsseitigen Strukturen sind äußerst variationsreich, und doch entstehen alle aus dem einfachen Zusammenspiel einer kleinen Anzahl von Faktoren mit einer Prise Chaos, das der Mischung Komplexität verleiht.

Ein Wassermolekül besteht aus einem einzelnen Sauerstoffatom, an das zwei Wasserstoffatome gebunden sind; in jedem Molekül bilden die Bindungen der Wasserstoffatome einen Winkel von etwa 104,5 Grad. Eine Kombination aus dieser Form des Moleküls und den Bindungen, die zwischen Wassermolekülen

Schneeflocken
Einige der zahlreichen Schneeflockenformen, die Wilson Bentley 1931 in seinem Buch *Schneekristalle* porträtiert hat.

bei Abkühlung entstehen, führt zur Ausbildung von Kristallen in einem sechsseitigen (hexagonalen) Gitter, und mit dem Wachsen dieser Kristalle ergibt sich die sechsseitige Form, die schließlich zu den vertrauten sechsarmigen Schneeflockenmustern führt.

Die bemerkenswerten Strukturen von Schneeflocken wurden erstmals 1555 von einem schwedischen Geistlichen, Olaus Magnus, entdeckt, wobei sich das Wunder der Vielfalt der möglichen Formen erst mit der Einführung von Mikroskopen im frühen 17. Jahrhundert vollends erschloss. Selbst damals war die Schönheit von Schneeflocken noch nicht weithin bekannt, bis endlich 1885 der amerikanische Amateurfotograf Wilson Bentley mit damaliger fotografischer Technik Bilder von Schneeflocken erstellte.

Gegen Ende seines Lebens, im Jahr 1931, stellte Bentley ein Buch mit Mikroskopfotos von Schneeflocken fertig. Dieses klassische Werk, *Schneekristalle*, enthält beeindruckende 2300 Fotografien. Bentley machte als Erster die Beobachtung, basierend auf seiner lebenslangen Arbeit, dass „keine zwei Schneeflocken einander gleichen". Eine wissenschaftliche Grundlage für diese Behauptung gibt es nicht, und man kann problemlos in einigen der einfacheren Formen zwei identische Schneeflocken finden. Aber es ist sicherlich wahr, dass es eine riesige Anzahl von Schneeflockenformen gibt.

Die traditionelle, zarte Schneeflockenform mit ihren sechs verschiedenen Armen (man nennt sie „dendritisch", was baumartig bedeutet) bildet sich bei besonders niedrigen Temperaturen; wenn die Luft wärmer ist, nicht weit unter dem Gefrierpunkt, neigen die Schneeflocken dazu, einfachere sechsseitige plättchenförmige Kristalle zu bilden. Die scheinbar einzigartige Natur vieler Schneeflockenformen beruht darauf, dass ihr Wachstum vom Chaos bestimmt wird. Sie sind im Grunde gefrorene Fraktale, mathematische Formen mit Chaos im Kern.

Schulen und Schwärme

So wie die komplizierte Struktur einer Schneeflocke aus der Wechselwirkung von Wassermolekülen untereinander entsteht, so gehen andere emergente Strukturen aus Fischschulen und Vogelschwärmen hervor. Jedes einzelne Tier reagiert auf andere Mitglieder des Schwarms in der Nähe. Es gibt keine Gesamtkontrolle, doch führt diese Interaktion auf lokaler Ebene zu bemerkenswerten emergenten Mustern, die sich verschieben und pulsieren können wie bei einem Lebewesen.

Die Art und Weise, wie sich komplexe Formen trotz eines völligen Mangels an Steuerung bilden können, ist typisch für Emergenz. Jeder Fisch der Schule oder jeder Vogel im Schwarm reagiert einfach auf die anderen Tiere in seiner unmittelbaren Nähe. In der Regel bestimmen drei Faktoren das Verhalten der Schule oder des Schwarms. Jeder für sich ist einfach, aber weil sie ihre Bewegung von diesen „Regeln" leiten lassen, verhalten sich die Mitglieder der wellenförmig fließenden Fischschule oder des schnell wirbelnden Vogelschwarms (bei Staren spricht man von „Raunen") kollektiv so, als wären sie eine einzige, komplexe Einheit. Jedes Individuum in der Gruppe interagiert normalerweise nur mit einer Handvoll naher Nachbarn – bei Staren, zum Beispiel, sind das typischerweise sieben andere Vögel.

Der erste Faktor, der die Formation beeinflusst, ist die Aufrechterhaltung von Distanz. Die Mitglieder der Gruppe wollen kein Kollisionsrisiko eingehen und verhalten sich so wie elektrisch geladene Teilchen, die einander abstoßen, wenn sie ihren Nachbarn zu nahe kommen. Als Zweites richten sich die Gruppenmitglieder, das Vermeiden von Zusammenstößen vorausgesetzt, nach den Tieren um sie herum. Sie bewegen sich in eine Richtung, die von der kollektiven Richtung ihrer Nachbarn beeinflusst ist, versuchen also im Großen und Ganzen einem ähnlichen Weg zu folgen. Schließlich suchen sie den Mittelpunkt zwischen ihren Nachbarn, der es ihnen ermöglicht, schnelle Richtungswechsel zu bewältigen. Wahrscheinlich gibt es feine Variationen in diesen Regeln, aber es sind überraschend einfache Mechanismen dieser Art, die das Gefühl von Lebendigkeit einer Schule oder eines Schwarms entstehen lassen.

Einfache Muster beim *Spiel des Lebens*

Beim Spiel *Game of Life* (dt. *Spiel des Lebens*) kann aus kleinen Ansammlungen von Zellen eine große Vielfalt an Endresultaten entstehen. Manche Muster sind stabil, andere oszillieren zwischen verschiedenen Formen, manche bewegen sich oder sterben ab.

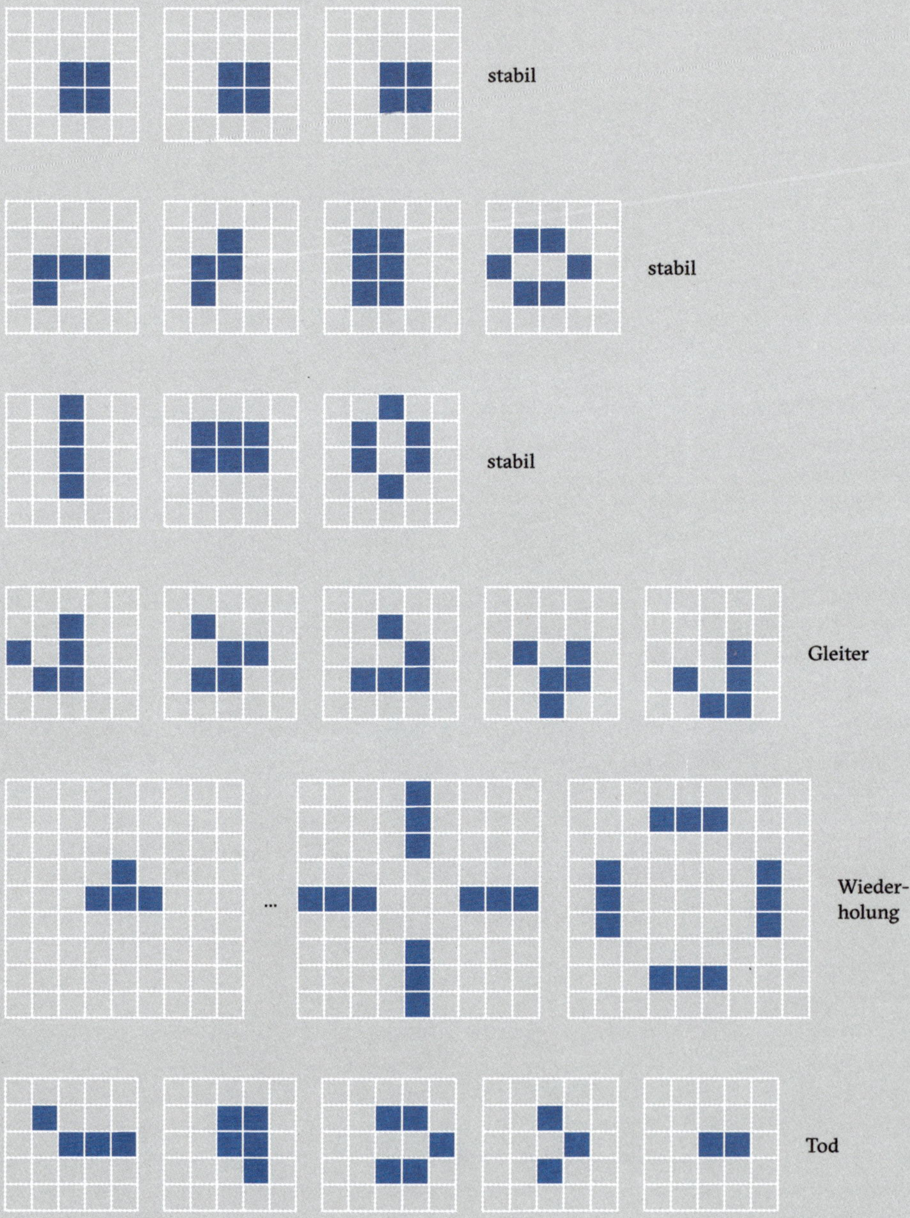

Dünen und das *Spiel des Lebens*

Eine noch einfachere bewegliche emergente Struktur als ein Schwarm begegnet uns in Form einer Sanddüne. In den Sandkörnern gibt es nichts, das vorgibt, wie die Dünenform entstehen wird: Es ist lediglich das chaotische Wechselspiel des Windes, das die ursprüngliche Düne erzeugt. Aber während sich die Form der Düne ausbildet, gibt es einen Punkt, ab dem Sandkörner von der Hinterseite der Düne die Vorderseite hinabfließen und damit die gesamte Struktur nach vorn verschieben.

Eine noch subtilere Vorwärtsentwicklung kann man in einer Computerspielwelt verfolgen, die sowohl den Mechanismen der Sanddünen als auch denen der Schwärme etwas verdankt: das *Spiel des Lebens*. Eigentlich soll dieses Spiel die reale Welt widerspiegeln, aber dennoch basiert ein Großteil der Arbeit über Chaos und Komplexität auf Computermodellen – von denen das *Spiel des Lebens* eines der frühesten Beispiele war.

Entwickelt wurde es 1970 von dem englischen Mathematiker John Conway. Es besteht aus einer Handvoll einfacher Regeln, die zu komplexem emergenten Verhalten führen. Ein Raumbereich wird in gleich große Zellen unterteilt. Einige dieser Zellen sind anfänglich eingefärbt. Dann braucht es nur noch ein einfaches Regelwerk, um etwas entstehen zu sehen. Farbige Zellen gelten als lebendig und ungefärbte als tot. Die Regeln sind folgende: Eine lebende Zelle stirbt, wenn sie weniger als zwei oder mehr als drei lebende unmittelbare Nachbarn hat. Mit zwei oder drei Nachbarn bleibt sie am Leben. Tote Zellen mit drei lebenden Nachbarn werden zum Leben erweckt.

Anhand dieser einfachen Regeln entwickelt sich der Zustand dieses Zellrasters Schritt für Schritt aus dem Anfangszustand, indem man die Regeln auf das jeweils neu entstandene Muster anwendet. Manche Anfangsmuster werden vollständig absterben. Andere werden sich bewegen oder oszillieren. Wieder andere spucken neue Gruppen von lebenden Zellen aus, die sich durch den Zellraum bewegen. Damit ergibt sich aus extrem einfachen Regeln eine bemerkenswerte Verhaltenskomplexität. Manche der Strukturen, die durch das *Spiel des Lebens* erzeugt werden, können geradezu unheimlich aussehen, als seien sie absichtlich produziert worden – aber ein ganz anderes Niveau an Raffinesse wird erst erreicht, wenn eine Ansammlung lebender Organismen zu mehr wird als die Summe seiner Teile.

Superorganismen

„Nach einem Tag, in dem sie auf ihren Raubzügen im dichten Wald alles genießbare Leben auf einer Fläche von der Größe eines Fußballfeldes vertilgt haben, errichten die Ameisen ihr Nachtlager – dabei halten sich die Arbeiterinnen gegenseitig an den Beinen fest und bilden so mit ihren Körpern eine Art Kugel von einem Meter Durchmesser, in deren Mitte Königin und Larven gut geschützt ruhen. Bei Sonnenaufgang löst sich das lebendige Nest Ameise um Ameise auf, und die Koloniemitglieder nehmen erneut ihren Platz in der Marschkolonne auf."
Melanie Mitchell, geb. 1969

Im Gleichschritt
Auch wenn Fischschulen und Vogelschwärme sich wundervoll synchron bewegen und die „lebenden" Zellen im *Spiel des Lebens* überraschende Strukturen entwickeln können, lässt sich dies nicht mit der Art und Weise vergleichen, in der manche Ameisen-, Bienen-, Wespen- und Termitenarten zusammenarbeiten. Die Zusammenarbeit der Individuen ist hier so ausgeklügelt, dass man das Gemeinwesen in seiner Gesamtheit als „Superorganismus" bezeichnet: Die einzelnen Insekten sind praktisch keine eigenständigen Organismen mehr, sondern vielmehr mit den Zellen in unserem Körper vergleichbar.

Ein eindrucksvolles Beispiel ist die von Mexiko bis Brasilien verbreitete Wanderameise *Eciton burchelli*. Einzeln oder in kleinen Gruppen sind diese Insekten geradezu blamabel hilflos. Ordnet man einige dieser Ameisen ringförmig an, so laufen sie so lange stur im Kreis hintereinander her, bis sie erschöpft zusammenbrechen. Wenn hingegen eine genügend große Anzahl zusammenkommt, werden sie zu viel mehr als einzelnen Insekten. Wie von der Computerwissenschaftlerin Melanie Mitchell so lebhaft

→
Lebende Brücke aus Ameisen
Diese von Mexiko bis Brasilien verbreiteten Wanderameisen bauen mit ihren eigenen Körpern eine Brücke, um eine kleine Spalte zu überqueren.

beschrieben, bilden diese Ameisen mithilfe ihrer eigenen Körper ein Nest, ein sogenanntes Biwak. Wenn sie eine kleine Spalte überqueren müssen, können sie, statt einen längeren Umweg zu machen, mittels ihrer miteinander an den Beinen verbundenen Körper eine Brücke bilden, sodass die Kolonie das Hindernis überwinden und ihre Wanderung fortführen kann.

Bei einem konventionellen Einzelorganismus gibt es in der Regel ein zentrales Gehirn und ein Nervensystem, das sich durch den ganzen Körper erstreckt, Botschaften übermittelt und Handlungen steuert. Diese Botschaften werden in elektrochemischer Form weitergeleitet. Bei einem Superorganismus werden Botschaften gewöhnlich auf chemischem Weg übermittelt – die Insekten benutzen dabei Duftstoffe, sogenannte Pheromone –, aber auch durch hoch spezialisierte Verhaltensweisen; man denke nur an den Schwänzeltanz der Honigbiene. Bei einem Superorganismus gibt es kein zentrales Gehirn – Intelligenz und alle Fähigkeiten sind verteilt, genauso, wie einige Computersysteme ein Netzwerk haben, das die Last auf viele kleine Prozessoren verteilt.

Elektrochemisch
In der Physik und der Chemie sind wir gewohnt, dass elektrische und chemische Systeme gewöhnlich getrennt sind, doch in der Biologie sind viele Systeme elektrochemischer Natur und werden von einem Fluss elektrisch geladener Teilchen (Ionen) in Flüssigkeiten und durch Membranen kontrolliert bzw. angetrieben.

Summ, summ, summ, Bienchen summ herum

Ameisen, Termiten und Wespen gehören zu den bekanntesten Superorganismen (wenn es auch viele Arten dieser Insekten gibt, die nicht so organisiert sind). Es gibt auch einige Krebstierarten und eine erstaunliche Säugerart (davon gleich mehr), die so organisiert ist. Den archetypischen Superorganismus bilden jedoch die Bienen. Das lässt sich vielleicht am deutlichsten erkennen, wenn ein Teil der Bienenkolonie einen Schwarm bildet und sich kurze Zeit fast so verhält, als handle es sich um einen einzigen Organismus.

Ziel des Schwarms ist, dem Superorganismus zu ermöglichen, sich zu vermehren. Der Schwarm spaltet sich von der ursprünglichen Kolonie ab und bildet eine neue Kolonie, und die Formierung des Schwarms unterstreicht, dass die einzelnen Bienen wie Teile eines großen Ganzen funktionieren. Der neue Standort wurde vorab von einer Gruppe Kundschafterbienen ausgesucht, und im Zentrum des Schwarms befindet sich gut geschützt eine Bienenkönigin – entweder die alte Königin oder aber eine neue, junge Königin für die neu gegründete Kolonie.

Die Kolonien variieren stark, was Größe und Aufbau angeht, doch die Kolonie der uns am vertrautesten Bienenart, der Honigbiene, bestehen neben der Königin aus männlichen Bienen (Drohnen), deren Aufgabe es ist, beim Hochzeitsflug die Eier einer jungfräulichen Königin zu besamen, und einer viel größeren Gruppe von Arbeiterinnen, die Futter sammeln, den Stock errichten und in Ordnung halten wie auch die Kolonie verteidigen. Eine der wenigen sekundären Aufgaben, bei denen die Drohnen den Arbeiterinnen helfen, besteht darin, den Stock auf der richtigen Temperatur zu halten, entweder durch Muskelzittern, um die Temperatur zu erhöhen, oder durch Fächern mit den Flügeln, um die Luftzirkulation zu verstärken und das Nest zu kühlen.

Wenn man sich nochmals die relative Einfachheit einer einzelnen Biene ins Gedächtnis ruft, macht das Kollektivverhalten von Bienen deutlich, dass die Bezeichnung „Superorganismus" mehr als nur eine Metapher ist. Eine Bienenkolonie verhält sich wie ein einziger Organismus, dessen Bestandteile zufälligerweise physisch voneinander getrennt sind. Die Königin erinnert mehr an ein Organ als an ein Individuum, und die einzelnen Arbeiterinnen agieren als Entitäten, die eine Zwischenstellung zwischen Organen und Zellen einnehmen; ihre Kooperation basiert auf sehr wenig individueller Intelligenz, doch gemeinsam sind sie in der Lage, komplexe Strukturen aufzubauen, den Stock in Ordnung zu halten und zu schützen, Nahrungsquellen zu lokalisieren und den Futtereintrag zu organisieren.

Das heißt nicht, dass das Auftreten eines Superorganismus erstaunlicher ist als beispielsweise die Emergenz eines individuellen Säugetiers. Aus der simplen Ansammlung von Zellen eines Säugetiers erwächst eine viel höhere Komplexität. Es fällt jedoch schwer, von den Leistungen eines Superorganismus nicht beeindruckt zu sein. Und wenn uns Bienen schon überraschen, ist es noch erstaunlicher, wenn die Komponenten eines Superorganismus Säugetiere sind wie wir.

Der erstaunliche Nacktmull

Die meisten von uns sind zumindest vage mit der Idee vertraut, dass soziale Insekten zusammenarbeiten, erstaunliche Strukturen schaffen und ein bemerkenswertes Sozialverhalten samt Koloniebildung zeigen, aber so etwas verbinden wir gewöhnlich nicht mit Säugetieren. Offensichtlich verhalten sich viele Säuger kooperativ – menschliche Wesen liefern ein Paradebeispiel dafür, wie eine Art ihre Umwelt durch soziale Kooperation verändern kann. Unsere Fähigkeit, uns zusammenzuschließen und Ergebnisse zu erzielen, die kein Individuum allein erreicht hätte, ist das Ergebnis bewusster Kommunikation und Zusammenarbeit zwischen eigenständigen Individuen. Selbst wenn wir im Team arbeiten, sind wir keine kollektiven Teile eines Superorganismus mit kaum individuellen Fertigkeiten, wie es bei Kolonien sozialer Insekten der Fall ist. Es gibt jedoch eine Säugerart, die tatsächlich einen Superorganismus bildet. Ein einziger Blick auf diese Tiere reicht, um

Nacktmullkolonie
Die meisten Nacktmulle verbringen ihr gesamtes Leben unter der Erde in einer Kolonie, die von einer Königin dominiert wird.

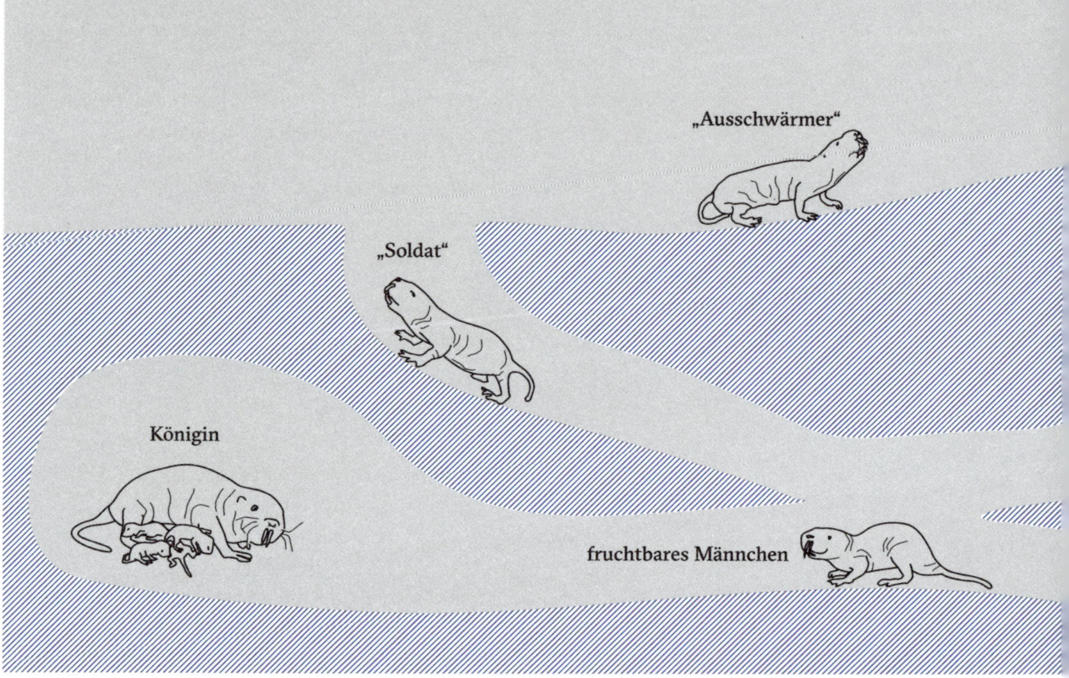

festzustellen, dass sie ungewöhnlich sind – aber Aussehen kann trügerisch sein: Der Nacktmull ist weitaus mehr als die Summe der äußeren Merkmale, die sein Name suggeriert.

Diese in den Halbwüsten Ostafrikas heimischen Nagetiere leben in unterirdischen Kolonien in selbstgegrabenen Tunneln und zeigen eine ganze Reihe ungewöhnlicher Merkmale: Wegen des geringen Sauerstoffgehalts in den Tunneln weisen sie eine sehr geringe Stoffwechselaktivität auf und können im Gegensatz zu den meisten anderen Säugern ihre Körpertemperatur nicht regulieren. Ihre Haut ist schmerzunempfindlich, und die Tiere erkranken bemerkenswerterweise nicht an Krebs. Aus unserer Sicht zeichnen sich Nacktmulle aber vor allem dadurch aus, dass sie einen Superorganismus bilden.

Das auffälligste Merkmal dabei ist, dass eine Kolonie aus einer einzelnen Königin, wenigen sexuell aktiven Männchen und einer Vielzahl sich nicht fortpflanzender Arbeiter beiderlei Geschlechts besteht, deren Sexualorgane nicht voll entwickelt sind. Auch wenn die Nacktmull-Königin keine derartige Übergröße hat, wie bei

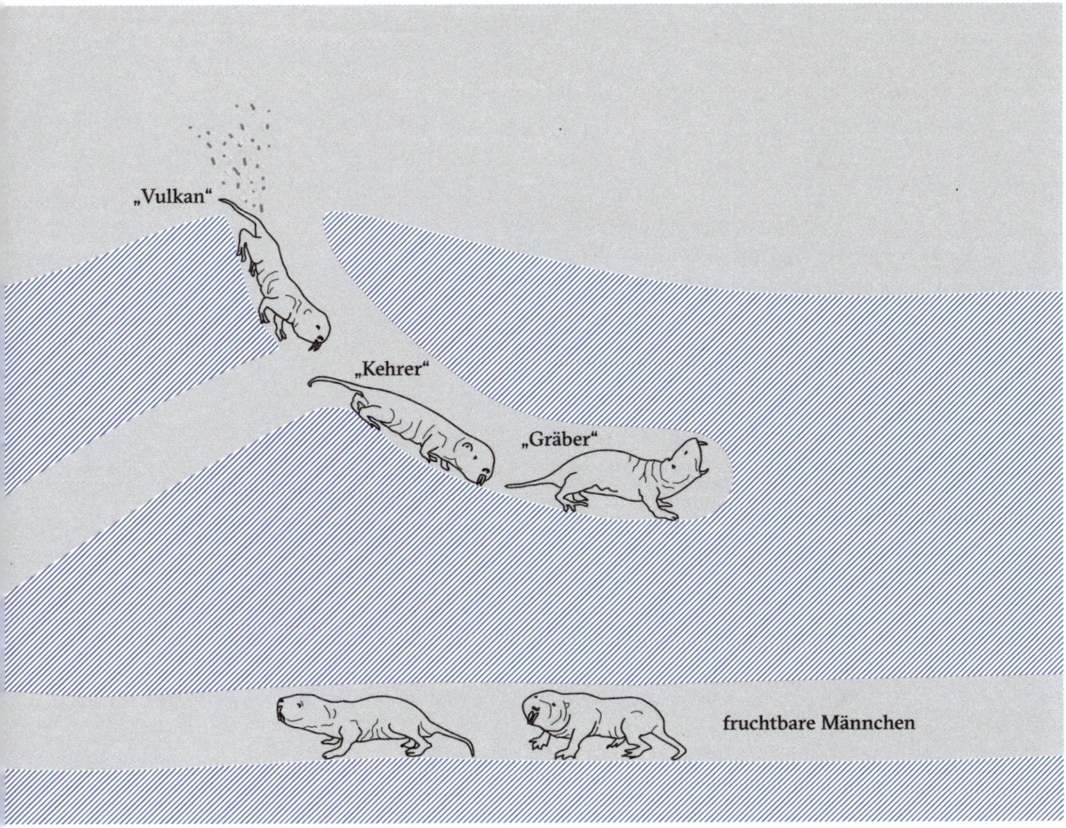

Insektenköniginnen der Fall, ist sie doch deutlich größer als die sexuell nicht aktiven Arbeiterinnen. Die Arbeiter und Arbeiterinnen übernehmen eine ganze Reihe unterschiedlicher Aufgaben; so gibt es beispielsweise Tiere, die Tunnel anlegen und in Ordnung halten, und andere, die die Kolonie bewachen und verteidigen. Es gibt sogar männliche Nacktmulle, „Ausschwärmer" oder Disperser genannt, die ausgesprochen fett sind und aus der Kolonie ausschwärmen, um andere Nacktmullkolonien aufzusuchen und sich mit der dortigen Königin zu paaren; das verringert die Inzuchtgefahr, die in geschlossenen Kolonien unweigerlich auftritt. Im Gegensatz zu Insektenarbeiterinnen verlassen die übrigen Koloniemitglieder niemals das heimische Tunnelsystem, auch nicht zum Nahrungssammeln, denn sie ernähren sich von Knollen, auf die sie bei ihren unterirdischen Grabarbeiten stoßen.

Nacktmulle zeigen nicht nur eine Kombination von faszinierenden und abstoßenden Merkmalen und Eigenschaften, sondern erinnern uns auch an den einen wesentlichen Aspekt der Komplexität, der die reiche Vielfalt an Lebewesen auf unserem Planeten hervorbringt: Anpassung (Adaptation).

Anpassung

„In allen Werken über Naturgeschichte finden wir ständig Details über die wunderbare Anpassung von Tieren an ihre Nahrungsquelle, ihre Gepflogenheiten und die Örtlichkeiten, an denen sie gefunden werden."
Alfred Russel Wallace, 1823–1913

→
Darwinfinken
Illustration unterschiedlicher Schnabeltypen von Finkenarten, die Darwin auf den Galapagosinseln beobachtete (aus seinem *Journal of Researches*, 1873).

Am Steuer der Evolution
Das Konzept der Anpassung oder Adaptation ist wissenschaftlich besonders eng mit der Evolutionstheorie verbunden. Eine der ersten klaren Illustrationen von Anpassung in diesem Zusammenhang war eine Triebfeder der Evolutionstheorie, die von dem englischen Naturforscher Charles Darwin entwickelt wurde, und erwuchs aus der Beobachtung von Vögeln, die heute als Darwinfinken bekannt sind.

Auf den Galapagosinseln vor der Küste von Ecuador lebt eine ganze Reihe von Finkenarten. Obgleich eng verwandt, haben die verschiedenen Varianten auf verschiedenen Inseln deutlich unterschiedliche Schnabelformen. Diese Beobachtung gehörte zu den Befunden, die zu der Vorstellung führten, Organismen würden sich durch natürliche Zuchtwahl (Selektion) über Generationen hinweg zunehmend an ihre Umwelt anpassen. Genetische Variation bringt es mit sich, dass einige Nachkommen besser an ihre Umwelt angepasst sind als andere. Diese Individuen überleben in größerer Zahl, pflanzen sich mit höherer Wahrscheinlichkeit fort und geben damit die Genvarianten weiter, die für diese bessere Anpassung an die Umwelt sorgen. Im Laufe der Zeit passt sich die Art auf diese Weise an ihren Lebensraum an.

Darwin konnte das Auftreten von Anpassung nicht direkt beobachten, doch über eine Zeitspanne von 40 Jahren besuchten die englischen Biologen Peter und Rosemary Grant wiederholt die

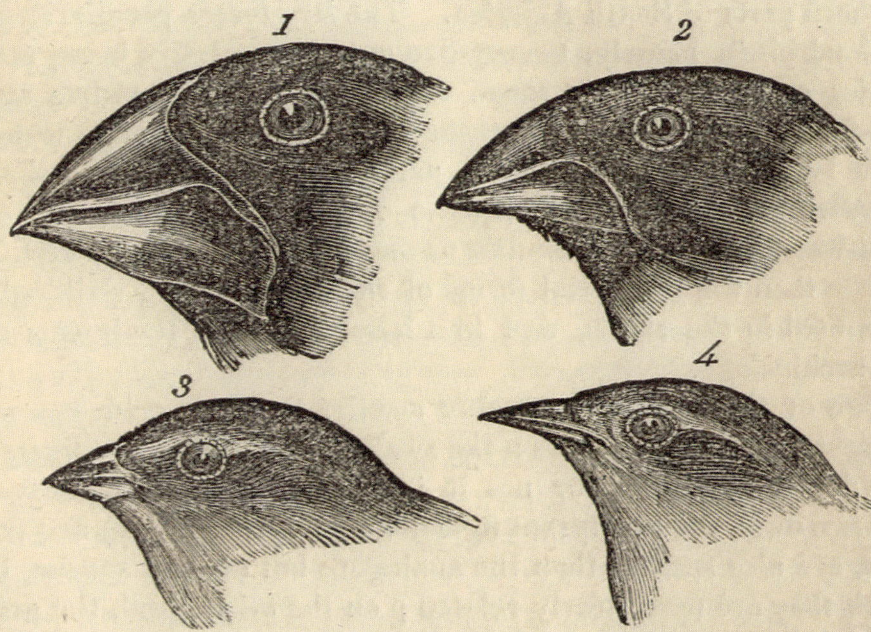

1. Geospiza magnirostris.
3. Geospiza parvula.
2. Geospiza fortis.
4. Certhidea olivacea.

Insel Daphne Major im Galapagos-Archipel und sammelten Daten über die Finken. Hier fanden sie klare Beispiele für Adaptation in Aktion. Als die Insel beispielsweise 1977 von einer schweren Dürre heimgesucht wurde, waren Finken mit größerem Schnabel besser in der Lage, große, hartschalige Samen zu knacken, die unter diesen Bedingungen in der Folgezeit häufiger wurden. Infolgedessen gab es in den nächsten Jahren mehr großschnäblige Finken. Ein paar Jahre später schufen schwere Regenfälle günstigere Bedingungen für dünnschalige, kleinere Samen, – woraufhin sich nun die Zahl der kleinschnäbligeren Vögel erhöhte – eine direkte Anpassung an sich wandelnde Umweltbedingungen.

Auch wenn uns evolutive Adaptation sehr vertraut ist, weil sie in der Biologie eine bedeutende Rolle spielt, bildet sie nur eine kleine Untergruppe in der Gesamtheit adaptiver Systeme.

Das Rezept für Adaptation

Damit es zur Adaptation kommt, brauchen wir ein komplexes System, das auf Veränderungen reagieren kann. Solche Reaktionen sind häufig das Ergebnis von Rückkopplungsschleifen, über die wir bereits gesprochen haben, und erfordern in der Regel eine Art Gedächtnis in Form eines Mediums, das Information über Geschehenes erfolgreich speichern kann. (Im Fall der Evolution liegt dieses Gedächtnis in den spezifischen DNA-Codes einer Art, die bestens an die Umgebung angepasste Merkmale hervorbringen.)

Die einfachste Form eines adaptiven Systems ist wahrscheinlich ein System, das wir bereits diskutiert haben – der Fliehkraftregler, der das System verändert (zum Beispiel, indem er Dampf aus einer Dampfmaschine entweichen lässt), bis es einen Zustand erreicht, in dem eine weitere Regulierung nicht erforderlich ist.

Ein einfacher Typ eines adaptiven Systems wird manchmal als „selbstregulierend" beschrieben. Statt Parameter aufgrund von Rückkopplung allmählich zu verändern, hat das selbstregulierende System ein Gedächtnis, erinnert sich an das, was in der Vergangenheit geschehen ist, und reagiert entsprechend. Das ist bei einem System von besonderem Interesse, das sich chaotisch verhalten kann, denn selbstregulierende Systeme können einen Prozess durchmachen, der die recht dramatische Bezeichnung „Adaptation am Rand des Chaos" erhalten hat. Tatsächlich bewegt sich das System allmählich auf die Grenze zwischen Ordnung und Chaos zu, überschreitet sie aber niemals.

Wahrscheinlich ist das effizienteste adaptive System dasjenige, das wir bereits als emergent erwähnt haben: Leben.

Emergentes Leben

„Die breiteste und vollständigste Definition von Leben ist – die kontinuierliche Anpassung innerer Beziehungen an äußere Beziehungen.“
Herbert Spencer, 1820–1903

Was ist Leben?
Leben zu definieren, ist außerordentlich schwierig. Im Großen und Ganzen handelt es sich um eine dieser „Ich erkenne es, wenn ich es sehe“-Angelegenheiten. Wir wissen beispielsweise, dass ein Mensch, eine Schnecke, eine Pflanze lebt, ein Stein hingegen nicht. Biologen versuchen dieser Frage gern aus dem Weg zu gehen und listen stattdessen Eigenschaften von lebendigen Dingen auf, wie Bewegung, Ernährung und Fortpflanzung. Wenn wir von Leben sprechen, ist jedoch klar, dass es sich um eine Eigenschaft handelt, die aus einigen komplexen Systemen erwächst und ihnen die Fähigkeit zur Adaptation verleiht.

Wir wissen, dass ein Lebewesen aus einer Ansammlung von Atomen besteht. Nichts sonst. Es gibt keine zusätzliche magische Zutat. Niemand würde jedoch behaupten, dass die individuellen Atome, aus denen sich ein Lebewesen aufbaut, lebendig sind. Zwischen Atomen und einem vollständigen Lebewesen sind mehrere Komplexitätsstufen eingeschoben. Moleküle, beispielsweise. Wiederum sind einzelne Moleküle nicht lebendig – das gilt selbst für die außerordentlich komplexen Moleküle, aus denen Chromosomen mit ihrer DNA und ihren Proteinen aufgebaut sind. Atome und Moleküle bilden zusammen Zellen. Und an dieser Stelle geraten wir in eine Grauzone.

Man kann darüber streiten, ob Zellen lebendig sind oder nicht. Zweifellos weisen sie einige Verhaltensweisen des Lebendigen auf – aber wenn wir nicht gerade über einen einzelligen Organismus reden (von denen es viel mehr gibt als komplexe vielzellige

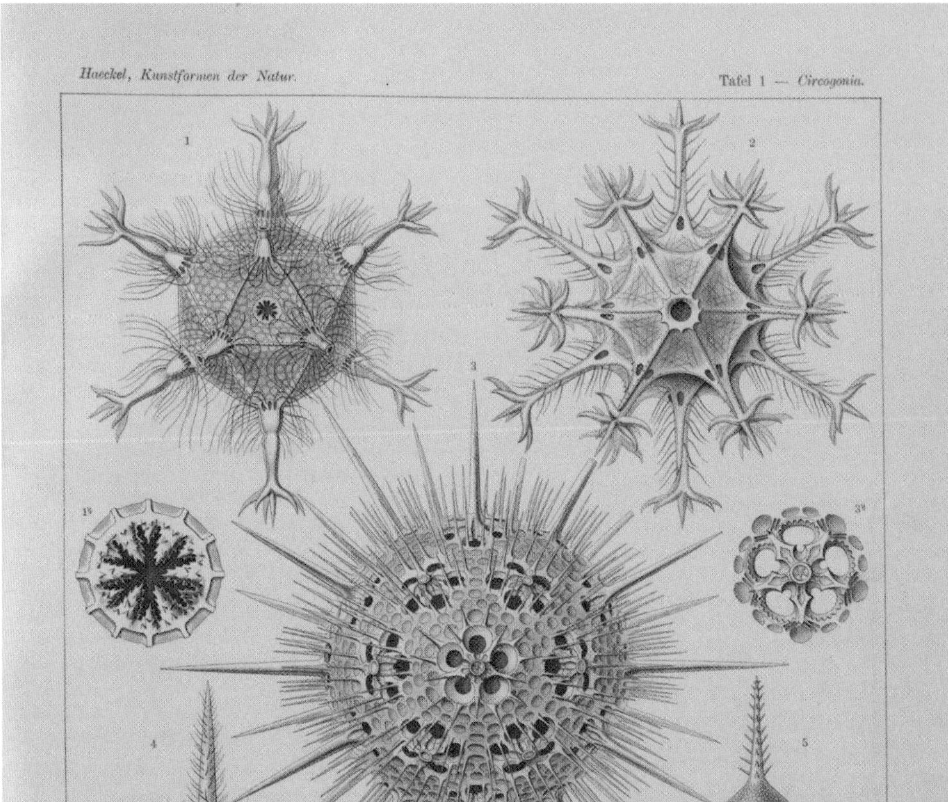
Haeckel, Kunstformen der Natur.
Tafel 1 — Circogonia.
Phaeodaria. — Rohrstrahlinge.

←
Einzellige Organismen
Phaeodaria aus Ernst Haeckels Werk *Kunstformen der Natur* (1904).

Organismen wie Tiere und Pflanzen), kann eine isolierte Zelle nicht lange auf sich allein gestellt überleben. Sie braucht andere Zellen um sich herum, um mit ihnen zu interagieren. Und schließlich entwickelt sich auf irgendeine Weise aus den Reaktionen zwischen den Molekülen in der Zelle und bei komplexen Organismen zwischen den Zellen Leben.

Eine Möglichkeit, Leben zu beschreiben, besteht darin zu sagen, dass es sich um ein System handelt, das sich nicht im Gleichgewicht mit seiner Umgebung befindet und diesen Zustand aufrechterhält: etwas, das das Zitat von Herbert Spencer zu Anfang des Kapitels andeutet. Normalerweise bewegen sich natürliche Systeme auf ein Gleichgewicht mit ihrer Umgebung zu. Zwischen dem System und seiner Umgebung kommt es zu einem Austausch von Energie, der solange andauert, bis ein Gleichgewichtszustand erreicht ist – denken Sie nur an einen Teller mit heißen Speisen, der im Laufe der Zeit abkühlt, bis er dieselbe Temperatur wie die Dinge rund um ihn herum erreicht. Lebewesen sorgen jedoch dafür, dass sie kein Gleichgewicht mit ihrer Umgebung erreichen. Sie nehmen Energie auf und verwenden sie zum Aufbau raffinierter Strukturen. Während sie die Ordnung in ihren eigenen Systemen erhöhen, geben sie Wärme ab und schaffen so mehr Unordnung in ihrer Umgebung.

Einer solchen Systemsicht zufolge ist Leben sowohl emergent als auch adaptiv. Es ist vielleicht das endgültige komplexe System. Manche Experten meinen jedoch, wir könnten etwas konstruieren, das zumindest einige der komplexen und emergenten Fähigkeiten eines lebenden Organismus aufweist.

Künstliche Intelligenz

„Künstliche Intelligenz gründet auf der Annahme, dass Denken als eine Art formales System beschreibbar ist, welches Symbole verarbeitet, die für reale Dinge stehen.“
George Johnson, geb. 1952

Adaptive Roboter
Auch wenn es dabei nichts gibt, das man wirklich als Intelligenz bezeichnen könnte, verfügen manche Technologien zweifellos über Anpassungsfähigkeit. Dies ist ein ziemlich gängiger Ansatz in der Robotik. Statt, beispielsweise, einem Staubsaugerroboter vorzugeben, wie er effektiv einen Raum reinigt, lässt man ihn in der Regel einfach herumfahren und dabei saugen. Das ist zwar nicht besonders effizient, aber wenn Zeit keine Rolle spielt, ist es ein durchaus praktikabler Weg, die Aufgabe zu erfüllen. Selbst dabei ist bereits ein gewisses Maß an Rückkopplung vorhanden: Wenn sich der Sauger zum Beispiel einem Hindernis nähert, weisen ihn seine Sensoren an, Geschwindigkeit und Richtung zu ändern. Natürlich geht mehr.

Ohne einen Raumplan kann der Roboter sich zunächst völlig zufällig bewegen, dabei aber allmählich alle Hindernisse kartieren. Damit kann er seine Route verfeinern und sicherstellen, dass er zum Ladepunkt zurückkehren kann, wenn sein Akku schwach wird. Ein solcher Sauger passt seinen Saugweg der Umgebung an. Ihm wird nicht vorgegeben, wie er sich bewegen soll, sondern er lernt es durch Interaktion, Feedback und Gedächtnis; er passt sich an, sodass er nicht die immer gleichen Fehler macht.

Einer komplexeren Version dieses Ansatzes, die bei der heutzutage üblichen Herangehensweise an künstliche Intelligenz verwendet wird, sind wir schon begegnet – dem maschinellen

Lernen. Hier werden einem System nicht die „Regeln" seiner Umwelt vorgegeben, vielmehr muss es sie selbst lernen und sich anpassen. Es darf tun, was es will, und bekommt Punkte in Abhängigkeit davon, ob eine ergriffene Maßnahme als gut angesehen wird oder schlecht. Im Laufe der Zeit lernt das System und kann aus diesem Prozess eine Art emergente Strategie entwickeln. Wir sind diesem Ansatz bereits bei der Bilderkennung begegnet und haben die potenziellen Probleme kennengelernt, die auftreten, wenn das Verfahren effizient arbeiten soll.

Um ein weiteres Beispiel zu geben: Systeme maschinellen Lernens haben gelernt, Spiele extrem gut zu beherrschen, ohne jemals die Spielregeln erhalten zu haben. Wie im Beispiel zuvor, machen sie zunächst zufällige Spielzüge, spielen immer neue Partien, lernen aber allmählich durch Reagieren auf „Belohnungen" für richtiges Spielverhalten, immer besser zu spielen. Bei dem klassischen Computerspiel Breakout entdeckte eine maschinell lernende KI eine clevere Technik, um massenhaft Punkte zu erzielen, indem sie den Ball *über* die Ziegelmauer brachte, die im Spiel weggeschlagen werden muss. Auf diese Weise bleibt der Ball oben und zertrümmert dabei immer neue Ziegel, ohne dass der Spieler etwas tun müsste.

Es sollte jedoch betont werden, dass einige Experten diese Art des maschinellen Lernens als „künstliche Unintelligenz" bezeichnet haben. Das auf maschinellem Lernen basierende System passt sich zwar an, aber es „weiß" nicht, wonach es suchen soll. Man sollte auch betonen, dass Menschen in der Regel anhand weniger Bilder schnell etwas Neues erlernen können – Maschinelles Lernen braucht dagegen Tausende von Bildern und lernt trotzdem weitaus weniger zuverlässig. Sie wissen nicht, was sie tun, etwas, das wir eher mit Bewusstsein assoziieren.

Bewusstsein
Philosophen werden nicht müde zu debattieren, ob es Bewusstsein überhaupt gibt, oder ob es eine Illusion ist, die uns glauben macht, dass Geist und Körper getrennt sind. Die meisten Naturwissenschaftler sind überzeugt, dass Bewusstsein eine emergente Eigenschaft ist, die aus der Komplexität des Gehirns resultiert.

Emergentes Bewusstsein

Derzeit gibt es keinen Hinweis darauf, dass KI-Systeme Bewusstsein haben. Allerdings hat die Science-Fiction ein reichhaltiges Themenrepertoire, demzufolge Computernetzwerke mit jeder neuen Erweiterung ihrer Fähigkeiten zunehmend komplexer werden könnten, bis sie schließlich einen bewussten Zustand erreichen (die Terminator-Filme sind gut Beispiele). Realistisch gesehen ist dies jedoch so, als würde man von einem Algenteppich erwarten, dass er Bewusstsein erlangt, wenn man ihm nur immer mehr Zellen hinzufügt – es reicht einfach nicht aus, viele Basiselemente zu verbinden. Es müssen spezifische Strukturen vorhanden sein, um den Effekt hervorzubringen, den man als Bewusstsein beschreibt.

Trotz der Schwierigkeit, ein entsprechend komplexes System mit geeigneter Emergenz zu entwickeln, glauben einige Informatiker tatsächlich, es sei möglich, eine Art Bewusstsein zu konstruieren. Der amerikanische Roboterspezialist Hod Lipson ist überzeugt, der Schlüssel sei „Selbstsimulation", bei der ein Roboterorganismus ein mentales Modell vom Verhalten seines Körpers hat und dieses mit seinen Aktionen wechselwirken lässt. Lipson hat dieses Prinzip mit einem Roboterarm demonstriert, der Aufgaben erfüllen kann, für die er nicht trainiert wurde.

Viele glauben jedoch, dass solche Geräte nicht wirklich Bewusstsein erzeugen, sondern es nur simulieren. Davon abgesehen wäre ein bewusster Organismus zum Beispiel nicht nur in der Lage, etwas aufzuheben, ohne ausdrücklich dafür geschult zu sein, sondern würde sich entschließen, es auch tun zu *wollen*, statt dazu aufgefordert zu werden. Man kann darüber streiten, ob nicht viel mehr Programmierung nötig wäre, sich an so etwas wie Bewusstsein oder sogar Leben zu versuchen.

Trotzdem: Leben existiert. Wir sind bei Bewusstsein. Diese Eigenschaften haben sich durch Anpassung in den komplexen Systemen, die Lebewesen darstellen, entwickelt. Und das ist wirklich erstaunlich.

→
***Go*-Meister Alpha**
Stellung aus einer Partie zwischen *Go*-Meister Ke Jie und der KI AlphaGo. Das Programm gewann den Wettkampf 3:0.

Willkommen im Chaos und in der Komplexität

„Wenn unser Gehirn so einfach wäre, dass wir es verstehen könnten, wären wir so einfach, dass wir es nicht könnten."
Ian Stewart, geb. 1945

Die Wirklichkeit ist komplex und chaotisch
Komplexe Systeme, die zu Chaos und Emergenz führen, sind faszinierend und können sehr seltsam anmuten. Aber wir sollten uns darüber im Klaren sein, dass es sich nicht um Sonderfälle handelt; Die reale Welt ist voll solcher Systeme. In Wirklichkeit ist Komplexität die Norm und Chaos oftmals eine Folge. Lediglich in den sehr engen Studienfeldern, die zu untersuchen sich die Wissenschaft entscheidet – gerade weil dies Komplexität reduziert –, kann man Komplexität vernachlässigen und ignorieren.

In der Physik ist das häufig möglich – obwohl Physiker dann immer noch mit Turbulenzen, Vielteilchenproblemen und vielem mehr fertig werden müssen. Aber Biologen, Ökonomen, Meteorologen und andere, die sich mit komplexen Systemen befassen, können Komplexität und Chaos nicht entkommen.

Deshalb sind zum Beispiel gute Studien über Ernährungsempfehlungen so selten. Um Komplexität und Chaos zu meiden, was Wissenschaftler so häufig wie möglich versuchen, schließen sie so viele Faktoren wie möglich, gleich welcher Art, von vornherein aus. Wenn man also zum Beispiel herausfinden möchte, welchen Effekt der Konsum einer bestimmten Substanz hat, nimmt man Versuchspersonen, bei denen alle anderen Faktoren unter Kontrolle gehalten werden – sie werden, soweit möglich, alle auf die gleiche Weise ernährt und in der gleichen Umgebung versorgt, während man den einen Faktor variiert, an dem die Wissenschaftler interessiert sind.

Leider, für die Wissenschaftler (wenn auch zum Glück für die Probanden), kann man diesen Ansatz selten durchführen, denn Probanden sind menschliche Wesen. Es ist eine Sache, dies mit Taufliegen oder Mäusen zu tun – eine ganz andere ist es mit einer Gruppe Menschen.

Stattdessen versucht man, die Daten anzupassen, um die Auswirkungen anderer Faktoren zu kontrollieren. Aber oft ist das praktisch unmöglich. Da hört man zum Beispiel häufig, eine „mediterrane Ernährung" sei gut für uns. Also eine Ernährung, die reich ist an Gemüse, Obst, Bohnen, Getreide, Fisch und ungesättigten Fettsäuren, wie sie in Olivenöl vorkommen, aber relativ arm an Fleisch und Milchprodukten. Keineswegs klar ist aber, ob es ausreicht, einfach das gleiche Essen wie diejenigen zu verzehren, die von einer solchen Ernährung zu profitieren scheinen, oder ob es nicht viele andere, ganz spezielle Faktoren gibt, die Einfluss auf deren Gesundheit haben: Klima, Kultur, Leben in Meeresnähe, Bewegung und so weiter – all das könnte das Ergebnis beeinflussen.

Der erstaunliche Marmorkrebs

Um das Problem noch größer zu machen, müssen wir uns mit dem Fall der Marmorkrebse befassen. Dabei handelt es sich um eine Variante des Blauen Floridakrebses, die in Deutschland entdeckt wurde und parthenogenetisch ist. Dies bedeutet, dass die Tiere sich eingeschlechtlich vermehren: Jedes Jungtier ist ein Klon seines (weiblichen) Elternteils. Diese Krebse galten als ideales Untersuchungsobjekt, um aufzuzeigen, wie stark die Entwicklung eines Tieres durch die Genetik und wie sehr durch die Umwelt beeinflusst wird.

In einem Experiment zog man eine Charge von Marmorkrebsen unter scheinbar identischen Umständen auf. Sie wurden bei gleicher Temperatur, bei gleichen Lichtverhältnissen gehalten und erhielten die gleiche Menge Nahrung, ja, sie wurden sogar von derselben Person betreut (Es gab also auch keine Unterschiede in ihrer Pflege). Da sie alle Klone waren, die zudem alle den gleichen Umweltbedingungen ausgesetzt waren, sollten sie sowohl genetisch als auch umweltmäßig identisch sein. Und dennoch stellten sie sich als sehr unterschiedlich in allem Möglichen heraus, von der Lebensdauer bis zur sozialen Interaktion.

Klone
Am Anfang eines Klons steht die Kopie der DNA eines Organismus. Eineiige Zwillinge und das Resultat der Jungfernzeugung (Parthenogenese) sind natürliche Klone; Klone können aber auch künstlich erzeugt werden, indem man DNA in eine Eizelle einführt.

Wahrscheinlich waren die Experimentatoren mit der Tatsache in Konflikt geraten, dass das komplexe System, das die Marmorkrebse und ihre Umwelt bildeten, unweigerlich chaotisch war. Es wurden zwar Anstrengungen unternommen, Bedingungen konstant zu halten, aber schon sehr kleine Unterschiede in den Ausgangsbedingungen führten zu gewaltigen Unterschieden im Ergebnis. Diese Unterschiede waren wahrscheinlich sowohl genetisch (Klone weisen subtile Unterschiede aufgrund von Kopierfehlern und Schäden an der DNA auf) als auch umweltbedingt.

Kein Patentrezept – aber Verstehen
Als die Chaostheorie und die Mathematik der Komplexität entdeckt wurden, nahm man anfangs an, dass dieses neue Verständnis unsere Fähigkeit, mit einer komplexen und chaotischen Welt umzugehen, sehr stärken würde. Das war nicht der Fall. Chaos ist immer noch weitgehend unvorhersehbar. Wir verstehen nicht wirklich, wie alles andere außer den einfachsten emergenten Fähigkeiten von Systemen zustande kommt. Aber die Theorie hat es uns ermöglicht, uns mehr mit dem Verhalten solcher Systeme anzufreunden – und wenn möglich, solche Ergebnisse sogar miteinzubinden, zum Beispiel bei der Verwendung von Ensemble-Prognosen, um die Auswirkungen des Chaos zu bewältigen.

Die Theorien hinter Chaos und Komplexität lassen uns verstehen, warum die Welt um uns herum sich nicht verhält wie unsere simplen Vorstellungen, wie die Dinge sein sollten. Und das ist sicherlich eine großartige Sache.

Superzellen-Wirbelsturm
Chaos in Aktion: Eine sich ausbildende „Superzellen"-Sturmstruktur in Kansas, USA.

Register

N

O

P

Q

R

S

T

U

V

W

Y

Z

Bildnachweis

Vielen Dank an die folgenden Quellen für die Bereitstellung der in diesem Buch gezeigten Bilder:

Alamy/Steve Bloom Images: 81; BSIP SA: 220; Vasin Leenanruska: 44; Mauritius Images GmbH: 203; Mediscan: 117; Derry Robinson: 216; Scharfsinn: 169; Science History Images: 57; Marc Tielemans: 74; David Tipling Photo Library: 10; World History Archive: 166

British Library: 21

ECMWF, European Centre for Medium-Range Weather Forecasts: 111, 112, 113

Flickr/Joseph O'Brien: 219C; Katja Schulz: 219B; Bernard Spragg: 219T

Getty Images/Christophe Archambault: 46; Hill Street Studios: 152; Scott Olson: 159; Li Wenyao/ Global Times/Visual China Group: 246

Library of Congress, Washington, DC: 18, 61, 242

© Andy Lomas: 11, 49, 83, 115, 149, 183, 213, Bilder Umschlag

NASA: 54, 62, 104, 190, 195, 222

National Library of Austria: 23

Nature Picture Library/Floris van Breugel: 180

NOAA: 226, 227

Rijksmuseum: 7

Science Photo Library: 93

Shutterstock/Claudia G Cooper: 108; Cammie Czuchnicki: 250; Andrey Eremin: 73; Pandapaw: 16; Pjessop: 118; Sergio Sergo: 144; SIN1980: 233; Taiga: 17; Richard Wozniak: 34

US Air Force: 187

Tyler Vigen, tylervigin.com: 157

Wellcome Collection: 39, 88

Wikimedia Commons/Berndthaller: 211; Wolfgang Beyer: 139, 140, 141; EduardoMSNeves: 66; Adam Evans: 68; Ittiz: 100; Niabot: 138; Beojan Stanislaus: 137; Wikimol: 126